学海无涯"化"作舟

陈彰旭　方凤英　傅明连　编著

中国纺织出版社有限公司

图书在版编目（CIP）数据

学海无涯"化"作舟 / 陈彰旭，方凤英，傅明连编
著 . --北京：中国纺织出版社有限公司，2023.10
ISBN 978-7-5229-1149-6

Ⅰ.①学… Ⅱ.①陈… ②方… ③傅… Ⅲ.①海洋化
学—青少年读物 Ⅳ.①P734-49

中国国家版本馆CIP数据核字（2023）第192397号

责任编辑：郭 婷 责任校对：高 涵 责任印制：储志伟

中国纺织出版社有限公司出版发行
地址：北京市朝阳区百子湾东里A407号楼 邮政编码：100124
销售电话：010—67004422 传真：010—87155801
http://www.c-textilep.com
中国纺织出版社天猫旗舰店
官方微博 http://weibo.com/2119887771
鸿博睿特（天津）印刷科技有限公司印刷 各地新华书店经销
2023年10月第1版第1次印刷
开本：710×1000 1/16 印张：17
字数：302千字 定价：58.00元

前　言

　　大自然赐予我们人类的海洋化学资源蕴含着无限的可能性，随着生物、化学、材料学和医学等技术和工艺的不断发展，海洋物质将在更多领域上大展拳脚，并将成为未来可持续发展的重要基石。海洋资源的认识和利用，不仅有利于促进社会发展，还能够丰富和改善人们的生活。我们应该充分利用海洋化学资源，保卫海洋资源的安全，维护海洋权益，改善海洋环境，维护我国可持续发展和生存空间的质量，进而支撑我国经济可持续发展。

　　为此，我们更应该关注海洋，筑梦启航。青少年，尤其中学生，是我国未来海洋事业发展和实现中华民族伟大复兴中国梦的主力军。要知道，我们的每一个有意或无意的行为和举动，都会对自然和其他生命产生巨大的影响。从这个意义上说，为使青少年更好地了解海洋、认识海洋、热爱海洋、保护海洋、发展海洋，我们特出版这本《学海无涯"化"作舟》。本书结合当下海洋化学热点问题，按照海水奇妙元素、海水酸碱盐氧度、海水淡化技术、海洋化学资源、海洋污染处置、海洋可持续发展和海洋轶事趣闻等主题内容，每个主题又划分成若干个小知识点，纲目清晰，一目了然。采用有的放矢的问答形式编写，浅显易懂，便于知识普及和交流。

　　参与本书编写的人员有陈彰旭（负责第1讲、第2讲、第4讲、第5讲、第6讲），方凤英（负责第7讲），傅明连（负责第3讲）。全书由陈彰旭统稿，由方凤英校对。

　　在本书编写的过程中，编者们参考了关庆利的《海洋小百科全书——海洋化学》、张正斌的《海洋化学》、刘宇昕的《海洋化学知多少》、中国海洋大学的"海洋大课堂"、求学网、百度百科等相关书籍和网站，部分文字、数据和图表引自

国内外相关著作以及一些文献资料，在此向各位作者一并表达诚挚的谢意。

本书系莆田学院科普丛书之一，本书的编写得到了中国纺织出版社有限公司和莆田学院科研处的大力支持，在此表示衷心的感谢！

我们尽最大努力去完成本书，但是由于作者水平有限，书中不当之处在所难免，敬请广大读者批评指正。

编著者

2023 年 4 月

目　录

第2讲 海水酸碱盐氧度 ──────────────── 57

第3讲 海水淡化技术 ──────────────── 83

第1讲

海水奇妙元素

1. 谁动了海水的"奶酪"？ 海水的组成是谁来测定的呢？

海水就像一块可爱的"奶酪"，海水"奶酪"成分非常复杂。海水的元素种类有 80 多种，并以一定的物理化学形态存在。其中，常量元素 (>1 毫克 / 升) 有 11 种。以 1000 克的海水为单元 (图 1-1)，纯水含有 965.31 克，氯离子 19.10 克、钠离子 10.62 克、硫酸根离子 2.66 克、镁离子 1.28 克、钙离子 0.40 克、钾离子 0.38 克、其他离子 0.25 克。到这里，同学们不禁会问：谁动了海水的"奶酪"？ 海水的组成又是谁来测定的呢？虽然海水在地球上已经存在了 45 亿年，但是人类在 200 多年前才真正认识海水的组成。

1783 年，英国化学家、物理学家亨利·卡文迪许 (Henry Cavendish，1731 年 10 月 10 日—1810 年 2 月 24 日) 提出，水是由氧和氢化合而成。17 世纪后半叶，英国物理学家、化学家罗伯特·波义耳 (Robert Boyle，1627 年 1 月 25 日—1691 年 12 月 30 日) 探究了海水的含盐量及其密度之间的变化关系。1770 年，法国科学家著名化学家、生物学家安托万 - 洛朗·拉瓦锡 (Antoine-Laurent de Lavoisier，1743 年 8 月 26 日—1794 年 5 月 8 日) 测定了海水的化学成分，成为第一个对海水成分进行分析的人。

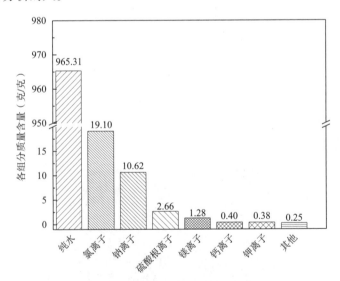

图 1-1　1000 克海水的化学组成

2. 海水中的组成如何划分呢?

目前所知海水中的组成一般划分为五类:

(1) 主要成分(大量、常量元素),指海水中浓度大于 1×10^{-6} 毫克/千克的成分。属于此类的有阳离子 Na^+、K^+、Ca^{2+}、Mg^{2+} 和 Sr^{2+} 五种,阴离子有 Cl^-、SO_4^{2-}、Br^-、HCO_3^-(CO_3^{2-})和 F^- 五种,分子有硼酸(H_3BO_3),其总和约占海水组成的99.9%。

(2) 溶于海水的气体成分,如氧(O_2)、氮(N_2)以及惰性气体等。

(3) 营养元素,主要是与海洋植物生长有关的元素,通常是指氮(N)、磷(P)和硅(Si)等。

(4) 微量元素,其含量很低。

(5) 海水中的有机物质,如叶绿素、氨基酸、腐殖质等。

3. 海水是什么味道?

当你在海水中嬉戏玩耍时,可能会不小心"品尝"到海水。海水咸中带苦,这是由于海水的组成中的主要盐类是氯化钠($NaCl$,约占90%),另外还含有碳酸镁($MgCO_3$)、氯化镁($MgCl_2$)、硫酸镁($MgSO_4$)及含有各种元素的其他盐类(图1-2)。因为氯化钠和氯化镁含量比较多,这也就成为海水为什么是又咸又苦的缘由。

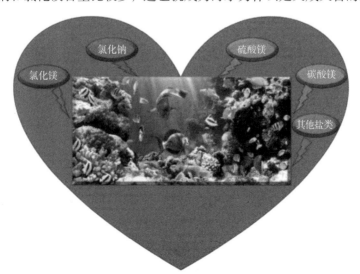

图1-2　海水的味道

4. 海水中常量元素有哪些?

海水中含量最多的是水分子,由氢和氧两种元素组成。此外,可把海水中的元素分成如下六类:

①常量元素:其量 >50 微摩尔 / 千克 (另一种说法是 >1 毫克 / 升),占海水总盐分的 99% 以上。常量元素包含 H、O、Cl、Na、Mg、S、Ca、K、Br、C、Sr、B、Si 和 F 等 14 种(表 1–1)。

②微量元素:其量为 0.05～50 微摩尔 / 千克(另外一种说法是 <1 毫克 / 升)。

③痕量元素:其量 0.05～500 纳摩尔 / 千克和 < 50 皮摩尔 / 千克。

④营养盐:主要有 N、P、Si (主要营养盐)、Mn、Fe、Cu、Zn (微量营养盐)等,它们与海洋生物生长密切相关。

⑤溶解气体:主要有 O_2、CO_2、N_2 和惰性气体等。

⑥有机物质。

表 1–1 常量元素存在形式及其浓度(盐度 S=35)

序号	元素	主要存在形式	平均浓度(克 / 千克)
1	Cl	Cl^-	19.3529
2	Na	Na^+	10.7838
3	S	SO_4^{2-}、$NaSO_4^-$、$MgSO_4$	2.7124
4	Mg	Mg^{2+}	1.2837
5	Ca	Ca^{2+}	0.4121
6	K	K^+	0.3991
7	C	CO_2、HCO_3^-、CO_3^{2-}、有机碳	0.1236
8	Br	Br^-	0.0672
9	B	H_3BO_3、$[B(OH)_4]^-$	0.0271
10	Sr	Sr^{2+}	0.0079
11	F	F^-、MgF^+	0.0013

常见的常量元素有如下几种。

①钠：海水中含量最高的金属元素，1千克的海水中约有10.78克钠离子。

②镁：海水中镁的含量约为1.28克/千克，因此海水是提取镁的一个重要资源，是海水中仅低于钠离子的一种金属阳离子。

③钙：海水中钙的含量约为0.41克/千克，海水中钙主要以碳酸盐或碳酸氢盐形式存在。

④钾：1千克的海水中约有0.40克钾离子，主要来源于陆地上岩石的风化产物。

⑤锶：海水中锶离子的平均含量约为0.0079克/千克，是海水常量金属阳离子中含量最低的一种。由于钙和锶均属于IIA族，其性质相似，分离有一定的难度，可以采用火焰光度法检测其含量。

⑥氯化物：海水中氯离子的平均含量约为19.35克/千克，是海水中含量最高的阴离子。

⑦硫酸盐：海水中硫酸盐的平均含量约为2.71克/千克；一般情况下，先加入钡离子使其形成硫酸钡沉淀，进一步使用重量法测定SO_4^{2-}。

⑧溴化物：海水中溴化物的平均含量约为0.067克/千克，是地壳中溴含量（仅为0.003克/千克）的22倍左右。

⑨氟化物：1千克的海水中氟化物约为0.0013克，可利用分光光度法、对电位测量法和电位滴定法来测定氟化物含量。

⑩硼化物：海水中硼元素（B）的平均含量约为0.027克/千克，海水中主要以H_3BO_3的形式存在。

⑪碳化物：海水中碳元素（C）的平均含量约为0.12克/千克，在海水中主要以CO_2、HCO_3^-、CO_3^{2-}、有机碳、$CaCO_3$、$CaMg(CO_3)_2$的形式存在。

5. 哪种元素在海水中含量最高？

海水是咸的，说明含盐类物质，那海水中含量最多的物质和元素是哪种呢？

海水中含有80多种元素，海水中含量最多的物质当然是水（H_2O），海水中的含水量是96.53%，其余的为盐，氯化钠（NaCl）是其中含量最高的盐。

（1）质量角度。从质量的角度来说，海洋中含量最多的元素是氧（O）。水分子中，氢（H）与氧（O）的物质的量之比为2∶1，质量比为1∶8，所以海洋中质量含量最多的非金属元素是氧而不是氢，氧的质量约占85.79%。其他元素的排

名为氧元素＞氢元素＞氯元素＞钠元素＞镁元素。

（2）金属角度。海水中含有大量盐分，含量最多的阳离子是 Na^+，其余依次为 Mg^{2+}、Ca^{2+}、K^+ 和 Sr^{2+}。因此，海洋中含量最多的金属元素是 Na。

6. 海水中哪些是微量元素？

海水中的微量元素仅占海水总量的 0.1% 左右。常见的微量元素有锂 Li（170 微克／升）、碘 I（60 微克／升）、钼 Mo（10 微克／升）、锌 Zn（10 微克／升）、铁 Fe（10 微克／升）、铝 Al（10 微克／升）、铜 Cu（3 微克／升）、锰 Mn（2 微克／升）、钴 Co（0.1 微克／升）、铅 Pb（0.03 微克／升）、汞 Hg（0.03 微克／升）、金 Au（0.004 微克／升）等。

海水中微量元素的主要来源是陆地径流、海底火山运动、大气输入（大气尘埃降落夹带的微量元素）、沥滤岩石和人类活动等。

7. 水体富营养化是什么？

水体富营养化一般是指在人类活动的影响下，生物所需的氮、磷等营养盐含量过多，其进入湖泊、河口、海湾等缓流水体，引起藻类及其他浮游生物迅速繁殖，致使水体溶解氧含量降低，水质不断恶化，鱼类及其他生物大量死亡的现象。

水体富营养化是全球城市河湖生态系统长期以来需要解决的难题，主要表现为外源性营养物质的过量输入以及内源性营养物质的异常再释放，致使水体营养盐输入输出失衡的现象。富营养化将直接改变河湖的理化性质，进而影响水生生物的生存环境，最终破坏水生生态系统的稳定性。随着经济的发展，河、湖、海等水资源得到人们更为广泛的关注和利用，工业用水、农业用水及城市生活用水均与其密切相关，因而水体环境受到的人为污染也日益严重。2021 年，国家生态环境部对我国 209 个重要湖泊（水库）开展营养状态监测的数据显示，中营养状态占 62.2%、富营养状态占 27.3%，表明我国城市水体营养过高问题比较严峻。

水体富营养化罪魁祸首是氮和磷这两种元素，其中，农业上大量使用化肥和含有粪便等有机物是氮主要来源。而含磷合成洗涤剂的泛滥使用和含磷工业废水随意排放则造成水体磷营养盐的含量增多，致使水体营养盐输入输出失衡，从而引起水中生物迅速增长，严重时会引起海洋赤潮。因而，富营养化和赤潮密切相关。

8. 海水成分是否一成不变?

海水的组成是不是跟我们家里的自来水组成一样保持基本恒定的状态呢? 在某一特定区域海水中常量元素是保持基本不变的。

那么影响海水组成恒定性的因素是什么呢?

影响海水组成恒定性的因素主要有河流、结冰与融冰、海底火山等。河流组成与海水不同，可能引起镁（Mg^{2+}）、钙（Ca^{2+}）、钾（K^+）等离子浓度的变化。若在结冰和融冰期间，则会对钠离子和硫酸根离子产生影响。海底火山爆发则可能引起氟离子浓度的提升。此外，海 - 气交换、雨水和孔隙水均可能引起相应离子浓度的变化。

9. 海水中有气体存在吗?

众所周知，大自然万物生长均与氧气息息相关，海洋中的紫菜、海带、海藻等植物需要吸收二氧化碳来进行光合作用，进而释放出氧气;而海葵、海虾、鲍鱼等海中动物则需要氧气来维持呼吸，同时也会排出二氧化碳。此外，还有氢、甲烷和一氧化碳等微量气体，主要在海洋的生物化学过程中产生，根据海水中气体的来源、组成的差异和分布的特点等，可研究海洋中发生的化学、生物、物理和地质等变化过程。

海水的气体中，以氦气、氖气等惰性气体最为稳定，其在海水中含量分布的变化一般很小。氧气和二氧化碳的含量分布及变化则与海洋中的化学、生物、物理和地质有关。

10. 海水中的气体是如何产生的呢?

海水中含有的惰性气体、氧气和二氧化碳等气体，它们是如何产生的呢?

除了生物光合作用现场产生的氧气外，大气中氧气的溶解也会向海洋表层水提供氧气。众所周知，海水水平面上方就是大气，因此，氧气的主要来源应是大

气,即可以理解为:大气中的气体首先进入表层海水,伴随着海水的纵横方向的运动而不断输送到海洋的各处,表层水溶解氧气能力的强弱对于深海中的生命具有重要的影响;另外,海底火山的爆发、海水的化学变化、生物活动、物理和地质等变化也将一部分气体带入海水中。

11. 海水与大气中的气体成分相同吗?

海水与大气中的气体成分不尽相同,且各自含量也有所偏差。众所周知,O_2 和 N_2 是大气的主要成分。按体积计算,两者依次约占21%和78%,CO_2 约占0.03%。如果将 H_2 和 CO_2 一起计算在内,那这四种气体占大气总体积的99.996%。此外,大气还包含一些次要成分,主要是稀有气体及微量的有毒气体,如 NO、H_2S、O_3、CO、NO_2、SO_2 等。

而在海水气体中,CO_2 所占比例最大,一方面是由于二氧化碳容易溶解在海水中(20℃ 时,溶解度为0.878升),另一方面是源于海水中的生物本身光合作用也产生这种气体;其次是 N_2 和 O_2(20℃ 时,溶解度为0.031升)。

12. 什么是有机物?

大家一定觉得有机物这个名称并不陌生吧,但大多数人可能还不知道什么是有机物。有机物是生命产生的物质基础,如常见的蛋白质、单糖、二糖、多糖、脂肪、叶绿素、核酸、酶、氨基酸等。自然界所有的动植物、细菌和病毒等生物都是有机物家族的成员。

有机物严格来说是含碳键的化合物(除 CO、CO_2 和含碳酸根化合物外),主要指含有元素 C、H 或者 C、H 与 O、N、P、S 等元素形成的化合物,如甲烷(CH_4)、乙醇(C_2H_5OH)、半胱氨酸[$HSCH_2CH(NH_2)CO_2H$]、磷酸甘油酯($C_3H_9O_6P$)等。

有机物按照形成可以分为天然有机物和人工合成有机物两种。其中,天然有机物是在生物体内合成及在自然条件下衍生出的,常见植物、石油、天然气、煤等属于天然有机物的范畴。而人工合成有机物(如塑料、药物、染料、香料等)种类繁多,并且还在不断增加。

13.海洋有机物主要以什么形式出现?

海水中的有机物可分为无氮有机物、含氮有机物、类脂化合物和复杂有机物等。

（1）无氮有机物主要是由死亡的海洋植物在分解过程中形成的，其中最重要的是碳水化合物及其分解产物，按其分解过程依次为木质素、纤维素、淀粉、葡萄糖和有机羧酸。无氮有机物中具有芳香族结构的是低分子量的酚类和醌类，它们在维生素及抗生素的形成中具有重要作用。

（2）含氮有机物主要为海洋植物和动物蛋白质及其分解产物，其分解过程的主要产物有蛋白质、蛋白胨、多肽、氨基酸、胺等。

（3）类脂化合物主要有脂肪酸、甘油及其脂族醇、固醇等，与其他有机物相比，其含量少，且分解困难。

（4）复杂有机物主要包括腐殖酸在内的腐殖质，由于其性质复杂，人们对其组成还了解不多，期待你的探究!

14.海洋中的有机物是怎么产生的?

你想知道海洋中的有机物是怎么产生的吗？其实，它主要的产生方式有两种。

一种是由海洋自身产生的，也被称为内部途径。这种是产生海洋有机化合物的主要方式，主要是由海洋植物(特别是小型浮游植物)通过光合作用合成，即利用植物的光合作用将二氧化碳合成有机化合物，促进植物生长，并通过食物链在海洋生物圈中形成循环。另一种是源于海洋外部输入的有机物，也称为外部途径，包含河流输入和大气输入，这种方式的输入量相对较小。

15.溴对人类有什么作用?

你知道溴（Br）是什么元素吗？它在化学元素周期表中位于第四周期ⅦA族，是卤族元素之一，也是唯一在室温下表现为液体状态的非金属元素。到目前为止，世界上使用的溴有八成是从海水中提取获得的。

溴分子在标准状态(温度 273.15 开，压强 101.325 千帕)下是有挥发性和刺激性气味的红黑色液体(熔点为 −7.2℃，沸点为 58.78℃)。溴蒸气具有腐蚀性和毒性。溴及其化合物可用作杀虫剂原料、阻燃剂原料、医药、染料、感光剂、净水剂和军工等领域。

曾经风靡一时的红药水消毒剂便含有溴和汞的化合物(2,7- 二溴 -4- 羟基汞荧光黄素二钠盐，$C_{20}H_8O_6Br_2HgNa_2$)。但是目前临床上已经很少使用红药水了，特别是在大型医院里，红药水几乎成了"文物"。最重要的原因有两点：第一，红药水穿透力很弱，只有较小的抑菌作用，有机物或碱性环境都会降低其作用，所以消毒效果并不可靠。第二，红药水是含有重金属汞的有机化合物，对人体有毒。尤其不能用红药水去消毒大面积伤口，很容易造成汞中毒。此外，对汞过敏者也不能使用红药水。与红药水相比，含碘消毒剂，如碘酒、碘伏等杀菌能力强，毒性较小，所以现在该是让碘剂登场，让红药水彻底"退休"的时候了。

在医学上，溴米那普鲁卡因、三溴化合物、溴钠、溴西泮等溴化合物常常被用作镇静剂，通过抑制大脑皮层的抑制兴奋度来发挥镇静作用。

溴西泮，化学名为 7- 溴 -5- (2- 吡啶基) -3H-1,4- 苯并二氮杂卓 -2 (1H) - 酮，是一种有机化合物，化学式为 $C_{14}H_{10}BrN_3O$；结构式见图 1-3；相对分子质量为 316.153；CAS 号为 1812-30-2；密度为 1.6 克 / 立方厘米；熔点为 237~238.5℃；(分解)闪点 11 ℃；其临床上用于焦虑症或焦虑状态的短期治疗，被列为第二类精神药品管控。

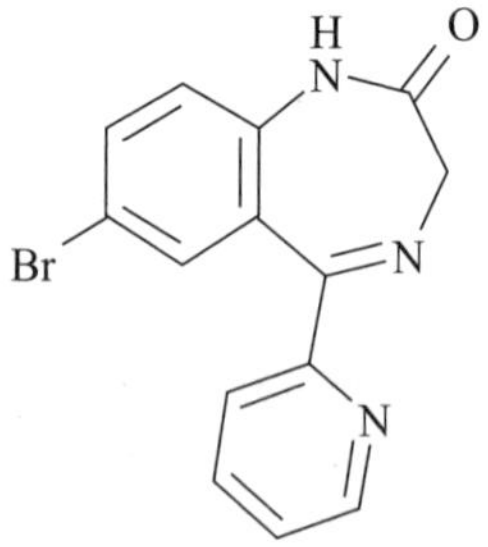

图 1-3　溴西泮结构式

匹维溴铵(得舒特)，化学名为 4-((2- 溴 -4,5- 二甲氧基苯基) 甲基)-4-(2- (2-(7,7- 二甲基 -2- 双环 (3.1.1) 庚烷基) 乙氧基) 乙基) 吗啉 -4- 翁溴化物，分子式为 $C_{26}H_{41}Br_2NO_4$，相对分子质量为 591.42，熔点为 159~164℃，零下 20℃ 储存，其结构式见图 1-4。

匹维溴铵可用于治疗肠易激综合征，对症治疗与胆道功能紊乱有关的疼痛、胆囊运动障碍、消化性溃疡，可为钡剂灌肠作准备。匹维溴铵还可用于对症治疗与肠功能紊乱有关的疼痛、肠蠕动异常及不适、结肠痉挛等。

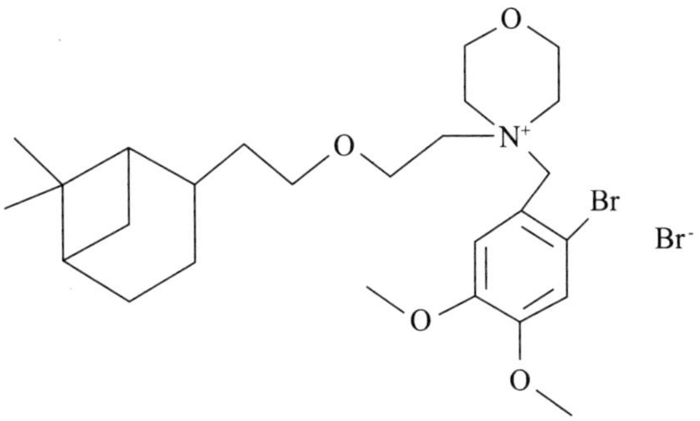

图 1-4　匹维溴铵结构式

溴与国防工业、人类健康、工农业生产等息息相关，下面列举溴化物及其用途：

①溴化银 AgBr：黑白照片底片、相纸的感光材料。

②溴和汞的化合物：红药水。

③三溴片：复方制剂，每片 500 毫克内含溴化钠 120 毫克、溴化钾 120 毫克、溴化铵 60 毫克，是一种镇静剂。

④二溴乙烷（$C_2H_4Br_2$）：汽油防爆剂。

⑤溴青霉素酸：青霉素。

⑥溴乙酸乙酯：CAS 号为 105-36-2；分子式为 $C_4H_6BrO_2$，为青霉素 / 头孢菌素中间体。

⑦氢溴酸右美沙芬片：(每片 300 毫克含主要成分为氢溴酸右美沙芬 15 毫克。化学名为 3- 甲氧基 -17- 甲基 -(9α, 13α, 14α)- 吗啡喃氢溴酸 - 水合物；分子式为 $C_{18}H_{25}NO·HBr·H_2O$；相对分子质量为 370.33。用于治疗干咳。

⑧甲基溴：一溴甲烷，CAS 号为 74-83-9，化学式为 CH_3Br，用于制造杀虫剂、熏剂、冷冻剂，属于致癌物。

⑨溴钨化合物：溴钨灯又称卤素灯，是可见 - 近红外波段的理想光源，可以吸收光谱和荧光光谱分析物质。

16. 为什么溴被称为"海洋元素"?

说到海洋元素,你可能会认为海洋中80多种的化学元素均是海洋元素。事实并非如此。一般而言,当人们提及海洋元素时,指的就是溴。大家可能会觉得比较奇怪,为何只有溴被称为"海洋元素"呢? 这是因为溴在海水中的浓度相对较高(0.067克/千克)。值得一提的是,地球上海水中溴的总含量巨大,约 9.5×10^{13} 吨,约占地球上溴总量的99%,而陆地上可开发的溴资源约占1%。此外,目前人们使用的溴有80%是从海水中提取获得,因此便有海洋是溴的"家乡"一说,这就是溴为何被称为"海洋元素"的原因。

17. 如何从海水中提取溴呢?

溴被称为"海洋元素",用途广泛。那么,如何从海洋中提取溴呢? 早在1830年左右,溴元素就引起了科学家的广泛关注。截至目前,海水中溴提取技术包括离子交换树脂法、空气吹出法、超重力法、水蒸气蒸馏法、溶剂萃取法、乳液膜法、吸附法、气膜法、沉淀法、膜分离法等。其中,空气吹出法、水蒸气蒸馏法、离子交换树脂法已大规模工业化应用。

(1)空气吹出法。目前,空气吹出法应用最为广泛、也最为成熟。它可从低浓度溴的(约100毫克/升)海水中提取溴元素。按照吸收剂的差异,该方法分为"酸吸收空气吹出法"和"碱吸收空气吹出法"。与酸吸收空气吹出法相比,碱吸收空气吹出法只在吸收和蒸馏过程中有所不同。其工作原理是酸化海水原料生成苦卤,通氯和溴离子反应获得单质溴,以空气为传送载体将其吹入吸收塔,在填料塔中使用亚硫酸溶液(酸吸收)或碱液(碱吸收)等吸收剂进行解吸,再加入氯水与解吸产生的氢溴酸(HBr)置换成单质溴,然后将其蒸馏得到溴蒸气,经室温冷却得到液态溴。详细工艺如图1-5所示,反应方程如下:

$$2NaBr + Cl_2 = Br_2 + 2NaCl$$

$$Br_2 + SO_2 + 2H_2O = 2HBr + H_2SO_4$$

$$Cl_2 + 2HBr = 2HCl + Br_2(粗溴水)$$

$$Br_2(粗溴水) \xrightarrow[冷凝]{蒸馏} Br_2(溴蒸气)$$

$$Br_2(溴蒸气) \xrightarrow[分离]{冷凝} Br_2(纯液溴)$$

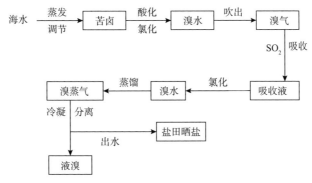

图 1-5　空气吹出法海水提溴工艺流程

（2）水蒸气蒸馏法。水蒸气蒸馏法是最早的海水提溴方法。在 20 世纪 80 年代之前，我国也采用这种方法从海水或卤水中（溴浓度大于 5 克 / 升）提取溴。其工艺流程为：盐酸化盐水或海水，接着通氯，与溴离子发生氧化还原反应获得单质溴。进一步通过吸附剂吸附、还原剂还原，洗脱两次后通氯氧化还原生成溴，最后蒸馏分离（因溴密度大于水而处于下层）获得溴，详细工艺如图 1-6 所示。

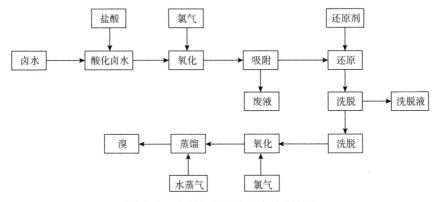

图 1-6　水蒸气蒸馏法提溴工艺流程

（3）离子交换树脂法。20 世纪 60 年代，离子交换树脂法提碘实现工业化，20 年后该提溴工艺实现产业化，该方法克服了空气吹出法的缺点，同时保留了溶剂萃取法的优点。常用的树脂多为强碱性阴离子型高分子材料，一般以苯乙烯与二烯基苯的共聚物为基体。该树脂含有强碱性基团，如季铵基团等，目前大量使用的有 D201 大孔、D261 大孔、611、711 等种类，在此基础上，科学家还研究了硝酸银负载型阳离子交换树脂的制备及其对溴离子的吸附研究。浓海水经硫酸酸化、氯气氧化后，通过树脂进行吸附，添加二氧化硫或亚硫酸钠等还原剂还原所吸附的溴，再用盐酸洗脱出 HBr 并使树脂再生，然后在洗脱液中通入氯气氧化得到溴单质，最后经精馏获得溴单质，其工艺流程见图 1-7。

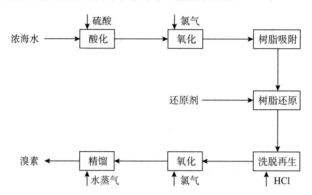

图 1-7　离子交换树脂法提溴工艺流程

溴的主要提取方法的优缺点见表 1-2。

表 1-2　溴的主要提取方法优缺点

方法	优点	缺点	应用范围	提取率
空气吹出法	应用原料广泛，规模大，可自动化	受温度限制大，适用温度大于10℃以上，耗能大	用于含溴量为 100×10^{-6} 的原料，工业应用	提取率为99.85%
水蒸气蒸馏法	操作简便，成本低	原料要求较高	用于含溴量为5克/升以上的原料，工业应用	提取率在93%左右
溶剂萃取法	成本低，操作简便，适与制取溴系有机衍生物联产	受卤水浓度影响较大，低含量卤水萃取率低，低毒价廉萃取剂难以获取，萃取剂消耗损失多	室内研究，未大规模工业应用	提取率在90%左右，不同的溶剂提取率不同
离子交换树脂法	溴浓度应用范围广，应用温度在0～60℃，成本低，操作简便	对树脂物理、化学性能有要求，蒸气量大	室内研究，未大规模工业应用	0.5克/升的卤水洗脱率达95%左右
乳状液膜法	选择性高，操作简便、节能	成本高，存在污染问题	室内研究，未大规模工业应用	油内比不同提取率不同，在最优条件下提取率达98%以上

续表

方法	优点	缺点	应用范围	提取率
气态膜法	耗能低，设备小，占地面积小	膜寿命及污染尚待解决	有示范工程，但未大规模工业应用	受温度，流速，真空度，溴浓度影响较大提取率在 61.44%～94.67%
超重力法	气液比极大，远超空气吹出法，设备小，占地面积小	对设备要求较高	室内研究，未大规模工业应用	溴浓度为 250 毫克/升时，单脱率为 88%
沉淀法	待研究	回收苯胺、苯酚方法复杂，成本高	不适用于大规模工业应用	用得较少，提取率尚不清楚

18. 海洋中的溴元素是怎么被发现的?

1824 年，法国化学家安东尼·巴拉尔（Antoine Balard，1802 年 9 月 30 日—1876 年 4 月 30 日），从大西洋和地中海沿岸采摘黑角菜后，将其灰化浸泡。当添加氯水与淀粉后浸泡液便分成两层：下层呈现蓝色，这是因为该海洋植物中含有碘，经氯氧化生成碘单质，碘单质和淀粉可形成蓝色的络合物；上层呈现棕黄色，这是一种以前从未见过的现象。巴拉尔猜测两种可能的原因：一种是氯与碘离子生成氯化碘（ICl），使得溶液显棕黄色；另外一种是氯氧化置换新的单质，致使上层溶液变成棕黄色。随后，巴拉尔想方设法试图把新物质分离出来，但都失败了。巴拉尔分析说，这可能不是 ICl，而是一种结构和性质类似于氯和碘的新元素。于是他利用乙醚萃取棕黄色物质，当添加氢氧化钾（KOH，别名苛性钾）后上层棕黄色褪色，进一步加热蒸发去除水分。然后将剩余物质与硫酸和二氧化锰一起加热，不久之后便有红棕色（或深棕色）恶臭气体逸出，经冷凝收集为棕黄色液体。相关的反应式如下：

$$Cl_2 + 2Br^- = 2Cl^- + Br_2$$

$$Br_2 + 2KOH = KBr + KBrO + H_2O$$

$$2KBr + MnO_2 + 2H_2SO_4 = K_2SO_4 + MnSO_4 + Br_2 + 2H_2O$$

巴拉尔认为将这种新元素称为 rutile（意为红色）比较合适，然而其导师约瑟夫·安哥拉达却建议使用 muride（源自于拉丁文字 murid 的变形，意为卤水）称呼这个元素。与此同时，巴拉尔向巴黎科学院汇报了自己的发现。根据希腊文的原意，科学院将这一新元素命名为"溴"，即"臭"。1826 年，巴拉尔在法国《理化会志》上发表论文《海藻中的新元素》，正式宣布溴的发现。这一重大发现在法国化学界引起了巨大轰动。

1826 年 8 月 14 日，法国科学院组成委员会（由化学家孚克劳、泰纳、盖·吕萨克组成）审查了巴拉尔所提交的报告。他们肯定了巴拉尔的实验结果，同时建议将名称确定为溴〔来自葡萄牙文 breōmos（恶臭），因为溴有刺鼻的气味。事实上，所有的卤素都有类似的气味。溴的拉丁名 bromium 和元素符号 br 由此而来〕，字面意思也是"恶臭"。

当时的安东尼·巴拉尔年仅 24 岁，只是一位默默无闻的年轻助手，但是他发现溴的故事却持续地被人们歌颂，这种默默耕耘、锐意进取、勇于探索的精神成为一种巨大的精神财富，激励着人们在科学研究的道路上精益求精地追求新的探索。

19. 是谁失之交臂错过溴元素的发现？

法国的安东尼·巴拉尔真是第一个先发现了海水中溴元素的人吗？确实如此。然而，在巴拉尔发现之前的几年里，德国化学家尤斯蒂斯·冯·李比希（Justus von Liebig）也探究了类似的实验，他发现了一种深棕色的液体（溴）。

遗憾的是，李比希没有深入详细地研究，错失了一个应该属于自己的重大发现。在庆祝巴拉尔时，大家也为李比希感到痛惜。世上诸多事情大抵如此，也有人在离成功只有一步之遥时放弃了。例如，在贝尔发明电话之前，科学家莱斯也做过相同的实验，可是他却没有继续研究下去，当时贝尔也在做实验，他发现了莱斯理论的不足之处，改进了方案，从而发明出电话。

如果你想成就一项伟业，你必须坚持不懈并付出辛勤的努力，事事浅尝辄止、虎头蛇尾，结果劳心劳力却一事无成。其实世界上又有哪件事情是可以一蹴而就的呢？

古代哲人荀子曾说："锲而不舍，金石可镂。"又如科学家钱学森说："不要失去信心，只要坚持不懈，就终会有成果的。"若没有年复一年潜心数论，埋头演算的艰辛，陈景润怎能摘取"数学皇冠上的明珠"？他们正是凭着坚强的意志，持之以恒，锲而不舍，才取得了举世瞩目的成就。我们要像他们一样，做任何事情都不要半途而废。

后来，李比希听说巴拉尔发现了溴，他勇于反省、勇于承认自己缺点，这种精神同样值得大家学习。

此外，1825年德国海德堡大学学生卡尔·罗威（Carl Löwig）把家乡克罗次纳的一种矿泉水通入氯气，产生一种棕红色的物质。这种物质用乙醚提取，再将乙醚蒸发，则得到棕红色的液溴。所以他也是独立发现溴的化学家。有趣的是，他用这种液体申请了一个在里欧波得·甘末林的实验室的职位。由于发现的结果被延迟公开了，所以巴拉尔率先发表了他发现溴的成果。从上述研究可以看出：科学研究不仅要有谦虚谨慎、严谨认真的态度和精湛的技术，还要有坚持不懈和锐意进取的奋斗精神，更要有正确的指导理论和思想方法，才能取得良好的效果；否则，你会走很多曲折弯路或半途而废，甚至真相出现在你面前，你却茫然不知。

20. 我国海水提溴现状如何？

相对于其他国家而言，我国的溴提取技术研究进步较晚。直到1967年我国才研究利用"空气吹出法"进行海水直接提溴，仅过一年我们便取得成功。此后，青岛、连云港、北海盐场相继建立了年产百吨级的溴提取生产工厂。然而，我国是一个溴的需求大国，国内的溴产量远不能满足自身的需要。

1990年世界上溴产量约为4万吨，其中有九成以上产自美国、以色列、日本、英国、法国等国家。我国当时溴产量仅占全球总量的2%。随着经济的发展，全球各国对溴工业的不断重视以及溴的下游产品对溴需求的不断提升，溴产量也逐渐提升。2021年全球溴产量约为80万吨，主要集中在美国、中国、以色列、约旦和日本等国家，中国溴素的年产量约为16万吨，且主要分布在辽宁、河北、山东、天津等地区。即便如此，国内溴的产量还远远不能满足社会需求，仍然需要依靠大量进口来填补国内缺额。因此，充分认识和利用海洋资源，深入探究海水提溴新技术和新工艺具有重要的战略意义和现实意义。

21. 碘对人类有什么作用？

碘是大家所熟谙的元素，我们日常生活中食用的碘盐中便添加了碘元素。碘盐中含有碘酸钾（KIO_3）和氯化钠（$NaCl$）。碘是人体的必需微量元素之一，同时，碘具有强大的杀菌作用和易升华的性质，使碘成为我们的好朋友。

第一，在高级哺乳动物中，碘以碘化氨基酸的形式集中在甲状腺内，缺乏碘会引起甲状腺肿大。

第二，约 2/3 的碘及其化合物用来制备防腐剂、消毒剂和药物，如碘酊、碘甘油、复方碘溶液和碘仿。碘酒（含碘酒精）溶液可进行消毒。华素片和碘喉片是以碘为主要原料制成的片剂，可用于治疗咽炎、喉炎、口腔炎症、甲状腺机能亢进等症状。放射性同位素碘 −131（^{131}I）可用于放射性治疗和放射性示踪技术，帮助医生诊断疾病。碘仿用于防腐剂。

第三，碘还可用于制造染料和摄影胶片（如碘化银 AgI）。

第四，碘在人工降雨（碘化银为造云晶种）、火箭燃料、冶金工业、高效农药、射线探测研究等一些尖端科技方面也发挥着重要作用。

由此可知，碘在国民经济中的地位越来越重要。

22. 海洋中的碘元素是怎么被发现的呢？

你或许已经知道海水中的碘对我们起着非常重要的作用，但你知道是谁发现了碘吗？

1813 年，贝尔纳德·库特瓦（Bermard Courtois，出生于法国巴黎，1777 年—1838 年）从海藻灰中意外发现紫黑色有光泽的片状晶体，这就是碘，其希腊文为"紫色"之意。由此可知，碘元素的发现要早于溴元素。

谈及库尔特瓦发现碘，这其中有一个曲折的故事。在那个年代的法国诺曼底和布列塔尼沿岸，海生植物在春季风浪大作时会被海浪和潮水冲击，漂浮在浅滩上。退潮后，库尔特瓦常常去那些地方收集黑角菜、昆布和其他藻类，堆积并将其燃烧成灰，然后加水浸渍、过滤获得植物的浸取液。库尔特瓦想从这些溶液中提取硝酸盐和其他盐，所以他必须蒸发溶液，使其溶解的硫酸钾、硫酸钠、氯化钠、碳酸钠等依次结晶出来。然而，由于海藻在燃灰过程中有不少的硫酸盐被碳还原成硫化物。库尔特瓦为了除掉其中的硫化物，便往溶液中加入浓硫酸，库尔特瓦意外地发现，母液中产生了一种美丽的紫色蒸气，像彩云一样冉冉上升（其反应式为 $8NaI+5H_2SO_4(浓)=4I_2+4Na_2SO_4+H_2S\uparrow+4H_2O$）。最后，这种"令人窒息的蒸气"竟然充满了实验室，当蒸气接触冷的物体时便凝结片状的暗黑色晶体，并持有金属光泽。

这一现象使他欣喜若狂，此后，库尔特瓦利用该新物质作深入研究，发现它耐高温不易分解，不易与氧或碳发生反应，但可以与氢、磷或锌化合，库尔特瓦据此推测它可能是一种新的元素。由于库尔特瓦的实验环境较为落后，此外，他把主要精力投入到硝石经营上，所以他无法抽出大量时间去证实这种新物质是什么元素。他不得不邀请法国化学家德索尔姆和克莱门继续这项研究，并授权他们自由地向科学界宣布这一新元素的发现。

1813年，两位科学家在《库尔特瓦先生从一种碱金属盐中发现新物质》的报告中阐述："从海藻灰所得的溶液中含有一种特别奇异的东西，它很容易被提取出来。只要将硫酸添加到该溶液中，盛放曲颈甑内并进行加热，利用导管将曲颈甑的口与球形器连接。一种黑色有光泽的粉末便会从溶液中沉析出来。加热后，紫色蒸气冉冉上升，蒸气凝结在导管和球形器内，结成片状晶体。"克莱门认为，这种新元素的性质与氯类似的，经过戴维和盖·吕萨克等再三验证，于1814年将其命名为碘，意思是"紫色"。1913年，人们在库尔特瓦诞生的地方竖立了纪念碑，1914年又把第戎的一条街命名为库尔特瓦街，以追忆他发现碘的功绩。

23. "变色大王"是谁呢？

碘元素被称为"变色大王"。一般情况下，碘在水、酒精和氯仿（$CHCl_3$）等溶剂中呈褐色，而在苯、四氯化碳和二硫化碳（CS_2）等溶剂中呈紫色。不过，大部分碘盐的颜色，却和食盐一样呈现白色，只有少数例外，如碘化银（AgI）是浅黄色。

人们利用淀粉来分析碘的含量和检验碘单质。但是你可能不知道的是：淀粉的种类不同，显色也不尽相同。当碘遇到直链淀粉呈蓝色；而当碘遇到支链淀粉却呈紫红色。此外，当碘遇到糊精也可以呈现蓝紫、紫、橙等不同颜色。碘就像调皮的小孩，心情变幻莫测，是名副其实的"变色大王"。

大家一定觉得很奇怪：为何碘和淀粉反应会呈现出不同的颜色呢？淀粉是一

种植物多糖，属于高分子碳水化合物，是由葡萄糖分子聚合而成的。其基本构成单位为 α-D- 吡喃葡萄糖，分子式为 $(C_6H_{10}O_5)_n$。它有直链淀粉和支链淀粉两类，前者为无分支的螺旋结构，结构相对简单，由许多葡萄糖分子通过 a-1,4- 糖苷键连接而成，主要存在于植物的种子、根茎和果实中，如小麦、大米、玉米等；后者是一种分支的淀粉分子并以 24～30 个葡萄糖残基以 α-1,4- 糖苷键首尾相连而成，在支链处为 α-1,6- 糖苷键，主要存在于植物的根茎、块茎和豆类中，如土豆、红薯、豌豆等。直链淀粉可溶于热水，分子量比支链淀粉小；支链淀粉不溶于冷水，与热水作用会形成糨糊，分子量比直链淀粉大。

淀粉与碘呈色反应的原因是碘分子进入淀粉的螺旋圈，容易生成淀粉碘络合物。而呈现颜色种类则与淀粉糖链的长度息息相关。当链条长度小于 6 个葡萄糖基时，碘不会变色；当链条长度为 20～60 个葡萄糖基时，则碘会变红；当大于60 个葡萄糖基时，碘会变成蓝色。淀粉和碘的显色反应常常受到淀粉类型（如可溶性淀粉溶液、马铃薯浆、糯米浓浆）、淀粉新鲜度、淀粉溶液温度等因素影响。

24. 何处寻觅碘的芳踪？

碘和溴一样，对我们人类发挥着极其重要的作用，那么你可知道在哪里可以看见其芳踪呢？经科学家们探究后得知：海水、碘矿、地下卤水和油田卤水中是天然碘的主要来源，此外，某些海藻中也可以发现碘的踪影，正如库尔特瓦所发现的一样，它们可以从周围环境中富集碘。自然界中碘矿的数量异常缺乏，只有地下卤水中含有一定碘，但与海水相比而言，却是小巫见大巫，少的可怜。油田卤水中碘含量与地下卤水大抵相似。因为受碘矿资源的限制，一直到 20 世纪 20年代起才有一些国家着手从地下卤水和油田卤水中提碘研究工作。遗憾的是，截至目前，人类所需的碘绝大部分还是仰赖于海洋提碘的技术和产量。

25. 怎样从海水中提取碘？

海藻是从海水中提碘的主要原料。常见的海藻有海带、马尾藻和昆布，它们对碘的富集能力极强，所以可以直接在这类海藻中加入化学试剂，或将其灰化后再添加化学试剂，便可将碘提取出来。我国的海藻资源相对匮乏，国内生产的碘无法满足我国对碘的需求，供需缺口较大，因而，探寻新的提碘技术成为亟待解决的问题。例如，科学家们尝试了多种直接从海水中提碘的技术，有蒸发结晶法、离子交换法、化学沉淀法、电解法、萃取法、特殊吸附法等。总的来说，目前还没有发现高效的海中提碘技术。国内专家也在这方面进行了探究，如筛选和开发新型吸附剂、改进提取工艺流程等。只要我们齐心协力、共同探索，我国海水提碘的大规模工业生产也将计日程功。

26. 谁是"采碘能手"？

我们知道可以从海水中提取碘，但是海水中碘的含量极低，一般为 $0.5 \times 10^{-5}\% \sim$ $0.6 \times 10^{-5}\%$，因此，直接从海水中提碘的难度可想而知。然而，人类智慧的核心在于创造力，避开直接提取而采取"曲线救国"的方法。人类在展开海洋生物研究时便发现了它们具有富集碘的特殊能力，其中，海带被尊称为"采碘能手"。干海带中碘的含量一般为 0.3%～0.5%，为海水中碘含量的 10 万倍左右。海带能把海水中的碘富集于自身。因此，自 19 世纪以来，海带便成为了海水提碘的基本原料。众所周知，多吃海带是颇有益处的，因为碘是人体所必需的元素之一，如果人体碘缺乏，容易患上"大脖子病（甲状腺肿大）"。幸运的是，如果我们经常食用誉有"采碘能手"之称的海带，那我们体内的碘含量便会正常。当然，补碘不能盲目，需要在医生及营养师的指导下科学谨慎进行。

27. 我国海水提碘现状如何？

虽然海水中海藻富含碘，但毕竟海藻数量有限。如果仅仅依靠海藻来提取的碘则不足以维持国家经济生产和人民健康生活需求。若能直接从海水中提碘，则可以从根本上解决碘资源匮乏的问题。我国科学家们在这方面的探究获得了令人欣慰的成果。他们采用离子交换法、电解法和吸附法等直接从海水中提取碘。20世纪 70 年代，我国科学家研发了"离子－共价型"JA-2 号特殊吸附剂，在天然海水中吸附碘的能力约为成熟海带的 4 倍，吸附所需时间比成熟海带缩短了二十分之一。与国外海水直接提碘的技术相比，该技术操作方便、工艺简单，提碘效果良好。这为实现海水直接提碘的工业化奠定了良好的基础。

28. 海水中的镁元素是怎么被发现的呢?

早在 1755 年，英国化学家、物理学家约瑟夫·布莱克（Joseph Black）第一个确认镁是一种新元素，同时，他还辨别出石灰（氧化钙，CaO）中的苦土组成（氧化镁，MgO）。菱镁矿或石灰石经受热分解便可制备这两种物质。

1792 年，奥地利的安东·鲁普雷希特（Anton Rupprecht）通过加热苦土和木炭的混合物首次获得不纯净的镁金属（$2MgO + C = 2Mg + CO_2 \uparrow$）。

1799 年，托马斯·亨利（Thomas Henry）通过研究分析得到了海泡石（另一种镁矿石，主要成分为硅酸镁），这种矿石被用于制作烟斗。

1808 年 5 月，英国化学家汉弗莱·戴维（Humphry Davy）电解汞（Hg）和氧化镁（MgO）的混合物，得到镁汞齐（Mg–Hg），后进一步通过高温蒸馏获得银白色的金属镁。

直到 1831 年，法国科学家安东尼·比西（Antoine-Alexandre-Brutus Bussy）通过钾和氯化镁反应制备了大量的金属镁，之后便开始研究其特性。

镁的英文名称是 Magnesium，其命名源于希腊文，原意是"美格尼西亚"，这是由于在希腊的美格尼西亚城附近盛产一种名为苦土的镁矿（MgO），罗马人便把这种矿石称呼为"美格尼西·阿尔巴（Magnesia Alba）"，"alba"意思是"白色的"，即"白色的美格尼西亚"。我国则根据这个词的第一音节译成镁。镁的元素符号为 Mg，原子序数为 12，相对原子量为 24.3，容易失去两个电子成为 Mg^{2+} 离子。由于 Mg 和 Ca 同属于 IIA 元素，且镁的氧化物性质与钙相似，介于"碱性"和"土性"之间，故称为"碱土"金属。

29. 镁对人类有什么作用?

镁是一种金属化学元素（第三周期 II A 族，密度 1.74 克 / 立方厘米；闪点 500 ℃、引燃温度为 480～510 ℃；管制类型为易制爆；CAS 号为 7439-95-4）。它是一种银白色的轻质碱土金属，化学性质活泼，能与酸反应生成氢气，具有一定的延展性和热消散性。镁元素在自然界分布广泛、储量丰富，也是人体的必需元素之一。

由于镁容易失去电子而常被用来还原置换钛、铀、锆、铍等重要金属，主要用于制造轻金属合金、科学仪器、球墨铸铁、医药、农药和格氏试剂等。其中，镁铝合金在航空、航天、国防和汽车工业上发挥巨大的作用。

在医药方面镁是 E- 辅酶 Q10 和白藜芦醇的生产原料，前者具有抗病毒、抗癌和抗坏血病等作用，后者具有降低血糖、抗血小板聚集、抑制肿瘤的功效。

在有机化学方面，格氏试剂（格林雅试剂的简称）具有合成原料价廉易得、合成方法直接简便、参与反应活性高等特点，而成为有机合成化学中应用相当广泛、最有价值、最多功能的有机化学试剂之一，易与含活泼氢的化合物、酰基化合物、金属卤化物、卤代烃、羰基化合物、腈及环氧化合物等反应，生成各种类型的有机化合物，其产率均比较高。

工业上，由于镁合金具有良好的轻量性、尺寸稳定、减震性、切削性、耐蚀性和耐冲击性等优点而成为制造飞机、导弹、快艇的首选合金材料。变形镁合金具有较高的比刚度、比强度和塑性而被称为航空航天领域最有前途的金属结构材料之一，可以成为驾驶舱框架、壁板、吸气管、直升机闸门、导弹舱段、蒙皮等理想制件。研究表明，用镁合金部件代替铝合金可以有效解决铝合金机翼的疲劳问题，增加机翼的安全性。镁不但可以制造烟火、镁光灯、闪光粉吸气器和照明弹，还可以作为火箭的燃料。

农业上的镁肥主要有硫酸镁、白云石、氯化镁、镁转肥、菱镁矿。我们日常所说的"卤水点豆腐"所用的卤水的主要成分就是氯化镁（$MgCl_2$）。此外，镁也是参与生物体正常生命活动及新陈代谢过程必不可少的元素。总之，镁及其化合物在国防、医药和工农业生产中发挥着重要作用，是不可或缺的元素。

30. 海洋中的镁是怎么提取的呢？

无论是从海水中提取镁单质，还是提取镁化合物，一般均采用先沉淀后溶解的技术。提取镁的工艺比较复杂，这是因为海水不只是单纯含有纯镁盐溶液。在海水提镁工艺中，需要在海水中加入一定量的碱，然后沉淀处理纯化得到氢氧化镁化合物，接着进一步煅烧得到耐火材料氧化镁（MgO）。若要制备镁单质，则需要在沉淀物中添加盐酸，使镁形成氯化物（主要成分为 $MgCl_2 \cdot 6H_2O$），然后通电熔融获得镁和氯（见图1-8）。在镁提纯工艺中，我们可以根据不同的社会需求，在不同阶段采取合理的处置方式以获得不同的产品，这样既可以降低生产成本，也可以提升镁产品的纯度。

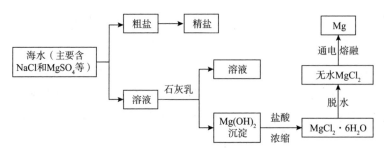

图 1-8　从海水中提取镁的工艺流程

31. 镁在军事上有什么用途？

镁砂在海水中的总含量仅次于氯、钠和硫，其含量为 1.28 克／千克。由于炼钢行业对所需的优质镁砂原料要求比较高，其杂质含量不得高于 4%，值得庆幸的是，早在 20 世纪 60 年代，从海水中提取的镁砂纯度就达到 99.7%。因此，像俄罗斯、美国和日本等许多国家从海水中提镁产量超过 45%。

纯镁单质强度低、硬度低、化学性质不稳定，兵器结构材料难见镁的芳踪。然而，镁合金却持续发挥其优异性能，拓展着兵器结构材料应用领域。截至目前，Mg-Mn 合金、Mg-Al-Zn 合金、Mg-Zn-Zr 和耐热高强镁合金等成为目前军事化常用的镁合金。

Mg-Mn 合金是板材、带材、棒材及冲压件、锻件的主要原料，这些可以承受不大或中等负荷的零件主要供航空工业部门使用。

Mg-Al-Zn 合金是人类应用最早也最广泛的一类镁合金，可用于铸造或变形加工。这些可以承受较大压力或形状复杂的轻质合金零件主要用于制造航空飞行器和发动机等零件。

Mg-Zn-Zr 合金是 20 世纪 90 年代发展起来的一种镁合金，其强度明显高于上述两类镁合金，因而可用于制造航空飞行器中受力大的重要零部件（如飞机机冀长桁）等。

另外，军队指挥员所使用的各种小型指挥镜和望远镜等的结构都是镁合金。因为镁在军事上发挥着巨大的应用价值，所以镁的生产备受战争的影响。早在第二次世界大战（简称"二战"）时期，制造单架飞机就需要半吨镁，此外，作战使用的照明弹主要成分也是镁。在"二战"以前，全世界镁产量仅为 2 万吨／年，而战争期间镁的生产量高于 20 万吨／年，战后镁的产量又下降至 3 万吨／年。由此可见，镁在战争中的作用有多么重要，因而镁享有"国防金属"之美誉。

32. 我国海水提镁现状如何?

据科学家探明，陆地上拥有较为丰富的天然菱镁矿，可以利用它提取工农业和国防所需的镁。为何还要从海水中提取镁呢？事实证明，随着世界钢铁工业的迅速发展，镁砂原料的质量要求也随之提高，陆地上镁砂的纯度无法满足现代炼钢工业的特殊需求（杂质低于4%），随后，人们便将目标瞄准到海洋。从海水中提取的镁砂纯度高，能完全满足现代冶金工业的原料需求。因此，海水提镁已成为海水化学资源提取的热点之一。

目前，世界上大部分金属镁及其化合物直接或间接来源于海水。而我国陆地天然镁资源相对丰富，镁及其化合物的来源主要依靠陆地解决，如鞍山钢铁厂是耐火材料的生产基地，其所在城市"依镁而立，因镁而兴"。我国每年只根据特殊需要生产一些高纯度氯化镁。近年来，我国对海水提镁的研发和试生产均取得了骄人的成就。未来的发展方向是开发一系列镁肥（市场潜力100万吨）和其他技术含量高、附加值高的镁产品。

众所周知，镁是一种重要的战略材料，享有"国防金属"之美誉。在机械制造工业方面，镁有取代钢、锌和铝等金属的倾向，同样，在冶金工业和化学工业方面，镁及其化合物或合金也拓展了新的市场。相信在不久的未来，海洋提镁技术将进一步扩大金属镁的"镁"好前景。

33. 钾对人类有什么作用?

钾元素是人体肌肉组织和神经组织中的重要成分之一，同时也是植物生长所需的肥料之一。纯钾是银白色的晶体，密度比水小，化学性质极度活泼（比钠还活泼）。如果你在水中放一小块钾，你会发现它会浮于水面、迅速熔化成一小球、四处游动伴有"嘶嘶"的响声，同时还有紫色火焰产生，紧接着钾在快速燃烧后便消失了。这里发生的反应式为

$$2K + 2H_2O = 2KOH + H_2 \uparrow$$

金属钾用途广泛，对于人类而言，钾既可以调节细胞内适宜的渗透压和体液的酸碱平衡，也参与细胞内糖和蛋白质的代谢，有助于维持神经健康、心跳规律

正常，可以预防中风和降低血压，并协助肌肉正常收缩。对于植物而言，钾不仅能促进植株茎秆健壮生长，改善果实品质，增强植株抗寒能力，还可以提高果实的糖分和维生素 C 的含量，因而，钾成为植物必不可少的三元素之一（另两种为氮、磷元素）。

此外，钾可作为有机物合成中的还原剂，也可以作为生产钾玻璃（含 K_2O、CaO、SiO_2）的原料，钾玻璃比钠玻璃更难熔化，且不易被化学品腐蚀，因而可以用于制造化学仪器和装饰品等。由此可见，金属钾是人类的益友。

34. 海洋中的钾储量有多少？

钾对人类发挥着重要作用，若我们能从海水中提取钾，那可是取之不尽的资源。那么，海水中到底含有多少钾呢？据科学家探析，在含钾的天然资源中，海水的储量最大。虽然其钾含量只有 0.40 克 / 升，但海水中钾的总量高达 500 万亿吨，这远远高于陆地上钾石岩等矿物的储量。因而，有人把海洋比喻成"钾肥的大仓库"，我们应该瞄准海洋，投入更多时间和精力去不断提升海水提钾技术，这样才能早投入、早提升、早受益。

35. 海洋中钾是怎么提取的呢？

我国已将钾盐矿产列入战略性矿产目录，这是因为它在国家经济安全、国防安全和战略性新兴产业发展中发挥着的重要作用。既然钾如此重要，除了陆地上的钾盐矿产外，如何从海水中提取钾呢？下面是几种常见有效的海水提取钾的方法。

（1）蒸发结晶法。在制盐后利用剩余的浓盐水中提取钾。据悉，有企业在死海周边利用这种方法从海水中提取钾，其产量达到 120 万吨 / 年。

（2）化学沉淀法。往海水中添加沉淀剂后，海水中的钾离子与之反应形成沉淀物，进一步分离出沉淀物，最后再从沉淀物中分离钾。

（3）溶剂萃取法。溶剂萃取法主要包含液膜萃取和溶剂析出两种。第一种，液膜萃取法是利用原料液相与萃取相中钾离子分布系数的显著差异，来达到钾离子富集分离的目的。目前，常用的萃取剂主要有多环醚、醇类以及有机酸和酚类的混合物。第二种，溶剂沉淀法的原理是利用一些极性有机溶剂对钾的沉淀差异，达到富集分离钾离子的目的。使用的极性剂有氨、甲醇、丙酮、乙二醇、乙二胺和烷基氨基醇等。该方法适合于含钾量较高的海水。

（4）离子交换法。通过离子交换剂与海水中的钾离子进行交换，钾离子被吸附在离子交换剂上，进一步通过洗脱获得钾盐（见图1-9）。目前，离子交换法成为海水提钾的研究热点，常用的离子交换法包含离子筛法、树脂法、无机离子交换剂法和沸石法等。虽然离子交换剂富钾的方法众多，但至今尚未形成科学完整的工艺流程。我国历经50年左右的开发探究，解决了关键性技术难题，并开发出沸石法海水提取硫酸钾和硝酸钾高效节能技术，降低了生产成本，创造了较高经济价值。

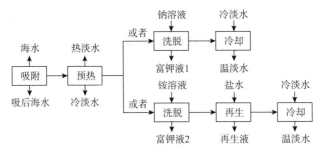

图1-9　离子交换法海水提钾步骤示意图

上述几种方法在实际海水提钾中都各有优缺点，我们应当根据实际海水情况扬长避短。理想状态下，只要条件允许，便可以从海水中提取出充足的钾，使我们国家完全解决缺钾问题。诚然，海水提钾技术还需要我们不断探索，进一步寻求成本低廉、无废液排放、绿色环保、钾选择性高的技术，实现海水中钾的高效富集才是我们的终极目标。

36. 我国海水提钾现状如何？

众所周知，我国是农业大国，对钾肥的需求量很大，我国的钾肥生产量约为10万吨／年，远远低于我国的农业用钾肥需求量（约为300万吨／年）。此外，我国陆地钾资源相对短缺（我国探明钾储量仅占世界总储量的2.6%），目前尚未发现较大储量的可溶性钾矿，这不仅远远无法满足农业需求，更无法保障国家经济安全、国防安全和战略性新兴产业发展需要。因而，迫切需要开发新的钾矿资源来弥补其资源的严重短缺状况。目前，我国的钾盐主要源自制盐后的苦卤，遗憾的是苦卤的来源也十分有限，即使收集所有制盐后的苦卤仍无法满足需求。幸运的是，我国有1.8万公里长的海岸线，若能直接从海水中提取钾或者在海水滩涂地种植农作物，不仅为钾盐的生产开发了新的工艺，而且对我国的钾盐利用都会发挥巨大作用。因此，从国家到科研工作者一直高度重视海水钾资源的开发和利用。

经过50年左右的不懈努力，我国的海水提钾研究已有一定基础，以天然无机交换剂为富集剂的提钾方法提升了富钾技术。此外，近年来我国科研人员对天然沸石法提钾工艺进行改进，攻克了一系列关键技术，开发了斜沸石法海水提取硫酸钾和硝酸钾高效节能技术，使海水硫酸钾和硝酸钾成本显著低于现行的生产技术，为大型海水提钾工业化生产开辟了新路。

37. 你知道什么是放射性元素吗?

放射性元素(确切地说应为放射性核素)是能够自发地从不稳定的原子核内部放出粒子或射线(如α射线、β射线、γ射线等)，释放能量，最终衰变生成稳定的元素，并停止放射的元素。这种性质被称为放射性，这个过程被称为放射性衰变。一般而言，将含有放射性元素(如铀U、钍Th、镭Ra等)的矿物叫作放射性矿物。

放射性元素包含天然放射性元素和人工放射性元素两种。

(1)具有放射性的天然同位素称为天然放射性元素，有钋(Po)、氡(Rn)、钫(Fr)、镭(Ra)、锕(Ac)、钍(Th)、镤(Pa)和铀(U)。

(2)人工合成的放射性同位素(如反应堆生产)称为人工放射性元素。比如，通过α粒子轰击铝而得到的^{30}P是人工放射性元素。在一千多种放射性同位素中，绝大部分是人工放射性元素。如：锝^{43}Tc、钷^{61}Pm、镅^{95}Am、锔^{96}Cm、锫^{97}Bk、锎^{98}Cf、锿^{99}Es、镄^{100}Fm、钔^{101}Md、锘^{102}No、铹^{103}Lr、𬬻^{104}Rf、𬭊^{10}Db、𬭳^{106}Sg、𬭛^{107}Bh、𬭶^{108}Hs、和䥑^{109}元素。

(3)当同一放射系的放射性同位素的原子核从不稳定转化为稳定，这一过程被称为衰变。自然界中有三种天然放射性元素：铀U放射系、锕Ac放射系和钍Th放射系。

诚然，任何事物都有两面，放射性元素也不例外，它既有缺点也有优点。天然放射性元素的主要用途是：第一，核燃料，如铀^{235}U、铀^{233}U和钚^{239}Pu；第二，中子源，如钋 ^{210}Po- 铍 Be 中子源、镭 ^{226}Ra- 铍 Be 中子源；第三，治疗癌症，如镭或氡。

放射性元素在工业、农业、科技、军事等方面具有极其重要的价值和广泛的应用，人工放射性元素则主要应用于示踪、辐射和衰变能。但是，如果人类或其他生物受到过量的放射性物质辐射时，就会引起各种放射性疾病。所以，我们需要用敏锐的眼光来辨别，取其精华，去其糟粕。

38. 放射性元素有哪些应用？

众所周知，放射性元素在国防安全和工农医等领域具有举足轻重的作用，其应用范围从早期的医学和钟表工业扩大到核动力工业和航天工业等领域。

（1）农业应用。可以单独使用碳 -14 或配合使用磷 -32、氢 -3 等其他放射性同位素作为光合作用的速度及其基本产物的示踪剂，从而促进研究工作细致周密开展。此外，它在诱变育良种和食品保鲜方面也发挥着积极作用。

（2）工业应用。放射性元素在工业上被用于测量和控制过程中的压力、流量、浓度等参数，从而提高生产效率和质量。此外，铀、钍等放射性元素还可以应用于核能发电，从而使得电力供应更加可靠和安全。

（3）医疗应用。放射性元素可用于医疗影像学、癌症治疗、放射疗法等方面，可以帮助医生诊断或治疗疾病。如锝 -99 可用来作脑部扫描，帮助医生诊断脑部疾病。核辐射检测仪、防辐射服等也需要使用放射性元素，用来帮助人们免受辐射的危害。

（4）科学研究。放射性元素在原子核物理、考古学、化学、地质学等领域中同样发挥着重要的作用，帮助科学家们研究海洋或陆地等物质的基本性质和演变历程。

（5）国防安全。保家卫国和保障经济建设都需要核武器，而核武器一般可以分为原子弹和氢弹两种，其中原子弹是利用放射性同位素铀或钚在撞击物的作用下发生裂变反应而产生的能量。同样根据放射性元素的特点可将其用作航天器等，也可以用于环境监测。例如，用来检测空气和水中是否存在放射性同位素，这对于保护环境、人类健康和国家安全保障非常重要。

总之，虽然放射性元素具有一定的危险性，但随着科学的发展，它们的应用却可以给我们带来许多益处。

39. 你知道铀的能量有多大吗?

大家或许从书籍或电影中知道核武器的威力巨大吧。按核装置原理结构，其可分为原子弹、氢弹和特殊性能核弹（包括中子弹、冲击波弹等），通常将原子弹称为第一代核武器，而将氢弹和中子弹、冲击波弹称为第二代核武器。如果依据威力大小可分为高威力核武器（100万吨 TNT 当量以上）、中等威力核武器（10万~100万吨 TNT 当量之间）和低威力核武器（小于 10 万吨 TNT 当量）。

要引爆核武器，必须满足两个条件：一是聚变，即把两个核粒子融合在一起；二是裂变，即将重核分裂成两个中等大小的核。在原子弹中，核反应堆的核心是一个放置有铀（U-235）或钚（Pu-239）等可裂变核素的球形装置，称为"核弹芯"。当装置受到炸药的撞击时，会被迅速压缩成一个非常小的空间，这使得其中的铀原子核或钚原子核开始裂变。利用 ^{235}U 原子核发生裂变在瞬间释放出的巨大能量来起杀伤破坏作用的一种爆炸性核武器被称为铀原子弹。

铀原子弹弹爆炸的工作原理是当一个中子（^{1}n）轰击铀 -235 原子核便会发生核聚变，接着在密闭狭小的空间进一步发生裂变，释放出 2~3 个中子，这个过程是随机的，平均约为 2.5 个中子。在这个变化过程中会有一点点质量亏损，这些失去的质量就变成能量释放了。据研究，^{235}U 一般有 5 种裂变方式（见图 1-10），每种裂变方式释放出的能量大致相当，平均值约为 200 百万电子伏特，1 百万电子伏特对应 1.6×10^{-13} 焦能量，即 1 克的 ^{235}U 原子核裂变之后释放能量为 8.2×10^{10} 焦，反应式如图 1-10 所示。

$$^{235}_{92}U + ^1_0n \longrightarrow ^{236}_{92}U \longrightarrow ^{90}_{38}Sr + ^{144}_{54}Xe + 2^1_0n$$

$$^{235}_{92}U + ^1_0n \longrightarrow ^{236}_{92}U \longrightarrow ^{87}_{35}Br + ^{146}_{57}La + 3^1_0n$$

$$^{235}_{92}U + ^1_0n \longrightarrow ^{236}_{92}U \longrightarrow ^{96}_{37}Rb + ^{137}_{55}Cs + 3^1_0n$$

$$^{235}_{92}U + ^1_0n \longrightarrow ^{236}_{92}U \longrightarrow ^{137}_{52}Te + ^{97}_{40}Zr + 2^1_0n$$

$$^{235}_{92}U + ^1_0n \longrightarrow ^{236}_{92}U \longrightarrow ^{141}_{56}Ba + ^{92}_{36}Kr + 3^1_0n$$

图 1-10　铀 -235 裂变方式

$$\frac{1 \text{克}}{235 \text{克} / \text{摩尔}} \times 6.02 \times 10^{23} \text{个} / \text{摩尔} \times 200 \times 1.6 \times 10^{-13} \text{焦} / \text{个} = 8.2 \times 10^{10} \text{焦}$$

这是什么概念呢？简单而言，1 克的标准煤的热值为 29307 焦，以此为参照物的话，那么 1 千克的铀 -235 裂变后所释放出的能量就与燃烧 2.798 吨标准煤释放的能量相当。一颗铀弹的装料大约为 15~25 千克，其爆炸威力约为 2 万吨TNT 当量（一吨 TNT 炸药爆炸释放的能量约为 4183×10^6 焦），与 41970~69950吨标准煤释放的能量相当。由此可知核能有多么强大，这也难怪人类对核能"情有独钟"。核能作为一种新型能源，在技术上日益完善，核能正在进入国际常规能源之列。

值得一提的是，裂变会释放出大量能量和中子，而这些中子又会撞击和裂变周围的其他核素，释放更多的能量和中子，这样就形成了一个连锁反应。这个过程可在极短的时间内就能释放出巨大的能量，致使周边事物瞬间被破坏。当然有兴趣的各位也可以根据质量亏损约 0.0945% 以及爱因斯坦的质能公式计算下具体的当量。

40. 铀的价格是多少？

铀作为新型能源可以在核发电方面和国防建设方面发挥重要作用。

天然矿石中铀是 ^{234}U、^{235}U 和 ^{238}U 三种同位素共生，其中 ^{235}U 的含量非常低，只有约 0.7%，大约 139 个铀原子中只含有 1 个 ^{235}U 原子。原子弹装药和核电站用的燃料均为易发生衰变的 ^{235}U，因此需要浓缩提纯 ^{235}U。

据中国核能行业协会发布的"CNEA 国际天然铀价格（U_3O_8）"一般为 0.8 元 /克。天然铀需要与氢氟酸（HF）进一步转化六氟化铀（UF_6）的气态化合物，才能进行铀浓缩。通常采用气体离心法、气体扩散法和激光法等铀浓缩提纯方法将其他同位素分离出去，不断提高 ^{235}U 的浓度，它才能用于制造核武器或作为核电站的能源材料。

41. 为什么要从海水中提取铀？

众所周知，随着社会的发展和科技的进步，在工农业生产、国防建设和科学技术领域对铀的需求量也不断提升，但是陆地上的铀储量却十分有限。随着我国"碳中和、碳达峰"目标的确立，核能在清洁能源中的重要地位日益突出，核电产业也迎来了高速发展的历史机遇期。而核电稳步发展的基础则是天然铀资源的充足供应。天然铀资源作为军民两用战略铀资源，不仅关乎核电能源的稳定供应，更是国家核震慑力量有效性的根本保障。但天然铀却是一种不可再生矿产资源。据测算，已探明的陆地铀资源仅供人类使用几十年。探寻开拓新的铀资源是解决其资源匮乏困境的重要选择。因此，科学家将目光转向海洋，在海水中，铀的含量为～3.3微克/升，然而海洋巨大，铀总量相高达45亿吨，这是陆地上铀储量的四千多倍。因此，世界各国，特别是铀资源匮乏的日本、德国和英国等都试图从海水中提取铀。相信在不久的将来，从海水中提铀的技术将日臻完善，从而更好地造福人类。

42. 怎样从海水中提取铀?

2016年，美国科学家在《自然》（Nature）期刊上刊登过一篇研究评论，其归纳出了七大改变世界的分离过程，将海水提铀列为其中之一。但海水提铀面临着极低的铀浓度(约3.3微克/升)、高离子强度、大量竞争离子以及海洋微生物附着等问题，很难从海水中提取铀。

海水提铀研究起源于20世纪50年代，英国科学家Davies等首次公开发表了海水提铀。时至今日，世界上诸多国家先后对其进行研究。近年来，随着铀资源的强劲需求，海水提铀再次被世界各国广泛关注，且被多个国家提升到国家能源战略的高度。

海水中铀的含量极低，若想从含盐量高的海水中提取铀并不容易。然而，在海水化学资源的利用中，人类仍然找到了许多海水提铀的方法。海洋中铀主要以碳酸铀酰（$[UO_2(CO_3)_3]^{4-}$）的形式存在于海水中，海水提铀主要方法包含吸附法、泵柱法、溶剂萃取法、海流法、膜分离法、淤浆法、化学沉淀法、潮汐法和离子交换法等。其中，吸附法被认为是海水中铀的提取、脱附及循环利用方面最有效且最为经济的方法。吸附法的关键技术之一是制备出高选择性、高容量吸附材料。经过多年的研究与开发，科学家合成出了众多铀吸附材料，主要包含高分子有机吸附材料(有机功能材料、多孔碳材料)、无机吸附材料(介孔二氧化硅、金属氧化物)、无机－有机杂化吸附材料(金属－有机框架材料MOFs、共价有机框架材料COFs)、生物基体吸附材料。目前，国内外在海水提铀方面获得了许多研究成果，随着高分子材料学科高速发展、工程技术等领域的不断提升，海水提铀未来可期。目前的研究热点主要集中于海水提铀材料的功能设计、结构优化与性能提升，海水提铀工业化还有很多关键技术需要攻关。

43. 我国海水提铀现状如何？

我国核能发展与铀资源之间存在一定的供需矛盾。《中国能源中长期（2030、2050）发展战略研究》之"核能卷"规划目标是："2030年核电占10%，约2亿千瓦"，"2050年核电达4亿～5亿千瓦"，如果要实现这个目标的话，预计到2050年，我国将需要开采400多万吨天然铀。遗憾的是，我国陆地铀矿资源贫乏，矿石品质普遍较差，加上开采技术不够先进，开发造成的生态问题也十分严重。因此，从广阔海洋中大量提取铀成为我国亟待解决的问题。无论是核电能源还是国防建设，无论是工农业还是医疗健康领域都需要铀资源，若铀能从浩瀚的海洋中科学、高效、经济、安全地提取，对我国核能源、国防建设、工农医等发展核电发展具有长远的现实、经济和战略意义。

我国对核能的利用相对较早，但对海水提铀的技术研究却比较迟缓，20世纪60年代，我国开始着手研究海水提铀，目前已经取得了可喜的成果。其中，国家海洋局第三海洋研究所制备的钛型吸附剂，其每克吸附剂最大铀吸附容量达到0.65毫克，有机离子交换树脂吸附剂的铀吸附容量高于1毫克。华东师范大学海洋资源化学研究所研发的海水提铀设备和研究方法已达到世界先进水平，中国海洋大学也取得了众多骄人的相关成果。

从2011年开始，在国家有关部门的资助下，中国工程院物理研究所、中国科学院上海应用物理研究所、中核集团和部分高校等单位先后加盟到海水提铀研究中，主要研发了众多不同类型的提铀吸附材料，如氧化石墨烯/偕胺肟水凝胶、偕胺肟复合材料、偕胺肟功能化的超高分子量聚乙烯（UHMWPE）、静电纺丝法制备聚偏氟［poly（vinylidene fluoride），PVDF］乙烯/聚偕胺肟等，并进一步深入探究海水提铀的机理及海水提铀产业化技术。金属有机骨架配位物（MOFs）能高效吸附海水中铀离子，其吸附能力至少是传统纤维吸附剂的4倍。近期，中国科学院通过等离子体技术制备偕胺肟复合材料，其在海水提取铀时表现出卓越的吸附性能和循环再生性能，可以快速、高效地吸附海水中的铀离子，并进一步有效分离。

作为一个铀资源相对匮乏的国家，我们需要不断突破海水提铀技术，以保障我国工农医疗和国防建设的铀资源可持续供应，使"海水提铀"成为核能源和国防建设供应的"无尽"源泉。

44.你知道什么是芒硝吗？

芒硝，俗称元明粉、无水芒硝，是无机盐工业大宗产品之一。芒硝是一种化学物质，也是一种矿物中药，属于盐类化合物，通常以 $Na_2SO_4 \cdot 10H_2O$ 水合物形式存在。芒硝为棱柱状、长方形或不规则块状及粒状，呈现无色透明或类白色半透明，质脆，易碎，断面呈玻璃样光泽。在干燥的空气中容易快速脱水成白色粉末无水硫酸钠。

芒硝命名也比较有意思，"芒"字取之于形状，"硝"字取之于溶解性。典型的芒硝的结晶体呈现针状且有锋芒。在古代文献里面硝是水字旁的"消"而不是石字旁的"硝"。这个"硝"用现在的专业术语来说，便是其溶解度很大，极易溶于水。但在古代，先人没有这样的术语，不能说它的溶解度很大，他们使用"消"表达"芒硝放在水里面立刻消失不见踪影"这一直观现象。其实，在古代本草里面就说它遇水则消，就是完全溶解了。后来因为"芒硝"是个化学矿物药，尤其是在当代规范统一使用"硝"字。这便是芒硝命名的奇妙由来。芒硝用途广泛应用于化工、农业、食品和医药等领域。

（1）化工。它是制备碳酸钠（纯碱）、硫酸钠（元明粉）、硫酸铵、硫化钠（硫化碱）等的重要原料。碳酸钠可以进一步制备居家、纺织和印染等行业所需的洗涤剂，而硫酸钠可以进一步制备氢氧化钠（烧碱）和水玻璃（硅酸钠或泡花碱的水溶液）。通过芒硝也可以合成硝酸、硝酸铵、硝酸钾等，这些化学品可以用于制备肥料、火药、烟火、炸药、染料等。此外，芒硝还可以用于制造建筑和装饰所广泛应用的玻璃、陶瓷等。当然，含芒硝的化工产品还广泛应用在有机合成、橡胶、人造丝、造纸、纺织、制革、冶金、玻璃制造、选矿等领域。

（2）农业。芒硝可以直接作为一种优质的氮肥和杀虫剂，提升了农作物的产量和质量。此外，还可以通过芒硝制备硫酸钠后进一步制备无氯钾肥（硫酸钾）。

（3）食品。常用作焦糖色素制造剂、食用色素的稀释剂。

（4）医药。芒硝可以作为利尿剂或泻药，其功效为清热通便、解毒消肿。芒硝性寒，味咸、苦，归胃经、大肠经，常用于实热积滞、腹满胀痛、大便燥结、肠痛肿痛等病症的治疗；外治乳痈、痔疮肿痛。它也常用来制备硝酸甘油、硝酸异山梨酯等多种药物，以治疗心脏病、高血压等疾病。此外，它还可以应用于血液常规检验等方面。

45. 如何从海水中提取芒硝?

海洋物产丰富，那如何从海水中提取芒硝呢？主要包含以下几种：

（1）滩田法。众所周知，一年四季夏热冬冷温度不同，盛夏时分，人们向滩田引入含有氯化钠、氯化镁、硫酸钠、硫酸镁等成分的盐水，经太阳曝晒不断蒸发，等到寒冷的冬天时，气温比较低，可以结晶析出芒硝。滩田法是从海水中提取芒硝的主要方法，其工艺简单、能耗低，但是该方法容易将泥、砂等杂质混入芒硝产品中，并受自然天气影响较大。

（2）机械冷冻法。海水中提取芒硝能否摆脱自然天气的影响呢？答案是肯定的。原料液通过机械设备加热蒸发后，再冷冻至 $-5\sim-10℃$，析出芒硝盐。相比于滩田法而言，该方法虽然能耗比较高，但其产量质量好，且不受季节和自然条件的影响，一年四季均可生产。

（3）盐湖综合利用法。当处理含有多种组分的硫酸盐－碳酸盐型咸水时，在提取各种有用组分的同时分离出粗芒硝。比如，处理含有碳酸钠、氯化钠、硫酸钠、硼化物及钾、溴、锂的盐湖水，可先通入二氧化碳使碳酸钠转化成碳酸氢钠（$Na_2CO_3+CO_2+H_2O=2NaHCO_3$）结晶出来；将母液冷却至 $5\sim15℃$，使硼砂（$Na_2B_4O_7\cdot10H_2O$）结晶出来；硼砂分离后的二次母液进一步冷冻至 $0\sim5℃$，便可析出芒硝。

（4）其他方法。

可利用硫酸和氢氧化钠反应制得：
$$H_2SO_4 + 2NaOH = Na_2SO_4 + 2H_2O$$
还可利用碳酸氢钠（小苏打）和硫酸反应制备：
$$2NaHCO_3 + H_2SO_4 = Na_2SO_4 + 2H_2O + 2CO_2\uparrow$$
实验室内可采用氯化钠固体和浓硫酸在加热条件下制取硫酸钠：
$$2NaCl + H_2SO_4(浓)\xrightarrow{\triangle} 2HCl\uparrow + Na_2SO_4$$
用氢氧化钠与硫酸铜反应制备：
$$2NaOH + CuSO_4 = Na_2SO_4 + Cu(OH)_2\downarrow$$

在家庭中可用碳酸钠(苏打、纯碱)或碳酸氢钠与硫酸铜反应制得:

$$2CuSO_4 + 2Na_2CO_3 + H_2O = Cu_2(OH)_2CO_3 \downarrow + 2Na_2SO_4 + CO_2 \uparrow$$

$$4NaHCO_3 + 2CuSO_4 = Cu_2(OH)_2CO_3 \downarrow + 2Na_2SO_4 + 3CO_2 \uparrow + H_2O$$

可综合考虑以上四种方法的优缺点,扬长避短,综合使用来获得高质量的芒硝。其中,滩田法和机械冷冻法联用更加适用于含 Na^+、SO_4^{2-}、Mg^{2+}、Cl^- 为主要成分的海水型盐水及其他各种芒硝矿。由于硫酸钠的溶解度在低温下急剧下降,根据水盐体系的相平衡关系,可将粗粒硫酸钠从卤水中分离出来。

46. 黄金真面目如何被揭开的呢?

黄金的真面目就是化学元素金(Au)的单质形式,是一种软的、金黄色的、抗腐蚀的贵重金属。黄金的化学性质非常稳定,一般不与其他物质发生反应,当然,在特殊情况下它可以溶解于"王水"(1 体积浓硝酸和 3 体积的浓盐酸混合)形成氯金酸,其化学方程式为

$$3HNO_3 + 4HCl + Au = 3NO_2 \uparrow + H(AuCl_4) + 3H_2O$$

因而,可采用"王水"溶解金矿石,接着加热蒸发和酸洗除杂,进一步通过高温熔炼等步骤简单提纯黄金。

黄金的熔点是 1064.43℃,因此,只有温度高于其熔点时才能将其熔化,所以便有"真金不怕火炼"之说法。此外,它质地柔软,延展性极好,既可以杵拉成头发般的细丝,又可以碾压成比纸张还薄的薄片,还可以做成璀璨耀眼、精雕细刻、巧夺天工的高端上档次的装饰品。

据说,如果 50 克黄金被人类用锤子一直锤下去,可以锤成厚度约 0.1 微米(A4 纸张一般厚度为~0.10 毫米),展开面积约 25 平方米的金箔。1 克黄金可以拉成长度 66 千米、直径小于 1 微米的金丝,那么只需要将约 200 克黄金拉长成细长金丝,就可以绕地球一圈(地球平均直径是 12742.02 千米)。

此外,黄金在商品交换中也扮演者非常特殊的地位。譬如,黄金可以用于储备和投资的特殊通货,也是首饰业、航天航空业、电子业、现代通信等领域的重要材料。

在古代,黄金是比较稀缺的,也是比较珍贵的。我国古有"黄金万两"和"点石成金"等说法。黄金的主要计量单位为盎司、克、千克(公斤)、吨等。国际上一般以盎司作为黄金的通用计量单位;而在我国,习惯以"克"作为黄金的计

量单位，1盎司可折算成31.1克。

美国沉积学家米勒曼和麦迪认为，大陆上的黄金被河流、冰川、洪水带到海洋里，数量足以惊人，每年约有160吨金含在沉积物中冲入海洋.海洋学家还曾将海水中的含金量做了分析。其海水中金含量为0.004～0.02毫克/吨。全世界海中含金的总量至少有1000万吨，乐观地估计，可达5500万吨，超过大陆上的黄金储量。但各个海洋的地理环境存在差别，含金量亦有差异，例如加勒比海每吨海水含金量高达15～18毫克，为一般海水含金量的750～900倍。我国的渤海、黄海、东海、南海各海域的黄金储量约达15000吨。但由于开采技术和开发费用高昂，目前从海水中提炼黄金的设想尚未付诸实施，只得望洋兴叹！如此低的含量使最早进行这方面研究的德国化学家弗里茨·哈伯（Fritz Haber，1868年12月9日—1934年1月29日）最终放弃了自己的试验。虽然如此，人们还是在不断地探索着，争取使海水中的黄金早日浮出水面。

47. 大海淘金能否实现？

自从1872年英国化学家爱德华·索斯塔特向全世界宣告"海水中有黄金"起，许多人便蜂拥而至加入淘金或者研发从海水中提炼黄金技术的浪潮里。有专家提出使用可分泌纳米黄金微粒的细菌（类似于人工养殖珍珠）来富集海水中的黄金，又有的专家利用剧毒氰化物来处理黄金，有的专家提出在电镀海盐废水中可提取黄金，还有专家提出利用种植海藻来吸附黄金，再将这些海藻收集加工提取出黄金。

到目前为止，大部分黄金是从陆地上的沉积矿物中提取的。而人类在陆地上只开采了17万吨左右黄金，这与海洋中的黄金储量（约100亿吨）相比，便是"小巫见大巫"。其实，在浩瀚无垠的海洋中，黄金是最丰富的。美国麻省理工学院的两名研究人员利用最新的分析手段确定了海水中黄金含量约为1克/10000万立方米。

看起来浩瀚的海洋中含有丰富的黄金资源，但要提取它却是可望而不可即的。人类目前还没有寻找到简单高效的方法从海洋中提炼黄金。就目前的黄金提炼技术而言，从海洋淘金还是比较困难，所耗费用也相当多。单纯以商业角度来看待此事，似乎显得得不偿失。

48. 化学工业之母是指什么？

众所周知，开门七件事："柴米油盐酱醋茶"，其中的盐化学名称氯化钠，被人们称为"化学工业之母"，但它如何和化学工业有关联的呢？

当前，世界上海盐产量已超过 5000 万吨 / 年，其中我国的产量为 2000 万吨 / 年，位居世界第一。盐的产值占据海水化工产品总产值的一半以上。盐不仅在人类的日常生活中至关重要，而且在化工、制药、食品、环保等领域也发挥着重要作用。尤其为碱、盐酸等基础化学工业提供了充足的基础原料。

（1）工业方面。

①氯化钠可作为传统冷冻系统的制冷剂、有机合成的原料和盐析药剂。

②氯化钠可以作为冶金工业中的熔剂来降低金属的熔点和黏度，使炉渣更加流动，有助于提高生产效率；还可以与氯化钾、氯化钡等配成盐浴体系，可作为高温热源加热介质，维持温度恒定在 820～960℃，便于热处理钢铁等材料。

③生产化学品，如氢氧化钠（NaOH）、氯气（Cl_2）、氢气（H_2）、金属钠（Na）、盐酸（HCl）、氯化钾（KCl）、氯酸盐、次氯酸盐、漂白粉的原料、氯化钙（$CaCl_2$）、氯化铵（NH_4Cl）等。其中，氢氧化钠广泛用于制备肥皂、纸张、纺织、玻璃等产品。而氯气则是一种极其重要的化工原料，广泛用于制备氯化物、氯化烃、氯化橡胶等化合物。高温电解熔融氯化钠固体产生的氯气和氢气又可以进一步制备盐酸；盐酸则是药品、合成橡胶、化肥、造纸、纺织、染料等工业中必不可少的原料。涉及的反应式如下：

a. 电解氯化钠水溶液：$2NaCl + 2H_2O \xrightarrow{\text{电解}} 2NaOH + Cl_2\uparrow + H_2\uparrow$

b. 高温电解熔融氯化钠固体：$2NaCl \xrightarrow{\text{电解}} 2Na + Cl_2\uparrow$

c. 氯气通入水中：$Cl_2 + H_2O = HCl + HClO$

d. 氯化氢制备：$Cl_2 + H_2 = 2HCl$

e. 肥皂制备：

$$\begin{array}{l} CH_2OOCR \\ | \\ CHOOCR \\ | \\ CH_2OOCR \end{array} + 3\,NaOH \xrightarrow{\text{加热}} 3\,RCOONa + \begin{array}{l} CH_2OH \\ | \\ CHOH \\ | \\ CH_2OH \end{array}$$

④氯化钠还应用于冶金、染料、电子、冶金、纺织及鞣制皮革等化工行业。

它是整个化工业最基础而又最重要的化工原料，因此被誉为"化学工业之母"，又称"化工工业的血脉"。

除了化学工业之外，氯化钠在食品、医疗、环保、农业等领域也发挥重要作用，它的用途几乎延伸到社会生活的各个领域。

（2）食品。氯化钠是人体必需的重要无机盐之一，可作为面包、咸鱼、干果、腌菜、肉、蛋、方便面、酱油等食品的调味剂。它不但可以增加食品的咸味和风味，还可以作为食品的防腐剂、抗氧化剂等。

（3）医疗。氯化钠可以用于制备生理盐水（0.9%）、注射液等药物，也可治疗低钠血症等疾病。

（4）环保。北方的冬季，在铺满雪的公路撒氯化钠，可以很容易清除雪，还可以抑制道路灰尘等。此外，氯化钠还可以作为絮凝剂或沉淀剂使得废水中的固体颗粒和悬浮物沉积分离出来。

（5）农业。氯化钠水溶液可用于协助选种。

你看，盐对人类社会的贡献有多大，它作为一种工业原料，维持着一个巨大的化工体系。若没有它，酸、碱、化肥、各种琳琅满目的塑料制品和其他成千上万的产品又从何而谈呢？

49. 食盐对人的身体有什么作用？

"民以食为天"，粮食是人类生存必不可少的物资，食盐也是如此，成为我们生活中不可或缺的物品。那么，食盐为何是人们居家生活和人体的必需品呢？它有何作用呢？

（1）作为人体必需品。一般情况下，人体中的盐能保持细胞内外盐水均衡、避免甲状腺肿大、促进消化。

①保持细胞内外盐水均衡：主要是维持细胞外液渗透压和调控细胞内酸碱平衡。水约占人体体重的60%～70%。人体中盐的主要成分是氯化钠，在人体新陈代谢后分解为 Cl^- 和 Na^+。它们广泛存在于血液中，并与水保持一定的动态平衡。如果人体这种盐水平衡被破坏，就会出现诸多不良问题，乃至危及生命。Na^+ 在推动营养代谢和氧气循环方面发挥至关重要作用。如果体内食盐含量不足，便会使 Na^+ 从细胞转移至血液，致使血液变稠、排尿减少、皮肤发黄、四肢乏力、头晕、头痛、嗜睡等不良症状。

②避免甲状腺肿大：市场上销售的含碘食用盐其碘主要以碘酸钾（KIO_3）形式存在，含碘食用盐可以预防甲状腺肿大，所以人体需要保持一定的碘盐。当然，因人体个性差异、所居住环境差异、饮食差异等原因，不能一概而论实施全民补碘，一定要遵循医嘱选择自己所适合的食用盐。碘过量或碘缺乏都会影响人类身体。我国在 1995、1997、1999、2011 年四次调整“食用盐碘含量”的国家标准，从最开始的没有最高限量逐步修改至 60 毫克 / 千克、35 ± 15 毫克 / 千克。现在执行的是 GB 26878—2011 标准，含碘食用盐中碘含量分成 20 毫克 / 千克、25 毫克 / 千克和 30 毫克 / 千克三个等级，并在包装显著位置标注“加碘食用盐”；而未加碘食用盐中碘含量小于 5 毫克 / 千克，且须在包装显著位置标注“未加碘”字样。

③促进消化：食用盐中释放的咸味能刺激人体味蕾，提高口腔唾液分泌能力，氯化钠中的氯离子还参与胃酸形成，激活胃蛋白酶，增强人体消化能力，进而提高人们的食欲。

(2) 居家生活品。

①清降胃火、治肝明目：清晨起床后，服用一杯淡盐水，既可以消除口臭、口中苦淡无味的现象，又可以清降胃火益肾。还可以清理肠部内热，促使大便通畅，改善肠胃的消化和吸收功能，进而增进食欲、保护身体健康促。同样，将经浸泡在热盐水的毛巾包裹着胃部和背部，对胃病患者可有缓解胃痛、疏通胃气、加速肠胃蠕动利于通便之功效。

此外，若遇上雾霾天或空气中悬浮颗较多时，可以用温淡盐水轻轻擦拭眼睑内外，不但可以消除污染物，还可以起到洗眼明目的作用。

②清污解毒、杀菌消炎：适当浓度盐水可以去除头皮屑、防止头发脱落，还可以去除祛除脸部的黑头。如果在洗澡时抹上少量食盐，可使皮肤强健，有深层清洁、杀菌排毒、舒经活血、收敛皮脂腺之妙用。若鼻孔出血，可用蘸有食盐水的棉签缓慢插入鼻孔便可发挥自然止血之功效。与此同时，像牙龈出血、鱼骨刺喉出血、以及其他口腔内出血，通过漱一漱盐水，可以自然止血，还可以加速血液凝结。

每日早晚用淡盐开水刷牙漱口，既可以预防各种口腔病，还可以缓解口腔溃疡、牙龈肿痛和咽喉肿痛，起到消炎清热作用。当然现在市面上已有含盐牙膏，比如叶盐牙膏。使用含盐牙膏刷牙可使牙齿坚固洁白。洗涤鼻子可以有效阻止细菌侵入。

如果被蝎子、蜜蜂、蜈蚣等小动物蜇伤或接触到水银、硫磺等有毒物质，可以选细盐调一杯热水敷于患处，不但可以清污毒，还可以解毒。如果是食物轻微中毒或喝酒过度身体不适，则可饮用浓盐水处理。另外，使用食盐抹于蔬菜瓜果果表面，进一步清洗干净便可去除其表皮一些残留毒素，食盐可以发挥消毒清洁作用。

③盐水在润喉止咳、治疗烫伤和防止抽筋等也有妙用：歌手唱歌或者教师授课前喝一些适当浓度盐水，可以湿润喉咙；饮用1%左右的盐水，则有止咳功效；盐焗鸡蛋有化痰止咳功效。将盐水浸渍烫伤处可以治疗烫伤。当天气寒冷时候，或者感觉手脚抽筋发冷时，可以将盐翻炒加热后放至布袋中，将盐热布袋在四肢之间来回擦拭数次可以缓解抽筋。

当然，凡事皆有利弊。食盐使用不当也会造成伤害，切忌过量使用食盐。过量食用不仅影响菜肴口味，也不利于人体健康。如果人们日常摄取食盐过多可能导致血压升高、肾脏负担加剧、加速动脉粥样硬化、加快骨钙丢失、胃癌和感冒概率增加等症状。骨钙流失过快就会致使骨密度降低，骨质疏松甚至骨折的发生率就不断增加。

世界卫生组织建议健康成年人每天摄入的食盐总量3～5克，而我国的《中国居民膳食指南》建议食盐每日摄入量2～6克。虽然现在的食盐价格低廉，但也不能贪食哦。

食盐是家家户户烹煮食物的必备调料，同时，适量的食盐对人体还是有益处的，小小一粒盐的内在价值可不容小觑哦！

50. 食盐为什么会潮解结块呢？

你或许发现一个的奇怪现象，家中的食盐在潮湿的天气容易潮解结块。这是什么原因呢？我们知道食盐有粗盐和细盐（精盐）之分。食盐主要化学成分是氯化钠，氯化钠本身不会吸收水分，但是粗盐中还含有易吸水的氯化镁、氯化钙等杂质，氯化镁和氯化钙吸收水分后可以分别形成六水合物 $MgCl_2 \cdot 6H_2O$ 和 $CaCl_2 \cdot 6H_2O$，所以粗盐在潮湿天气容易变潮。

那如何避免其潮解呢？提纯食盐而减少氯化镁等杂质，使其变成精盐，即先将适量粗盐（常含有 Mg^{2+}、SO_4^{2-}、Ca^{2+} 离子）加水搅拌溶解后过滤去除不溶性杂质，接着在上述滤液中分别依次加入过量的 NaOH、$BaCl_2$ 和 Na_2CO_3 物质而形成

Mg(OH)$_2$、BaSO$_4$、CaCO$_3$ 等沉淀物，随后过滤去除溶液中的 Mg^{2+}、SO$_4^{2-}$、Ca^{2+}；紧接着在滤液中添加盐酸去除上述过量的 NaOH 和 Na$_2$CO$_3$；最后通过蒸发和结晶便可得到精盐。另一种方法是将粗盐放在锅容器中干炒，使得氯化镁受热水解后生成 Mg(OH)$_2$，进一步在高温下失水生成氧化镁（MgO），这样便不容易受潮了。

精盐制作反应方程式依次为：

$2NaOH + MgCl_2 = Mg(OH)_2 \downarrow + 2NaCl$（第一步除去 Mg^{2+}）

$BaCl_2 + Na_2SO_4 = BaSO_4 \downarrow + 2NaCl$（第二步除去 SO$_4^{2-}$）

$Na_2CO_3 + CaCl_2 = CaCO_3 \downarrow + 2NaCl$（第三步除去 Ca^{2+}）

$NaOH + HCl = H_2O + NaCl$、$Na_2CO_3 + 2HCl = H_2O + 2NaCl + CO_2 \uparrow$（第四步中和过量的 NaOH 和 Na$_2CO_3$）

粗盐水解和干炒反应方程式：

$MgCl_2 + 2H_2O = Mg(OH)_2 \downarrow + 2HCl$（水解）

$Mg(OH)_2 = MgO + H_2O$（受热分解）

还有一种说法是将食盐与少量面粉或淀粉搅拌混合均匀，减少食盐颗粒之间的直接接触，食盐便不会受潮结块了。不知你是否还想到其他的方法呢？不妨动手试试吧，或许还有意外的惊喜和发现哦！

在提纯粗盐时，通常在溶液中依次加入 BaCl$_2$、NaOH 和 Na$_2$CO$_3$，以除去硫酸根离子（Na$_2$SO$_4$）、镁离子（MgCl$_2$）和氯离子（CaCl$_2$）。（因为海水中含有这些杂质、故称为粗盐。）方程式依次为：

$BaCl_2 + Na_2SO_4 = BaSO_4 \downarrow + 2NaCl$（第一步除去 SO$_4^{2-}$）

$2NaOH + MgCl_2 = Mg(OH)_2 \downarrow + 2NaCl$（第二步除去 Mg^{2+}）

$Na_2CO_3 + CaCl_2 = CaCO_3 \downarrow + 2NaCl$（第三步除去 Cl$^-$、这一步完毕后就是精盐了）加入的 BaCl$_2$ 要是过量，同理 NaOH 与 Na$_2$CO$_3$ 也应过量。最后加过量 HCl，蒸发结晶。

51. 盐可以融冰雪吗？

你一定觉得奇怪，在"北国风光，千里冰封，万里雪飘"的银色世界，环卫工人为何要费劲儿往公路的雪里撒大量白花花的融雪剂呢？那融雪剂又是什么物质呢？

有人可能已经猜到白花花的融雪剂主要成分是氯盐类物质，如氯化钠（与食盐的成分一样）、氯化钙、氯化镁等，所以融雪剂曾被叫作"化冰盐"。目前，世界各国使用较多的就是氯盐融雪剂。为什么盐能够融化冰雪呢？有三个方面的原因。

（1）盐可以降低水的冰点（冰点是指水在常压下从液态转变为固态的温度，即0℃），纯水的冰点是0℃，高于这个温度，冰就会化成水，低于这个温度，水就会结成冰。不同浓度的盐水冰点不同（见表1-3和图1-11），含盐越大，冰点越低，由图1-11可推算盐水冰点 T（℃）与其浓度 C（%）的关系为：$T = -0.0004C^3 - 0.0032C^2 - 0.5841C + 0.0055$。当水溶液里含有5%的盐分时，其冰点为 -3.05℃，在这样的低冰点条件下，雪就会不断地被融化。当水溶液里含有10%的盐分时，其冰点为 -6.60℃，如果含量增加至20%时，其冰点为降低到 -16.48℃。

表1-3 不同浓度的盐水冰点

盐度（%）	温度（℃）	盐度（%）	温度（℃）	盐度（%）	温度（℃）	盐度（%）	温度（℃）
0.00	0.00	6.00	−3.71	12.00	−8.23	18.00	−14.12
0.50	−0.28	6.50	−4.05	12.50	−8.66	18.50	−14.69
1.00	−0.59	7.00	−4.39	13.00	−9.10	19.00	−15.27
1.50	−0.88	7.50	−4.74	13.50	−9.55	19.50	−15.87
2.00	−1.18	8.00	−5.10	14.00	−10.01	20.00	−16.48
2.50	−1.48	8.50	−5.46	14.50	−10.49	20.50	−17.11
3.00	−1.79	9.00	−5.83	15.00	−10.97	21.00	−17.75
3.50	−2.09	9.50	−6.21	15.50	−11.46	21.50	−18.41
4.00	−2.41	10.00	−6.60	16.00	−11.97	22.00	−19.08
4.50	−2.73	10.50	−6.99	16.50	−12.49	22.50	−19.77
5.00	−3.05	11.00	−7.40	17.00	−13.01	23.00	−20.80
5.50	−3.37	11.50	−7.81	17.50	−13.56		

注：23.20% 为饱和盐水，其沸点为108.00℃。

（1）23% 的盐水冰点最低为 −20.80℃。

（2）0～23% 范围内的盐水冰点 T 可以近似由以下公式给出（以前有一个实验模拟出来的）。
$T = -265.5C^2 - 26C - 1.1$；3.5% 时，$T = -2.33$℃；7% 时，$T = -4.22$℃；10% 时，$T = -6.36$℃。

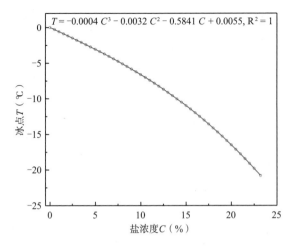

图 1-11　不同浓度的盐水冰点拟合图

这样环卫工人往雪堆中撒盐就可以降低雪被凝固成固态的可能性，持续保持液态状态就更方便清除积雪。

通俗而言，就是杂质的存在使纯物质沸点升高，熔点（一定压力下，纯物质的固态和液态呈平衡时的温度）降低，在雪中加入盐，对于冰雪而言，盐就是引入的杂质，所以冰雪的熔点就降低了，它只会在更低的温度下结冰，因而便溶化了，当然也可以加别的物质使水的熔点下降，但是最经济的就是盐了。

（2）盐具有较强的吸水性，尤其氯化钙、氯化镁可以形成六水化合物，吸水后溶解的盐可以降低水的热容量，从而降低雪的凝结温度，这样可以加快积雪的融化。

（3）钠波长为589.0纳米和589.6纳米，在冰雪中添加盐而引入了钠离子，钠除了可以吸收紫外区域（200～380纳米）的太阳光，还可以吸收部分可见光（380～780纳米），可以更好地吸收太阳的能量，进而促使雪更易融化。

有人会进一步产生疑问，氯盐融雪剂化雪后会不会对道路、桥梁、河流和动植物造成伤害呢？这个问题不必担心，按照目前环保标准，含盐量只要不超过1000毫克/升的水都是达标的。即使使用10%的氯盐融雪剂时，经过融化雪后的含盐量仍远低于该标准值，所以，以目前化雪盐的用量对建筑、河流和动植物并不会构成太大的影响。

52. 盐是如何生产出来的呢？

依据盐制备的原料来源不同而分为海盐、湖盐（池盐）、井盐、岩盐（矿盐）四大类。以前我们使用的盐一般以海盐为主，随着科技的发展和社会的进步，岩盐（矿盐）的比例也随之增大，目前，海盐和岩盐（矿盐）分别占据我国市场的46%和44%左右，井盐和湖盐约占10%左右。

当然，不同类别的盐制备方法也有所差异。

（1）海盐。海盐，利用海水煎晒而成。因为海水成分多样而使得海盐富含丰富的矿物质。海盐的颗粒相对较大，晶莹剔透，口感鲜美。最早可以追溯到5000年前的炎黄时期，我国劳动人民便开始利用海水熬制出盐（古时称为"卤"）。目前，我国海盐产量超过1000万吨，居世界首位；韩国、印度、澳大利亚和地中海沿岸国家都是产盐大国。

①火煮盐法：这是几千年前最古老制盐的方法，就是先将海水盛入相应容器中，起火将其煮干便可得到白色的海盐，这个实际上就是蒸发结晶的处理方式。该方法不受季节气候和海滩环境影响，但是起火所需能耗较大。

②日晒法（又名"滩晒法"或"太阳能蒸发法"）：日晒法制备海盐经过纳潮、制卤、结晶和收盐四个步骤。明代永乐年间开始废锅灶建盐田，改煎煮制盐为日晒制盐。在滨海滩涂周边筑坝开辟盐田，通过纳潮（自然纳潮或动力纳潮）扬水，引导海水灌入蒸发池，经过日光曝晒和风力吹拂逐渐使水蒸发浓缩成饱和卤水（波美度不少于25，波美度是表示溶液浓度的一种方法。即将波美比重计浸入待测溶液中，所测量到的度数称为波美度），此时卤水中 NaCl 质量浓度约高于27%［30℃时 NaCl 的溶解度为36.3克、40℃时 NaCl 的溶解度为36.6克，36.3/（100+36.3）×100%≈27%］，不断析出氯化钠，即为原盐。

由于受到四季气温和七八月丰沛雨量影响，日晒制盐常分为"春晒"和"秋晒"，分别生产"春盐"和"秋盐"。这种方法至今仍被许多国家广泛应用，如我国浙江省海盐县海盐储量丰富，但该方法受季节气候、降雨量、海水咸度、地理位置和海滩环境影响比较大，因而其盐产量相对较低。

③电渗析法：从20世纪50年代起，电渗析法新型制盐技术得到了广泛的推广。即利用电场的作用强行吸引离子到阴阳电极，导致电极中间的离子浓度大大降低，从而产生淡水分离与提纯、盐水浓缩。电渗析法是随着海水淡化工业发展

而产生的一种新的制盐方法。它综合利用海水淡化所产生的大量含盐量高的"母液"作为生产盐的原料，其工艺流程为：海水经过滤去除杂质后，利用电渗析（海水淡化技术）制浓缩咸水和分离淡水，进一步蒸发结晶上述浓缩咸水，最后干燥包装成成品。与日晒法相比，电渗析法不但节省了大量的土地，而且不受季节气候影响，一年四季都可以生产，还可节省大量人力财力，易于实现自动化。此外，该方法适用于降水量大而蒸发量小、海岸空间狭小的国家或地区，如我国西南地区等。

④冷冻法：在俄罗斯、瑞典等高纬度国家里，常年气候温度比较低下，当海水温度低于海水冰点（-1.8℃）时即可结冰（一般而言，海水中氯化钠浓度越大，其冰点反而越小），此时的冰几乎不含食盐，基本为纯水，移除这些冰块效果等同于滩晒法的蒸发，使海水的含盐量提升。不同物质的凝固点不同，随着海水的温度逐渐降低，不同的物质就会先后结晶析出。如果在低于-21℃之前将液态海水和固态海水分离，便可以在更低的温度下获得较为纯净的氯化钠晶体。冷冻法制盐技术能耗小、污染少、对设备腐蚀结垢小、经济环保无二次污染，是一种对生态环境友好的制盐方法。

（2）湖盐/池盐。由内陆咸水湖泊中的咸水通过类似海盐的制法所收获的盐为湖盐/池盐。湖盐可细分为原生盐和再生盐，其主要生产技术有采掘法或滩晒法。湖盐的颗粒大小有所不同，有颗粒状和片状等。我国的宁夏盐池县、青海湖、咸阳等西北地区是湖盐主要生产地。在国外，最具特色的湖盐采集方式非塞内加尔的瑞特巴湖（又称玫瑰湖，含盐量350～380克/升，经纬度5°E，15°N）莫属。当地人制备湖盐的方法很传统也很简单，湖边村庄的男女老少全部成群结队乘船出动，将湖里的盐水装入成百上千个塑料桶，排成一个巨大圆圈，直至赤道的炎炎烈日晒干桶里的湖水，便可在桶底析出一层白盐了。

（3）井盐。井盐生产需要采卤和制盐两个步骤。井矿型不同则采卤方法也有差异，主要包含提捞法、深井潜卤泵、气举法、自喷采卤、抽油采卤等方法。早期的非洲井盐是由约2米深的地下咸水经过开采煮沸蒸发结晶而来的，与日晒法有所不同。目前，井盐原料大多采集于千米深井以下侏罗纪地质年代的天然卤水和岩盐矿床，杂质少且富含诸多天然矿物元素，并利用全密封真空工艺精炼成食用盐。因而，井盐的颗粒尺寸相对较小，其品质、色泽、纯度和形状上均优于海盐。世界上著名的井盐产地有中国的自贡、波兰的魏里奇卡等。其中，自贡市是国家历史文化名城，素有"千年盐都"之称，是世界最大的井盐生产基地。自贡市因盐而得名。自贡取名于"自流井"和"贡井"两个著名产盐区的合称。让我们领略一下自贡的世界之最吧！世界上第一口超千米深的盐井——燊海井（1835

年凿 1001.42 米深）就建在自贡；世界唯一一套盐井钻探工具陈列于世界唯一的盐业历史博物馆——自贡盐业历史博物馆。

（4）岩盐／矿盐。将含盐的矿矿物或岩石直接粉碎，经筛分为成品盐。矿盐含杂质较多，也可进一步通过溶解蒸发进行提纯。我国新疆盐泉镇是盛产岩盐的地方。此外，伊朗、伊拉克、巴基斯坦、美国西南部、澳大利亚和玻利维亚等国家和地区也富含天然盐矿。

从营养学角度讲，四大类食盐中97%的成分都是氯化钠，其营养价值几乎没有明显差别。当然我们在日常生活中千万要注意用盐适量，避免过多或偏少对我们人体健康造成不良后果。

如果按照盐的用途可以分为医疗、药用、营养盐等类别，那么它们的制备方法也会略有差异。

（1）低钠盐。在食盐中再加入一定量的氯化钾和硫酸镁以调高盐中的 K^+/Na^+ 比例，供高血压和心血管疾病患者食用，以控制其血压和降低胆固醇。

（2）加碘盐。即在普通食盐中掺入一定剂量的 KI 和 KIO_3 以防治碘缺乏症。

（3）加硒盐、加锌盐与加钙盐。将一定量的亚硒酸钠（Na_2SeO_3）、硫酸锌（$ZnSO_4$）或葡萄糖酸锌（$C_{12}H_{22}O_{14}Zn$）、钙的化合物掺入碘盐中，加硒盐可防治克山病、大节病。加锌盐可协助治疗儿童因缺锌引起的发育迟缓、身材矮小、智力降低及老年人食欲不振、衰老加快等症状。加钙盐可以预防老年人骨质疏松和动脉硬化，维持矿物质的平衡和促进酶活化等。

此外，还有防治丝虫病的海群生盐（添加海群生原粉），预防龋齿的加氟防龋盐（添加 NaF 等氟化合物），防治钩虫、蛔虫、鞭虫等人体寄生虫的甲苯咪唑药盐（添加甲苯咪唑粉）。

（4）补血盐（加铁盐）与加钙盐。补血盐是在食盐中添加一定量硫酸亚铁（$FeSO_4$）以供缺铁性贫血病人食用。

（5）维生素 B_2 盐。在精制盐中，加入一定量的维生素 B_2（核黄素），色泽橘黄，味道与普通盐相同。经常食用可防治维生素 B_2 缺乏症。

（6）风味盐。为增进人们食欲，可在精盐中分别加入芝麻、虾米粉、辣椒、五香面、花椒粉等，可制成风味独特的芝麻盐、虾味盐、麻辣盐、五香辣味盐等。

（7）营养盐。根据人体需要，分别在精盐中掺入铁、铜、锌、钙、锰、镁等人体必需微量元素所制备的营养盐。

此外，还有平衡健身盐、自然晶盐和雪花盐等满足人类各种需求。

在人类制盐的发展历程中，经历了"能吃就行"→"越白越好"→"健康第

一"的演变，相信伴随着科学技术的不断飞跃，高效节能环保的制盐技术将不断被提升，层出不穷的食盐品种将为人类创造更加美好的未来。

53. 卤水怎么点豆腐?

你或许听说过宫爆豆腐、拔丝豆腐、香椿豆腐等容易下饭的豆腐制品，在福建，你还能品尝到莆田焖豆腐、白菜炖豆腐和豆腐脑(豆腐花、豆花)等美食。

豆腐因具有预防高胆固醇、养胃益脾、清热润燥等功效而成为家喻户晓的美食，但你可能还不知道豆腐的制作方法吧? 除了大豆之外是不是还需要添加其他物质使其成型并保持一定的柔嫩性呢? 这就是我们常说的"点豆腐"。常见的有石膏卤和葡萄糖酸内酯、卤水(盐水卤)三种点豆腐的方法。

硫酸钙($CaSO_4$)是石膏的主要成分，可以使豆类蛋白质凝固变性。石膏点出的豆腐表面光滑，含水量多，俗称"嫩豆腐"。葡萄糖酸内酯是一种应用广泛的食品添加剂，用它点出的豆腐有"南豆腐"一说，其更有营养价值且嫩滑，有韧性且成型比较松软。

现在我们重点介绍卤水点豆腐，卤水学名为盐卤，是由海水或盐湖水提盐后残留在盐池中的母液，主要成分包含 $CaSO_4$、$NaCl$、$MgCl_2$ 和 KCl，味道苦，因此有时候也被称为"苦卤"。用卤水点出的豆腐具有很强的硬度、弹性和韧性，有"北豆腐"、"老豆腐"和"硬豆腐"的叫法。

在了解卤水点豆腐之前，我们先了解一下豆腐制作过程，先将大豆浸渍于水中泡软，接着磨成生豆浆，再过滤去除豆腐渣，这时候的豆类蛋白质难以聚集成型，待进一步加热生豆浆沸腾后添加卤水。稍过片刻便有很多乳白色的物质沉淀下来，过滤后浇注于相应模型便可大功告成。

为何卤水添加后方可沉淀成型呢? 原来，我们的大豆主要成分就是蛋白质，而蛋白质是由氨基酸(含有氨基和羧基)组成的大分子聚合物，在蛋白质表面具有相对自由的亲水氨基($-NH_2$)与羧基($-COOH$)基团朝外，而疏水(烷基 C 链)侧链朝内，使蛋白质颗粒之间保持一定的距离，不会相互碰撞而凝结沉淀。当卤水添加进入蛋白质体系中，卤水的阴阳离子(正负电荷)与蛋白质外表面亲水氨基($-NH_2$)、羧基($-COOH$)发生静电作用，此时的蛋白质特定的空间构象被破坏，疏水侧链暴露在外，肽链融汇相互缠绕，继而容易形成絮状物或沉淀物，随着加热进行，絮状物或沉淀物进一步生成质地更坚固的凝块状豆腐。

与其他凝固剂对比，卤水"点"出的豆腐更安全无毒，但是，请你千万要记住，卤水能用于点豆腐却不可直接饮用。这是因为盐卤里的许多电解质同样可以使人体内的蛋白质凝固变性而难以恢复，所以人一旦不慎饮入盐卤，生命便会受到威胁。

54. 海洋化学资源有哪些可以开发利用？

上文提到，海水中化学资源品种多样、储量丰富。从海水中提取最多的物质是海盐。目前，其全世界产量约为1亿吨/年，占盐总产量的33%左右。还可以从海水中提取重要工业原料——溴、黄金(稀有贵金属)等。

此外，人们还从海水中提取镁、重水(氢弹原料)、碘和铀(原子弹原料)等。海水提镁的产量约为270万吨/年，约占世界镁总产量的36%，可以满足航天飞行器的制作。海水还富含200万吨重水，这些都是核聚变原料或有望成为未来能源。目前，我们对海洋化学资源的开发利用(图1-12)仍处于比较低级的阶段，这需要我们不断努力学习，研发更高效、更安全、更环保、更经济、更科学的技术来提取利用它们。

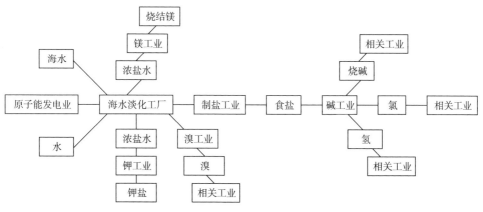

图1-12　海洋化学资源的开发利用

55. 海洋中的营养元素有哪些？

大家都知道我们的健康生命需要基本营养物质来维持，包含水、碳水化合物、蛋白质、维生素、脂肪、矿物质、膳食纤维等。人类需要大米、小麦、蔬菜

和瓜果等。人体所需的基本营养物质，它们共同为人体提供能量，并支持人体的各种行为。合理的饮食习惯对于人体健康的维护非常重要，需要充分考虑人体营养素的分布和饮食口感的平衡。那么海洋中的动植物是不是也需要营养物质或者营养元素呢？

海洋中富含氯化物、氟化物、硫酸盐、磷酸盐、硅和重金属元素，以及碳、氮、氧等微量元素，那这些都是海洋中的营养元素吗？

广义的海洋营养元素是指满足海洋生物生长所必需的17种元素，包括：基本生命元素（碳、氢、氧）；常量营养元素（钠、钾、氯、镁、钙等）；生源要素（氮、磷、硅）；痕量营养元素（砷、钴、铜、铁、锰、钼等）。其中氮、磷、硅三种生源要素便是传统的狭义海洋营养元素，是提供海洋生物的初级生产，其中 N 和 P 最为重要，它们不但是构成生物细胞原生质的重要元素，还是生物代谢的能源。一般认为 N 和 P 是浮游生物生长的制约因子。当某一海区所含氮盐、磷盐类比较丰富时，则其水质相对肥沃，可为生物大量繁殖提供可观的海洋营养元素。而 Si 则能构建硅藻等海洋浮游植物的介壳和骨架。

生源要素 N、P、Si 在海洋中主要以 N_2、N_2O、NO、NO_2、NO_3^-、NO_2^-、NH_3、NH_4^+、核酸、蛋白质、氨基酸、尿素 $[CO(NH_2)_2]$、PO_4^{3-}、HPO_4^{2-}、$H_2PO_4^-$、H_3PO_4、$Si(OH)_4$ 等形式存在，其中以溶解性酸根形式居多，且可与各种金属元素结合而形成相应盐，详见表1-4所示。

表1-4　营养盐的存在形态

元素	N	P	Si
可溶性	溶解氮：(1) 溶解无机氮：N_2、N_2O、NO、NO_2、NO_3^-、NO_2^-、NH_3、NH_4^+、NH_2OH（羟胺）等；(2) 溶解有机氮：核酸、蛋白质、氨基酸、尿素 $[CO(NH_2)_2]$、肼 (N_2H_4) 等	溶解磷：活性磷（活性无机磷、活性有机磷（部分可分解）、多聚磷酸盐（可水解为活性磷）、酶解磷（酶化磷酸酯类）、非活性有机磷（多为磷酸酯）	溶解硅：$SiO_2 \cdot H_2O$、$xSiO_2 \cdot yH_2O$（聚合度 $x \leq 2$）
难溶性	颗粒氮	颗粒磷：活性无机磷（吸附于颗粒物表面）、非活性无机磷（矿物风化产物）、非活性有机磷（生物排泄物、碎屑等）	颗粒硅：$xSiO_2 \cdot yH_2O$（聚合度 x>2）、生源硅（蛋白石）、黏土矿物

海洋中氮、磷、硅循环的示意图如图 1-13～图 1-15 所示。海洋生物的日常活动是海洋中氮各种形态之间相互转化的重要影响因素，其中生物固氮作用（①）、硝化作用（③）、氮化作用（④）和反硝化作用（⑧）是海洋中氮循环的关键步骤（见图 1-13）。海洋中磷循环中磷酸根（PO_4^{3-}）和腺嘌呤核苷三磷酸（ATP，$C_{10}H_{16}N_5O_{13}P_3$）发挥了重要作用（见图 1-14）。

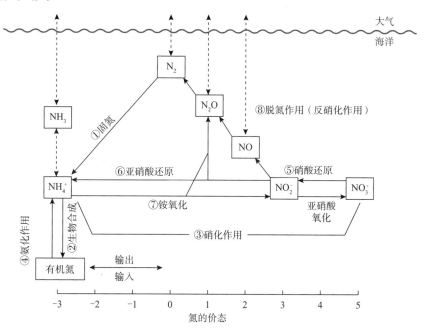

图 1-13 海洋中氮循环的主要过程

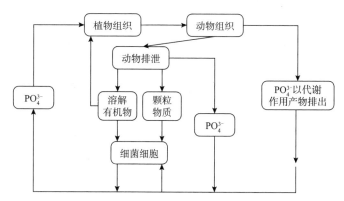

图 1-14 海洋中磷循环的主要过程

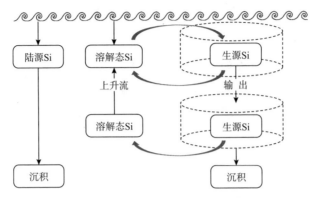

图 1-15　海洋中硅循环的主要过程

此外，海洋中氮和磷元素的测定方法有 4 种。① NO_2^-—N：对氨基苯磺酸和 α- 萘胺法、磺胺和盐酸萘乙二胺试剂法 (重氮—偶氮分光光度法)；② NH_4^+—N：靛酚蓝分光光度法、次溴酸盐氧化法；③ NO_3^-—N：镉柱还原法、锌镉还原法；④ PO_4^{3-}—P：磷钼兰法。

56. 海洋中的营养元素从哪里诞生?

我们了解了海洋营养元素以及它们的循环过程，那你知道海洋中的这些营养元素是怎么进入海洋的呢？

其实它们有内外部两种来源。第一，内部来源：一旦生物在深海中死亡后，其尸体便会被海洋中微生物分解而释放营养物质；海底火山和海底热泉的活动也能影响海洋营养元素浓度的调节。第二，外部来源：外部来源比较广泛，陆地上的岩石风化后缓慢分解而释放营养元素；陆地上生物体的尸体及其排泄物也可以被分解而释放营养元素；大气层中的物质传递、固体颗粒的沉降，这些在雨水和河水的加持下进入海洋，便成为了海洋中的营养元素。

参考文献

[1] 曾凡辉. 海洋学基础 [M]. 北京：石油工业出版社，2015.

[2] 张正斌. 唤醒沉睡的蓝色：海洋化学揭秘 [M]. 长沙：湖南教育出版社，2001.

[3] 管若伶，吴杰龙. 溴资源与主要提取技术研究进展 [J]. 绿色科技，2021,23

(16):223-227.

[4] 赵维电，冉德钦. 利用空气吹出法提取海水中溴素 [D]. 济南：山东省交通科学研究院，2019.

[5] 丁青艾，伍后胜. 养生保健大辞典 [M]. 北京：科学技术文献出版社，1997.

[6] 周佳. D201 离子交换树脂对浓海水提溴的吸附 - 解吸研究 [D]. 杭州：浙江工业大学，2012.

[7] 新华网. 科普 | 碘遇淀粉一定会变成蓝色吗？[EB/OL].（2018-10-26）[2022-12-28]. http://m.xinhuanet.com/gd/2018-10/26/c_1123616493.htm.

[8] 李丹. 沸石法苦卤钾富集及硝酸钠钾分离工艺研究 [D]. 天津：河北工业大学，2019.

[9] 郭小甫，袁俊生，纪志永，等. 离子交换法海水提钾工艺研究 [J]. 化学工程，2020,48(03):11-14.

[10] PARKER B F, ZHANG Z, RAO L, et al. An overview and recent progress in the chemistry of uranium extraction from seawater[J]. Dalton Transactions, 2018, 47(3):639-644.

[11] 刘泽宇，谢忆，王一凡，等. 海水提铀材料研究进展 [J]. 清华大学学报（自然科学版），2021,61(4):279-301.

[12] DAVID S S, RYAN P L. Seven chemical separations to change the world[J]. Nature,2016,532(7600): 435-437.

[13] DAVIES R V, KENNEDY J, MCILROY R W, et al. Extraction of uranium from sea water[J]. Nature,1964,203(4950):1110-1115.

[14] HIROTSU T, KATOH S, SUGASAKA K, et al. Adsorption equilibrium of uranium from aqueous $[UO_2(CO_3)_3]^{4-}$ solutions on a polymer bearing amidoxime groups[J]. Journal of the Chemical Society, Dalton Transactions,1986,(9):1983-1986.

[15] ZOU W H, ZHAO L, HAN R P. Removal of uranium (VI) by fixed bed ion-exchange column using natural zeolite coated with manganese oxide[J]. Chinese Journal of Chemical Engineering,2009,17(4): 585-593.

[16] GU B, KU Y K, JARDINE P M. Sorption and binary exchange of nitrate, sulfate, and uranium on an anion-exchange resin[J]. Environmental Science & Technology, 2004,38(11):3184-3188.

[17] ACHARYA C, JOSEPH D, APTE S K. Uranium sequestration by a marine

cyanobacterium, Synechococcus elongatus strain BDU/75042[J]. Bioresource Technology, 2009,100(7):2176-2181.

[18] ZHU Z W, PRANOLO Y, CHENG C Y. Uranium recovery from strong acidic solutions by solvent extraction with Cyanex 923 and a modifier[J]. Minerals Engineering, 2016,89:77-83.

[19] TAN L C, LIU Q, JING X Y, et al. Removal of uranium(VI) ions from aqueous solution by magnetic cobalt ferrite/multiwalled carbon nanotubes composites[J]. Chemical Engineering Journal,2015, 273:307-315.

[20] SHI S, QIAN Y X, MEI P P, et al. Robust flexible poly(amidoxime) porous network membranes for highly efficient uranium extraction from seawater[J]. Nano Energy,2020,71:104629.

[21] BAI Z Q, YUAN L Y, ZHU L, et al. Introduction of amino groups into acid-resistant MOFs for enhanced U(VI) sorption[J]. Journal of Materials Chemistry A,2015,3(2):525-534.

[22] LI R, CHE R, LIU Q, et al. Hierarchically structured layered-double-hydroxides derived by ZIF-67 for uranium recovery from simulated seawater[J]. Journal of Hazardous Materials,2017,338:167-176.

[23] JINISHA R, GANDHIMATHI R, RAMESH S T, et al. Removal of rhodamine B dye from aqueous solution by electro-Fenton process using iron-doped mesoporous silica as a heterogeneous catalyst[J]. Chemosphere,2018,200:446-454.

[24] CAMTAKAN Z, ERENTURK S, YUSAN S. Magnesium oxide nanoparticles: preparation, characterization, and uranium sorption properties[J]. Environmental Progress & Sustainable Energy,2012,31(4):536-543.

[25] 李子明, 牛玉清, 宿延涛, 等. 海水提铀技术最新研究进展 [J]. 核化学与放射化学, 2022,44(3):233-245.

[26] 何祚庥. 三论我国必须大幅度调整核能政策——评《中国能源中长期 (2030、2050) 发展战略研究》"核能卷" 对铀资源的分析 [J]. 山东科技大学学报 (社会科学版), 2011,13(5):1-6.

[27] PARKER B F, ZHANG Z, RAO L, et al. An overview and recent progress in the chemistry of uranium extraction from seawater[J]. Dalton Transactions, 2018,47 (3):639-644.

[28] YUAN Y H, YU Q H, YANG S, et al. Ultrafast recovery of uranium from seawater by bacillus velezensis strain UUS-1 with innate anti-biofouling activity[J]. Advanced Science,2019, 6(18):1900961.

[29] 王兴磊. 聚偕胺肟纳米纤维和 Alg/PAO 凝胶的制备及其对 U(VI) 的吸附行为研究 [D]. 兰州：兰州大学，2021.

[30] 陈敏. 化学海洋学 [M]. 北京：海洋出版社，2009.

第2讲

海水酸碱盐氧度

1. 什么是 pH 值?

我们知道强酸(或强碱)均可电离出 H^+(或 OH^-),但是我们的水也是可以部分电离出 H^+ 和 OH^-。

$$H_2O \xrightleftharpoons{\text{电离}} H^+ + OH^-$$

在 298K(25℃)和标准压力下,如果是纯水体系,它的电离平衡常数($K_w = [H^+] \times [OH^-]$)为 10^{-14},也就是说明此时体系中 $[H^+]$ 与 $[OH^-]$ 浓度相等,均等于 10^{-7}。氢离子浓度指数是表示氢离子浓度的一种方法,它是水溶液中氢离子浓度(活度)的常用对数的负值,即 $-\lg[H^+]$($-\lg\alpha[H^+]$)。一般称为"pH"、"pH 值"或者"氢离子指数"。通常情况下,溶液的氢离子的浓度介于 10^0 到 10^{-14} 之间,鉴于氢离子活度偏小,在日常使用中受限不大,因此常以 pH 值来判断水溶液酸碱性情况(取 $-\lg[H^+]$ 后其值介于 0~14)。通常情况下,在标准压力和温度下:

(1)当水溶液体系的 $pH = -\lg\alpha[H^+] = -\lg 10^{-7} = 7$ 时,此时体系的 $[H^+] = [OH^-]$,因而该水溶液呈中性;

(2)当水溶液体系的 pH < 7 时,此时体系的 $[H^+] > [OH^-]$,因而该溶液呈酸性;且随着 pH 值的减小,溶液的酸性增强;

(3)当水溶液体系的 pH > 7 时,此时体系的 $[H^+] < [OH^-]$,因而该溶液呈碱性,随着 pH 值增大,溶液的酸性也随之减弱,但其碱性反而增强。

需要注意的是:水体系、标准温度和压力条件下,如果溶剂改变或温度压力改变则判断依据随之改变。pH = 7 则不一定能作为判断酸碱性的分界点了。这里有两个原因:一是相同温度不同溶剂电离平衡常数不同,二是不同温度相同溶剂的电离平衡常数也不尽相同。如在标准压力的水溶液中,当体系温度达到 100℃ 时,水溶液中氢离子活度增强,水的电离程度增大,它的电离平衡常数为 10^{-12},此时判断水溶液的酸碱性却是以 6($pH = -\lg\alpha[H^+] = -\lg 10^{-6} = 6$)为临界值进行判断,当体系的 pH 大于 6 时则表示体系的 $[H^+] < [OH^-]$,因而该溶液呈碱性;此时若 pH = 7,也表示溶液呈现出碱性而不是中性。

医学研究表明,人类体内环境的酸碱性应该维持在 7.35~7.45 范围内,即体液应呈弱碱性,以保持正常的生理功能和物质代谢。如果人体的体液 pH < 7 时,细胞的功能便会减弱,其新陈代谢也会随之减缓,进而影响部分人体脏器功能。

据相关数据印证：若人类的血液 pH＜7 时罹患重大疾病的概率相对较高。人体各个部分的酸碱性各有差异（见表 2-1），如人体胃液的 pH 值最小，一般正常维持在 0.9～1.5 之间。值得一提的是，pH 值也会因每日的测量时间不同而发生变化。若体内胃酸分泌过多，可能会引起胃炎、胃溃疡、胃糜烂等疾病。患者需要及时就医问诊。

表 2-1　人体内不同部位的 pH 值

物质	pH 值
胃液	0.90～1.50
尿液	6.50～7.80
唾液	6.80～7.50
淋巴液	7.20～7.35
组织液	7.00～7.50
细胞液	7.20～7.45
脑脊液	7.30～7.50
血液	7.35～7.45
宫颈液	7.50～8.80
肝胆液	～7.50
小肠液	～7.60
精液	7.80～9.20
大肠液	～8.40

氢离子活度指数的测定，定性方法可通过使用 pH 指示剂、pH 试纸（图 2-1）测定，而体系精确的 pH 数值需要采用 pH 计来进行测定。生活中常见物质的 pH 值如表 2-2 所示。pH 可以作为溶液最重要的物理化学参数，所有溶液的物理变化、化学变化及其反应过程都与 pH 值变化息息相关，所以，在食品、林业、农业、化工、化学、医学、资源环境、生态保护和科研领域都要随时跟踪测量其 pH 值，以掌握物质之间是否发生理化性质变化。

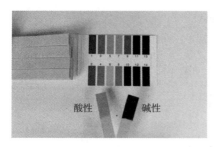

图2-1 广泛pH试纸（左）与精密pH试纸（右）

表2-2 生活中常见物质的pH值

物质	pH 值
洁厕精	1.0～2.0
柠檬汁	2.0～2.6
醋	2.4～3.4
杨梅	约2.5
可乐	2.5～4.5
苹果	3.3～4.0
橙汁	3.3～4.2
橘子	3.0～4.0
酱油	4.0～5.0
菠萝	～5.1
西瓜、胡萝卜	～6.0
牛奶	6.0～7.0
食盐水	7.0
鸡蛋清	7.0～8.0
海水	～8.0
牙膏	8.0～9.0
苏打水	8.3～9.0
肥皂	8.5～10.5
草木灰水	～11.0

物质	pH 值
氨水	11.0～11.5
厨房用清洁剂	12.0～13.0

2. 海水与雨水的 pH 值相同吗?

我们知道不同水质的 pH 值也有所不同，如正常雨水的 pH 值约为 5.6，这是由于空气中的二氧化碳和二氧化硫等酸性气体溶于雨水中而引起的。而海水里富含一些碱性离子及其盐类（主要是碳酸盐和碳酸氢盐等弱酸强碱盐），所以海水呈弱碱性，标准压力和温度下其 pH 值 >7。天然海水的 pH 值一般维持在 7.9～8.4 之间，未受污染的海水 pH 值居于 8.0～8.3 之间。根据最新《生活饮用水卫生标准 GB 5749—2022》规定生活饮用水的 pH 应在 6.5～8.5 之间。所以我们不能直接饮用雨水（pH 值太低），也不能直接饮用海水（含盐太高）。

那么海水的 pH 值会一成不变吗？世界各地的海水都一样吗？

随着海水深度不同，其 pH 值也会发生变化，此外，海水的 pH 值会因季节和地区而异。一般而言，表层海水 pH 值（8.0）一般会比中、深层海水的 pH 值（7.9）略高于 0.1 左右。

盛夏时分，气候温度升高和光合作用增强，表层海水中的二氧化碳和氢离子浓度降低，其 pH 值也会随之升高。反之，寒冬季节，表层海水 pH 值会比夏季时分略低。

此外，一天当中的昼夜时分海水的 pH 也有所变化。白天时，表层海水受到太阳光的光照时间长，浮游植物光合作用明显，海水中二氧化碳消耗量增大，因而海水的 pH 值会比夜晚时分高。

海水的 pH 值还与当地的气候、地理环境、浮游动植物含量等息息相关。以我国长江口邻近海域为例，春季时，表层海水的 pH 值呈东南高、西北低的带状分布特征；秋季时，表层海水的 pH 值却呈现中间低、南北两侧略高的分布模式。位于赤道附近太平洋上有些天然海水的 pH 值为 8.0，而北半球高纬度靠近陆地的浅海的 pH 值却比较高，一般为 8.5 左右。

此外，不同海域的海水 pH 值分布与浮游植物生物量（叶绿素含量）密切相关，浮游植物生物量越高，则其 pH 值也越高。同样，在溶解氧高的海域，pH 值也高；反之，pH 值就低。海水的弱碱性和充足的二氧化碳含量不仅能够满足海洋生物光合作用的需要，还可以促进海洋生物外壳的形成，所以，海洋被誉为"生命的摇篮"。但是，近年来有关海洋酸化的现象应该引起我们的关注和防范。由于海洋与大气在不断进行着气体交换，一旦大气受到污染，势必也会污染海洋。由于人类的工业化进程不断推进，大气中的二氧化碳含量不断增加，虽然近几年全世界普遍关注"碳达峰"和"碳中和"，但还是有相当多的二氧化碳进入海洋，引起海水酸化。近两百年来海水的 pH 大约降低了 0.1。如果照此放任下去，预计到 21 世纪末，表层海水的 pH 值将会进一步降低至 7.8。如此一来，浮游植物、甲壳类、珊瑚虫类、贝类和棘皮动物等海洋生物（需要形成碳酸钙外壳保护）都会遭受各种各样的不良影响。鱼类等海洋水产物产量也会随之下降，进而造成食物短缺和经济危机，乃至影响人口生计和人类可持续发展。

3. 什么是盐度？

我们知道，海水中的重要组成部分是 Na^+、K^+、Ca^{2+}、Mg^{2+}、Sr^{2+} 五种阳离子，Cl^-、SO_4^{2-}、Br^-、$HCO_3^-(CO_3^{2-})$、F^- 五种阴离子，以及硼酸（H_3BO_3）分子。海水的水质监测标准除了 pH 值之外还有盐度。在海洋化学中，盐度的确切定义是："1 千克海水中，所有碳酸盐都转化为氧化物，用氯元素取代海水中溴和碘元素，且一切有机物已完全氧化时所含固体物质的总克数"。盐度是海水中溶解盐类总量的一种量度，通常以 S‰ 表示。我们可以近似理解为：海水盐度表示海水中的化学物质定量含量。世界海水盐度的平均值为 35‰。世界最咸的海是红海，其盐度高达 43%，有的地方甚至高达 44.2%。世界最淡的海是波罗的海，其外海区域的盐度是 20‰，中部海域的盐度是 6‰~8‰，而北部区域的盐度仅为 2‰，与淡水盐度相差不大。著名的死海盐度为 25%~30%，其盐度却并非最高。

海水的盐度与 pH 值一样并非保持固定的数值，常受纬度、河川径流、海域轮廓、洋流等的影响，也会受海平面降雨量大小、冰山融化、昼夜和季节变化的影响。一般情况下，当海平面降雨量高于海平面蒸发或者冰山融化汇入海洋中，表层海水盐度就会降低（相当于被稀释）。此外，秋季时分的盐度比春季时节略低，白天下午 16 至 17 点时比其他时间的盐度要高。由此可知，盐度数值与沿岸径流量、冰山融化、降雨量和海平面蒸发等息息相关，因而盐度可以成为海水水质和水文监测的重要指标。

4. "盐度"概念的发展?

海水的盐度与海水的氯度（Cl‰）、电导率、折射率或其他影响因素息息相关，在实际工作中很难直接利用化学分析方法测定海水总含盐量。1901 年，丹麦科学家克纽森提出盐度公式为：

$$S‰= 0.030 + 1.805Cl‰ \tag{式 2-1}$$

20 世纪 40 年代科学家将式 2-1 修正为式 2-2 来间接计算盐度：

$$S‰= 0.070 + 1.811Cl‰ \tag{式 2-2}$$

20 世纪 60 年代初英国科学家考克思（Cox）提出用式 2-3 计算盐度：

$$S‰= 1.80655Cl‰ \tag{式 2-3}$$

为了解决盐度标准受海水不同成分影响的问题，1978 年的实用盐标出台：规定在一个标准大气压下（0.1013 兆帕）、15℃的环境温度中，海水样品与标准 KCl 溶液的电导比 K_{15} 的计算公式如式 2-4 所示：

$$K_{15} = \frac{C_{(35,15,0)}}{C_{(32.4357,15,0)}} = 1 \tag{式 2-4}$$

式中，C 表示电导值，15 表示温度为 15℃，35 表示该样品的实用盐度，32.4357 表示利用标准的称量法和高纯度的 KCl 标准品配制浓度为 32.4357‰ 的溶液，依此作为盐度的准确参考标准。

若 $K_{15} \neq 1$，则实用盐度计算以（式 2-5）为准，且当 $2 \leqslant S \leqslant 42$ 有效：

$$S = \sum_{i=0}^{5} a_i K_{15}^{i/2} \tag{式 2-5}$$

式中，$i=0\sim5$，$\alpha_0=0.0080$，$\alpha_1=-0.1692$，$\alpha_2=25.3851$，$\alpha_3=14.0941$，$\alpha_4=-7.0261$，$\alpha_5=2.7081$，$\alpha_0 + \alpha_1 + \alpha_2 + \alpha_3 + \alpha_4 + \alpha_5=0.008 +（-0.1692）+ 14.0941 +（-7.0261）+ 2.7081 + 25.3851=35$。

S 为实用盐度符号，无量纲，如海水的盐度值为 35‰，实用盐度记为 35。式中 K_{15} 可用 R_{15} 代替。R_{15} 是在标准大气压下，温度为 15℃时，海水样品与实用盐度为 35‰ 的标准海水的电导比。

盐度是影响海水密度的重要物理量，是海洋学的重要参数之一。温度、季

节、气候的变化会对海水盐度产生重要的影响，通过观测海水盐度的变化便可以预测气候突变和海洋动物的群游方向，进而为我们海洋船只远行、海洋渔业发展和海洋周边居民生活提供参考依据。

此外，通过盐度的数值可以进一步推断海水中 Cl^- 的含量。而根据 Cl^- 的含量演算出其他元素的含量，这样我们就可以知道海水里所富含的物质了。此外，海水的密度也可以利用所测量盐度、压力和温度来计算。

5. 如何测量海水的盐度？

既然海水盐度对海水养殖、海上远航、海水理化性质、水文数据等影响深远，那么，我们该如何测量海水的盐度呢？

目前测定盐度的方法有化学法和物理法两大类。

（1）化学法。主要是硝酸银滴定法，由克纽森于 1901 年提出，当离子比值固定时，利用硝酸银溶液滴定（$Ag^+ + Cl^- = AgCl \downarrow$），查询麦克伽莱表得知其氯度，然后根据（式 2-1）计算水样盐度。

（2）物理法。主要包含 4 种。①比重法：由测得比重求密度，再根据温度和密度推导出其盐度；②折射法：通过折射仪测定海水的折射率，并进一步推导海水的定盐度；③电导法：不同的海水有不同的盐度也有不同的电导率，而海水电导率是海水温度、盐度和压力的函数，因而可以通过感应式盐度计、电极式盐度计或现场温盐深仪来测定海水的电导率，进而利用《国际海洋学常用表》或电导率及其温度求得海水盐度；④声学方法：通过声速计测量海水声速，同时测量海水的温度和深度（与压力相关），进一步依据声速与压力、温度和盐度的关系来推算海水盐度。

为了更准确获得海水盐度，可以多种方法协同测量比较。随着现代科技的迅速发展，尤其是电化学方法的发展，检测仪器和测试技术不断更新，相信未来可以更科学、更方便地测量盐度，也会为我们提供更准确的海水理化性质和水文监测数据，更好地为人类服务。

6. 什么是海水溶解氧？

人体需要呼吸，需要氧气。同样对于海洋中的生物来说也需要氧气，海水溶解氧（Dissolved Oxygen，DO）是指溶解于海水中分子状态的氧气，溶解氧的一个来源是水中溶解氧未饱和时，海面上大气中的氧气溶解于海水；另一个来源是水中植物通过光合作用产生的氧气。其反应式为：$106CO_2 + 122H_2O + 16HNO_3 + H_3PO_4 \rightarrow (CH_2O)_{106}(NH_3)_{16}H_3PO_4 + 138O_2$。

　　除此之外，海水中天然存在的硫酸盐、碳酸盐和其他气体及水蒸气也可部分分解出 O_2，并进入海水中。天然水中溶解氧接近于饱和值 9 毫克 / 升，当海洋中的温度、气压、盐度发生变化时，溶解氧也会随之改变。一般而言，当气压一定时，海水温度升高盐度会增大，水中的溶解氧会迅速溶出而减少；而当海水气压升高时，其溶解氧会增大（表 2-3）。

表 2-3　水温、盐度与海水中溶解氧的饱和值的关联表

温度 （℃）	盐度（‰）													
	5	10	15	20	25	30	31	32	33	34	35	36	37	38
0	14.10	13.60	13.20	12.70	12.30	11.90	11.80	11.70	11.70	11.60	11.50	11.40	11.30	11.30
1	13.70	13.30	12.80	12.40	12.00	11.60	11.50	11.40	11.30	11.30	11.20	11.10	11.00	11.00
2	13.40	12.90	12.50	12.10	11.70	11.30	11.20	11.10	11.10	11.00	10.90	10.80	10.80	10.70
3	13.00	12.60	12.20	11.80	11.40	11.00	10.90	10.90	10.80	10.70	10.60	10.60	10.50	10.40
4	12.70	12.20	11.80	11.50	11.10	10.70	10.70	10.60	10.50	10.40	10.40	10.30	10.20	10.20
5	12.30	11.90	11.60	11.20	10.80	10.50	10.40	10.30	10.30	10.20	10.10	10.10	10.00	9.93
6	12.00	11.60	11.30	10.90	10.60	10.20	10.20	10.10	10.00	9.96	9.89	9.83	9.76	9.70
7	11.70	11.40	11.00	10.60	10.30	9.97	9.92	9.85	9.79	9.73	9.66	9.60	9.53	9.47
8	11.50	11.10	10.70	10.40	10.10	9.75	9.69	9.63	9.56	9.50	9.45	9.39	9.32	9.26
9	11.20	10.80	10.50	10.20	9.85	9.53	9.47	9.42	9.35	9.29	9.23	9.17	9.12	9.06
10	10.90	10.60	10.20	9.93	9.62	9.32	9.26	9.20	9.15	9.09	9.03	8.97	8.92	8.86
11	10.70	10.30	10.00	9.72	9.40	9.12	9.06	9.00	8.95	8.89	8.83	8.77	8.72	8.67
12	10.40	10.10	9.80	9.50	9.20	8.92	8.87	8.82	8.76	8.70	8.65	8.59	8.55	8.49
13	10.20	9.89	9.59	9.29	9.02	8.73	8.67	8.63	8.57	8.52	8.47	8.42	8.36	8.32
14	9.97	9.67	9.39	9.10	8.82	8.56	8.50	8.45	8.40	8.35	8.29	8.25	8.19	8.15
15	9.77	9.47	9.19	8.92	8.65	8.39	8.33	8.27	8.23	8.17	8.13	8.07	8.03	7.97

续表

温度	盐度（‰）													
（℃）	5	10	15	20	25	30	31	32	33	34	35	36	37	38
16	9.56	9.27	9.00	8.73	8.47	8.22	8.16	8.12	8.06	8.02	7.97	7.92	7.87	7.83
17	9.36	9.09	8.82	8.56	8.30	8.06	8.00	7.96	7.90	7.86	7.82	7.76	7.72	7.67
18	9.17	8.90	8.65	8.39	8.13	7.90	7.85	7.80	7.76	7.72	7.66	7.62	7.57	7.53
19	8.99	8.73	8.47	8.22	7.99	7.75	7.70	7.66	7.62	7.56	7.52	7.47	7.43	7.39
20	8.82	8.56	8.30	8.06	7.83	7.60	7.56	7.52	7.47	7.43	7.39	7.35	7.29	7.25
21	8.65	8.39	8.15	7.92	7.69	7.46	7.42	7.37	7.33	7.29	7.25	7.20	7.16	7.12
22	8.47	8.23	8.00	7.77	7.55	7.33	7.29	7.25	7.20	7.16	7.12	7.07	7.03	6.99
23	8.32	8.07	7.85	7.63	7.55	7.20	7.16	7.12	7.07	7.03	6.99	6.96	6.92	6.87
24	8.16	7.93	7.70	7.49	7.27	7.07	7.03	6.99	6.94	6.92	6.87	6.83	6.79	6.76
25	8.02	7.79	7.57	7.36	7.15	6.94	6.90	6.87	6.83	6.79	6.76	6.72	6.67	6.64
26	7.87	7.65	7.43	7.23	7.03	6.83	6.79	6.76	6.72	6.67	6.64	6.60	6.56	6.53
27	7.73	7.52	7.30	7.10	6.90	6.72	6.67	6.64	6.57	6.53	6.49	6.46	6.46	6.42
28	7.59	7.39	7.19	6.99	6.79	6.60	6.57	6.53	6.50	6.46	6.43	6.39	6.36	6.32
29	7.46	7.26	7.06	6.87	6.67	6.50	6.47	6.43	6.39	6.37	6.32	6.29	6.24	6.22
30	7.33	7.13	6.94	6.76	6.57	6.39	6.36	6.33	6.29	6.26	6.22	6.19	6.16	6.12
31	7.22	7.02	6.83	6.64	6.47	6.29	6.26	6.23	6.19	6.16	6.12	6.09	6.06	6.03
32	7.09	6.90	6.72	6.54	6.36	6.19	6.16	6.13	6.09	6.06	6.03	6.00	5.96	5.93

溶解氧为海洋生物提供充足的氧气，可以为微生物呼吸作用和水中有机物被好氧微生物氧化分解提供氧气，也可以为氧化水中氨氮、硫化物、亚硝酸根、亚铁离子等还原性物质提供氧气。若海水遭遇有机物污染，溶解氧消耗严重而得不到及时供给，则水体中的厌氧菌繁殖便会加速，水体便会因有机物腐败而变黑、发臭、恶化，乃至引起鱼类窒息死亡。

经专家研究发现，一般养殖（育苗）要求其水体的溶解氧为5～8毫克/升比较适宜，如果养殖水体轻度缺氧虽不致鱼虾死亡，但也会严重影响其生长速度，增加生产成本，经济效益下滑。如果溶解氧低于3毫克/升，可能会导致大量水产品死亡现象。

那么溶解氧是不是越高越好呢？如果溶解氧过高（>14.4 毫克 / 升）会引起水体氧压过高而使水产品出现"氧中毒"现象，尤其是对养殖动物幼苗的危害更为严重，会罹患"气泡病"。同时，还要注意水中藻类繁殖是否速度过快、数量是否过大情况。因而，适宜的溶氧量对于水产品生存、育苗、生长、饲料使用和经济效益率等格外重要。

由此可见，溶解氧大小能够反映出水体遭受污染恶化的严重程度，尤其是有机物污染的程度，它是衡量水体污染程度的重要指标，也是评价海洋环境质量水质的重要指标，因此，海水溶解氧在海洋生态系统中具有十分重要的意义，对于海洋环境监测、海水自净能力、海洋水产养殖业和海水种植业的发展意义不言而喻。我们唯有保护好海洋生态系统才能实现经济的可持续发展。

7. 海水溶解氧如何测定呢？

常用的溶解氧测定方法有碘量法（GB/T 7489-1987）和覆膜电流式传感器法（GB/T 20245.4-2013）。

这里我们着重介绍碘量法，该法适用于大洋和近岸海水及河水、河口水溶解氧的测定。碘量法工作原理如下：将硫酸锰、氢氧化钠和碘化钾添加到所取水样中，硫酸锰（II）在碱性作用下先生成白色的 $Mn(OH)_2$ 沉淀，不稳定的 $Mn(OH)_2$ 被水中溶解氧氧化成棕色四价锰（IV）的氢氧化物 $2MnO(OH)_2$ 沉淀。$2MnO(OH)_2$ 可进一步与 $Mn(OH)_2$ 反应而生成褐色 $MnMnO_3$ 沉淀。进一步加酸溶解四价锰（IV）的氢氧化物后，与 I^- 反应而变成碘单质 I_2。进一步利用淀粉和硫代硫酸钠（$Na_2S_2O_3$）滴定，相关化学反应式如式 2-6 所示，由反应式可知 4 摩尔的 $Na_2S_2O_3$ 对应消耗 1mol 的 O_2 来计算溶解氧（图 2-2）。

$$MnCl_2 + 2NaOH = Mn(OH)_2（白色）\downarrow + 2NaCl$$

$$2Mn(OH)_2 \downarrow + O_2 = 2MnO(OH)_2（棕色）\downarrow$$

$$MnO(OH)_2 + Mn(OH)_2 = 2H_2O + MnMnO_3（褐色）\downarrow$$

$$MnMnO_3 + 2H_2SO_4（浓）+ 2KI = 2MnSO_4 + I_2 + 3H_2O + K_2SO_4$$

$$2Na_2S_2O_3 + I_2 = Na_2S_4O_6 + 2NaI$$

$$DO(毫克/升) = \frac{1}{4} \times \frac{\times C_{Na_2S_2O_3} \times V_{Na_2S_2O_3}}{V_{H_2O}} \times 32 \times 1000 \qquad (式2\text{-}6)$$

式中，$C_{Na_2S_2O_3}$ 为 $Na_2S_2O_3$ 浓度，一般常用 0.0250 摩尔/升；$V_{Na_2S_2O_3}$ 为 $Na_2S_2O_3$ 所消耗的体积，单位毫升；V_{H_2O} 为所取水样体积，单位毫升；32为氧气的摩尔质量；1000为毫克与克之间的单位转换系数。

$$\xrightarrow[DO]{NaOH} \boxed{Mn(IV)} \xrightarrow[I^-]{浓H_2SO_4} \boxed{I_2} \xleftarrow[滴定]{Na_2S_2O_3}$$

图2-2 碘量法测定溶解氧示意图

对于碘量法而言，如果水样中含有氧化性（或还原性）物质析出（或消耗）碘单质，则测量结果会产生正（或负）干扰。因此，随后碘量法得到修正，一种是叠氮化钠修正碘量法（仅存在 NO_2^- 可加入 NaN_3 破坏亚硝酸盐；如果 NO_2^- 和 Fe^{3+} 共存可多加 NaF 掩蔽剂）；另一种是高锰酸钾修正碘量法（SO_3^{2-}、NO_2^-、Fe^{3+} 和有机物等干扰）。若是清洁水可直接利用普通碘量法来测量；若是受污染水、地面水和工业废水则必须用修正的碘量法或电化学探头法。

此外，还可以采用气相色谱法、极谱法（恒压法）、荧光法、溶解氧仪法、电化学探头法以及以碘量法为基础的电流滴定法和电位滴定法等方法来测定溶解氧。

8. 海水的酸碱度、氧的浓度对生物和生态系统有何影响？

提到海水的酸碱度，难免让我们联想到让人不寒而栗的六大酸雨事件，六大酸雨事件分别为：1930年比利时马斯河谷烟雾酸雨事件、1948年美国多诺拉烟雾酸雨事件、1952年伦敦烟雾酸雨事件、20世纪70年代北美死湖酸雨事件、20世纪四五十年代美国洛杉矶烟雾事件、1955年日本四日市烟雾事件。

酸雨大多是由于人类向大气层中肆意排放了大量的二氧化硫和氮氧化物等酸性物质，致使雨水中夹杂着硫酸和硝酸的强酸性物质。尤其值得一提的是伦敦烟雾酸雨事件，前后持续时间长达13年（1952年—1965年），并且在这十多年期间发生了12次严重的烟雾酸雨事件，先后有一万多人丧失生命。更为严重的北美死湖酸雨事件致使美国东北部和加拿大东南部地区的湖泊水质 pH 值降低至1.4，即使是遭受轻度污染的湖泊也呈现非常强的酸性，其 pH 值也比较低（3.5），使得湖中的生物几乎灭绝，方圆千里湖泊生灵涂炭、寂若死灰。

但是随着世界经济的发展和工业化进程的推进，二氧化碳的排放量也在不断增加。虽然二氧化碳一般不容易导致酸雨事件，但是一旦海水吸收了空气中过量的二氧化碳，便会致使其酸碱度减小，工业革命以来，海水酸碱度值下降了 0.1，相当于酸浓度提高了 30%。如果海水酸性增加，便会影响各种海水化学平衡（如 H_2CO_3、HCO_3^-、CO_3^{2-} 和 H^+ 等）、严重干预了牡蛎、虾、贝壳、蟹和珊瑚等内骨骼或外壳的形成机制、降低它们的自身保护能力和生存率，从而威胁大多数海洋生物和破坏生态系统。一旦海洋中二氧化碳浓度增加，有利于藻类、海草等光合作用，促进其增长，然而藻类和海草等的疯狂增长却对其他生物而言无疑是"弥天大祸"，影响了海洋食物链的平衡，进而影响了海洋生态系统的稳定性。

如果海水的 pH 值在 6.0 和 6.5 之间时，鱼类生理机能和血液内血红蛋白载氧功能发生障碍（氧合血红蛋白低），便会出现限制生长、减缓繁殖、饥饿和浮头现象。如果 pH<6.0 时，水中九成以上的硫化物转化为硫化氢分子，增大了硫化物的毒性；水体中 S^{2-}、CN^-、HCO_3^- 等转化为毒性更强的 H_2S、HCN、CO_2。如果 pH<4.4 时，海水制约了海洋生物的行为和感知能力，易被捕食者的攻击；鱼类死亡率不断提升，最高为二成左右。

然而，是不是海水的 pH 越高越好呢？答案并非如此，海水 pH 过高也并非好事，不但会侵害鱼类的鳃组织，还会减弱鱼的呼吸功能。

那我们如何降低海水酸碱度对生物的影响呢？

第一，减少二氧化碳的排放量，植树造林增加碳汇；第二，加强海洋的监测和保护，及时科学监测和处理方可保护我们生态系统的稳定性。

此外，pH 值是影响鱼类呼吸和排泄的重要环境因子，当 pH 值合适时，耗氧率较低，这是由于体内蛋白质的代谢水平最低，脂肪和碳水化合物分解的比例最大的缘故。而在 pH 值不合适的时候，鱼体表现出不适应，将通过改变代谢状况，消耗较多的能量以适应外界环境，表现为增大了蛋白质的代谢比例，造成耗能增大、耗氧率升高。当 pH 超过鱼类承受范围时，则发生代谢上的紊乱，甚至引起死亡。

海水 pH 值是否合适也会影响海洋生物的耗氧量，从而影响海水氧度。海水 pH 值正常时，海洋生物中蛋白质的代谢水平最低，脂肪和碳水化合物分解的比例最大，耗氧率较低。而如果海水 pH 值出现异常，海洋生物也会表现异常，只

能通过增加蛋白质代谢率等来消耗更多的能量以适应外部环境，能耗和氧耗率则随之增加。

海水中溶解氧浓度的高低直接影响着水生生物的生存和繁殖。当水中溶解氧浓度过低时，水生生物的呼吸和代谢会受到影响，导致它们的生长和繁殖受到限制，甚至会引起死亡。而当水中溶解氧浓度过高时，会导致水生生物的生理机能紊乱，同样会对水生生态系统造成不良影响。

因此，我们可以通过利用曝气设备给相应海水区域曝气增氧、控制海洋水体温度、加强海水水质监测和处理，进而减少污染源流入海洋来抑制水中有机物质数量，进而有效地提高水中溶解氧浓度。当然，人们还可以向相应海水区域低温稀释投加过碳酸钠（$2Na_2CO_3 \cdot 3H_2O_2$）、双氧水等进行化学增氧。

总的来说，海水的酸碱度、氧的浓度对生物和生态系统有着重要影响。因此，海水的动态监测、调节水体的 pH 值和氧度是保护海洋生物和生态系统、维护良好水质的必要措施。

9. 水生生物如何适应不同盐度环境的？

你知道吗？海洋的环境并非千篇一律的，它会受到时间、气候、地点、季节、工业化程度等因素影响。譬如上面所阐述的海水酸碱度、氧浓度的变化。此外，盐度也是一个关键的非生物环境因子，可以影响着海洋中的化学组成和物理性质，进而控制水生生物的繁殖、生长和新陈代谢。

海水中的渗透压会随着盐度的变化而发生变更，进而促使水生生物与环境渗透压之间的关系发生微妙变化。水生生物依靠水的渗透压调节来维持体内的水平衡，依据其与环境的渗透压之间关系，我们将其划分为等渗透水生生物、渗透调节水生生物和渗透非调节水生生物三大类。

（1）像海星、海参、海胆等类的等渗透水生生物对其生存环境的盐度的变化非常敏感。等渗透水生生物往往难以离开盐度相对恒定的海水区域，以使它们的体液与环境的渗透压达到相同或相似，便无需消耗能量来调控其体液的浓度。

（2）像鱼、甲壳类、软动物等类渗透调节水生生物体液与环境的渗透压不尽相同，但它们可以通过鳃、肾脏、泌盐腺等器官排出多余的盐或吸收水分等各种方式调节体液的浓度和成分。这样虽然需要消耗一定的能量，但是它们生存范围会更广阔一些，可以选择在一定范围内的咸水和淡水中生活。

（3）像螺蛳、蛤蜊、水蚯蚓等类渗透非调节水生生物体液与环境的渗透压也不一致，会随着盐度的上升或下降而发生失水或水肿，这是因为它们没有特殊的可调节器官来调控体液盐度平衡，也只能生存于低盐或淡水环境中。

海洋生物学家认为，在漫长的进化过程中，水生生物的排离子能力逐渐增强，水生生物体表和摄食的适应性也逐渐增强，从而促使它们能够在高低盐度环境中繁衍和生存。我们应该更多地了解和借鉴水生生物适应盐度情况，以便更好地保护水生资源和维护生态平衡。

10. 军事活动会受海水盐度影响吗？

一般海域的盐度保持在 35‰ 左右，但是海水盐度会随着海面风速、湿度、云雾、海域和季节等的变化而变化。海水盐度变化势必引起着海洋中的化学组成和物理性质变化，进而影响海上的军事活动。

海水对声学信号的影响非常复杂，声波在空气中的传播速度约为 340 米 / 秒，而在海水中却高达 1450 米 / 秒，甚至有的海域中，其速度可达 1540 米 / 秒。这种差异主要取决于海水的盐度、深度、温度和压力等参数。一般情况下盐度每减少 1‰，音速降低 1.3 米 / 秒。红海是世界上最咸的海，其盐度常年维持在 37～45 克 / 升，其盐度均值要高于全球海洋盐度平均值 6‰。而波罗的海是世界上最淡的海域，其盐度均值为 8 克 / 升，比生理盐水的盐度还要低。因而，声波在波罗的海的传播速度远远低于其在红海的传播速度。

海水的高盐度使其冰点降低，附着在军舰和航母上的寄生物就会增多，从而增加其能耗，增加经济成本，降低其航行速度。当然，高盐度的海水的优点是作为一种有效的障碍物掩护自己，限制敌方部队行动范围；也可以在高盐度海水区域破坏敌方的军事装备和设施。

同时，高盐度海水对士兵的皮肤有刺激作用，容易产生皮肤干燥、瘙痒等疾病；高盐度环境下会严重刺激士兵的呼吸道黏膜，容易出现咽喉不适、咳嗽、哮喘等症状；如果士兵因缺水而不得不饮用高盐度海水时，会因水中含有较高浓度的 Mg^{2+} 和 Na^+ 钠离子致使士兵出现脱水、电解质紊乱、代谢和免疫功能下降、罹患疾病概率增大等问题。

总之，盐度对军事装备和设施腐蚀，对军事装备和设施的精准度、机动速度，士兵饮食生活等都会产生较大的影响。当然，海水盐度对士兵或人类生活和

军事活动也有一些利好的影响，需要我们好好研究和利用。

11. 海水为何比河水难结冰呢？

众所周知，在标准压力下，液体转化为固体时的温度称为凝固点，对于水作为溶剂时，相应临界温度也可称为冰点。由于海水含盐，海水冰点会随着海水的盐度和密度改变而改变，因此海水的冰点并非是一个稳定确切的数值，也会随着海水盐度的增大而降低。通常海水盐度为35克/升，其冰点比纯水冰点低2.09℃。即使是最淡的波罗的海（8克/升）冰点也比纯水小0.5℃以上。因此，海水的冰点比河水的冰点低，更不容易结冰。

12. 什么是有机物？

在前面的内容里面我们多次提及"有机物"，你知道有机物的定义是什么呢？有机化合物通常是指含碳元素的化合物，或碳氢化合物及其衍生物总称，有机化合物简称为有机物。但是碳的氧化物（CO、CO_2）和硫化物、碳酸及盐、氰酸盐、氰化物、硫氰化物、碳化物（CaC_2）、碳硼烷、羰基金属等不属于有机物。最简单的有机化合物是甲烷（CH_4）。

与无机物相比较，有机物一般易溶于乙醇、乙醚等有机溶剂，多数难溶于水，可以燃烧，熔点较低不耐热。有机物种类繁多且对所有生命（尤其是人类的生命）、生活和生产都有非常重要的意义。地球上海陆空所有的生命体都含有大量的有机物，主要有脂肪、叶绿素、氨基酸、酶、蛋白质、糖、血红素、激素等。有机物在整个生态系统中发挥着重要角色，可既以构建植物体，也可为生物体及其活动提供营养和能量。

不同有机物有不同的归属类别。根据有机物分子中所含官能团的差异可将有机物分为烷、烯、炔、芳香烃和卤代烃、醇、酚、醚、醛、酮、羧酸、酯等类别。按碳的骨架开环与否分成链状、环状化合物等。

13. 海洋有机物如何分类?

　　海洋有机物与上面所谈及的有机物有所差别，海洋有机物按照其粒径大小可分为溶解有机物质（Dissolved Organic Matter，DOM，>450纳米）、颗粒有机物质（Particulate Organic Matter，POM，100~450纳米）和胶体有机物质（Colloidal Organic Matter，COM，1~100纳米）。有时候也将挥发性有机物（Volatile Organic Compounds，VOM）和海洋中生物体归属于海洋有机物。

　　具体而言，根据溶解有机物中的成分可分为总碳水化合物、游离氨基酸、结合氨基酸、游离糖、尿素、脂肪酸、维生素族（维生素 B_1、维生素 H、维生素 B_{12}）等。而根据溶解有机物质组分是否稳定再细分为两类：①稳定或不活泼的组分，如腐殖酸（分子式：$C_9H_9NO_6$，CAS 号：1415-93-6）和富里酸（分子式：$C_{14}H_{12}O_8$，CAS 号：479-66-3）；②不稳定的组分，如氨基酸、甾醇、脂肪酸和烃类等。

　　一瓶500毫升表面看上去无比清澈的海水，实际上会有多少我们看不见的物质？仅海洋溶解有机物（DOM），数量就可能是成千上万的。它们溶解于海水之中，无法被肉眼看见，却是海洋细菌的食物和能量来源，并且细菌也是唯一的能够循环利用溶解性有机物的生命体，从而将其中所含的物质能量引入到整个食物链之中，最终被更高营养级的生物所利用。因而，溶解有机物是全球碳循环的重要一环。

　　虽然海洋中溶解有机物质的含量较少，但它参与海洋中许多物理、化学和生物作用，对认识海洋环境中所发生的各种过程具有重要意义。现在很多科学家利用三维荧光光谱技术测定了水体中溶解有机物质的荧光性质，通过荧光光谱图中荧光峰的位置、数量、强度的变化及荧光峰之间的相关性，初步判断了荧光物质的种类、分布和来源。其中，类腐殖质荧光一直是海洋溶解有机物荧光性质的研究焦点，大多数科学家利用类腐殖质荧光作为河流输入有机碳的示踪剂，探究河口混合过程以及示踪不同水团。

　　颗粒有机物质常常包含从胶粒、碎屑、浮游植物、浮游动物、细菌到细菌聚集体和微小浮游生物等物质。河口区的海水颗粒有机物主要来自于河流和风从陆地带入海洋颗粒物；大洋中颗粒有机物主要来自于海洋生物的排泄物和生物分解而成的碎屑。颗粒有机物的组成非常复杂，但在适宜的条件下其可以进一步被分解成溶解有机物及其他产物，如氨基酸、糖类、叶绿素、三磷酸腺苷和类脂化合物等。在大洋中的颗粒有机物中，往往夹杂着40%～70%左右的Si、Pb、Fe、Ca等无机物。据研究分析表明，颗粒有机物中尚有3%属于活体海洋生物！颗粒有机物是海洋食物链中的重要一环，它可从表层逐渐下沉到海底，大部分则变成海底沉积物，一小部分则被底栖生物所捕食。

胶体有机物质主要包含植物或动物的肢体腐烂和分解而生成的有机物腐殖物（图2-3），其在水中呈均匀状态，尤其以湖泊水中的腐殖质含量最多，所以常常使水呈黄绿色或褐色。

海水中的挥发性有机物具有蒸气压高、分子量小和溶解度小的特点，它们仅占总的海洋有机物的2%～6%，常见的有一些低分子量烃（甲烷、乙烷等）、卤代低分子量烃、农药的残留物等。其中含量最高的是甲烷，其次是碳链长为2～4的乙烷、乙烯、丙烯等烃类，它们会随着海浪、海风等作用而挥发进入海洋上空。

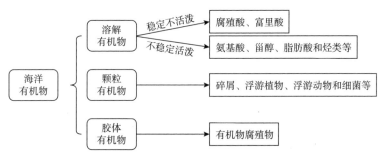

图2-3 海洋有机物分类

海洋有机物具有含量低、组成复杂、空间分布不均、易形成金属－有机络合物等特点。溶解有机物特别是大分子有机物容易被吸附在液—固、液—液（例如膜层）或气—液界面上，从而形成有机聚集体，致使碳、氮、磷、钙、硅和其他生物元素沉降至海洋深层，并从水体中移走，进而影响这些元素的生物地球化学循环，起到清扫的作用。此外，多糖和蛋白质等大分子有机物在细菌酶或异养菌的影响下，可在碎屑表面发生部分水解作用，转变成易被海洋生物利用的低分子量化合物。

14. 海洋有机物是怎么产生的呢?

海洋有机物的产生主要有海洋外部输入的外源有机物和海洋自身产生的自生有机物两种方式 (图 2-4)。

第一种,海洋自身产生的自生有机物 (指海洋植物生产的有机物,又称为内部途径),主要是由海洋植物 (尤其是小浮游植物) 通过光合作用将 CO_2 转化成有机化合物,不仅促使海洋植物本身生长,还可通过食物链在海洋生物圈中形成循环。海洋植物初级净生产量 (碳) 为 3.6×10^{16} 克,这种内部途径是产生海洋有机物的主要方式。

第二种,海洋外部输入的外源有机物 (指非海洋植物生产的有机物,又称为外部途径),主要是海底输入有机物和陆源有机物两种渠道。陆源有机物包括人源有机物和天然有机物。经计算,每年输入海洋的陆源有机物总量 (碳) 为 5.3×10^{14} 克。说明外源有机物的输入量仅为海洋植物初级净生产量的百分之一左右。人源有机物则包含河源输入和大气沉降两种,而天然有机物除了河源输入之外还有海底输入方式。海洋有机物对海气交换、海洋水色、络合金属离子等均有一定影响。

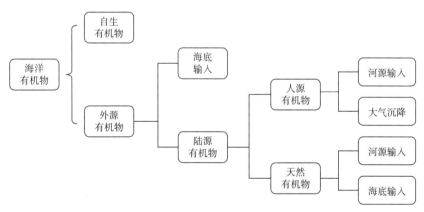

图 2-4　海洋有机物来源

15. 什么是光合作用?

我们知道人类在生命活动过程中需要不断地消耗能量,需要呼吸,吸入氧气而释放出二氧化碳。而机体所需要的能量主要来源于食物中的蛋白质、糖类和脂肪。脂肪和蛋白质的氧化分解也离不开氧气。因此如果没有氧气，组织便会缺氧，机体也就无法产生足够的能量，代谢无法维持，致使人死亡。遗憾的是，人体内氧的存储量并非无限量，在人体仅能消耗若干分钟后便消失殆尽。所以，人体需要从外界不间断地获取氧气来氧化营养物质。

人类所需的氧气从哪里来呢？从绿色植物光合作用来提供氧气。

光合作用是指植物和某些小型细菌（绿硫细菌、红硫细菌和红螺细菌等）吸收太阳光能，将二氧化碳和水转化为富能有机物质的过程（图 2-5、图 2-6）。

在光合作用中，植物利用叶绿素等色素吸收太阳光，将光能转化为化学能，再利用该化学能将二氧化碳和水转化为葡萄糖等有机物质，同时可以释放出氧气。而绿硫细菌等某些细菌无叶绿素，但是它们体内含有与绿色植物体内叶绿素相似功能的光合色素（又称细菌叶绿素），绿硫细菌的光合作用是以 H_2S 等无机硫化物还原 CO_2 并析出硫黄单质。

绿然植物：$6CO_2 + 6H_2O \xrightarrow[\text{叶绿素}]{\text{太阳光}} C_6H_{12}O_6 + 6O_2$

绿硫细菌等：$6CO_2 + 12H_2S \xrightarrow[\text{叶绿素}]{\text{太阳光}} C_6H_{12}O_6 + 12S + 6H_2O$

光合作用是植物体内最重要的生物学反应之一，它将太阳能转化为葡萄糖等有机物质，为植物提供能量和各种生物物质，以促进植物生长发育；也为地球上的生物提供了呼吸所需的氧气，为其他生物提供了食物和能量来源。因而，光合作用当之无愧是生命活动中非常重要的一环。

绿色植物光合作用包括光反应和暗反应（非光反应）两个部分。其中，光反应是指植物体内使用太阳光来提供能量与其叶绿素进行化学反应，而暗反应则是指植物体内使用水分和气体等其他物质，在酶的催化作用下进行化学反应。光反应比暗反应更早、更快参加光合作用。

光合作用是一个比较系统复杂的过程，简单地说，光合作用的总反应式似乎是一个简单的氧化还原过程，但实质上包括一系列的光化学步骤和物质转变。根据专家研究，整个光合作用大致经过三大步骤：①原初反应，包括光吸收、传递和转换；②电子传递和光合磷酸化，形成活跃化学能（ATP 和 NADPH）；③碳同化，实现无机物（CO_2）变成（固定为）有机物（糖类）、把活跃的化学能转换为稳定的化学能、维持大气的碳—氧平衡、并为地球上的生物提供了呼吸所需的氧气（空气中氧气体积含量为 21%），这些都具有重要意义。

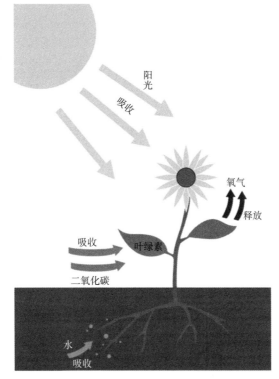

图 2-5　海洋植物光合作用简单过程图

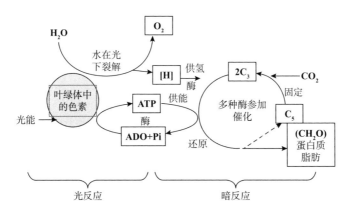

图 2-6　光合作用综合示意图

16. 海洋中光合作用的主角是谁呢?

在陆地上,植物是光合作用的主要扮演者;但在海洋中,海藻和浮游植物是光合作用的主要角色,尤其是海藻。

海洋中的海藻和浮游植物是海洋食物链的最底端,被称为"初级生产者",它们通过叶绿素等色素吸收太阳光能,将二氧化碳和水转化为有机物,同时释放出氧气。这个过程不但可以减缓全球气候变化的速度,为解决"碳达峰"和"碳中和"问题做贡献,还为海洋生态系统和部分陆地生态系统提供了重要的糖类产物和其他能量来源,也为人类提供了重要的食物来源。

如果没有海藻和浮游植物的光合作用,很难想象整个海洋生态系统将如何运行。海洋中浮游植物和海藻等每年能够消耗约25亿吨的二氧化碳进行光合作用。然而,随着工业化进程的推进、人类活动的不断破坏,海洋中浮游植物和海藻面临着越来越大的威胁,甚至面临灭绝的危险,整个海洋生态系统和人类的生存也将遭受巨大影响。由此可见,海藻和浮游植物的光合作用对于海洋生态系统的平衡和人类的生存都具有着重要的意义。

17. 那海藻和浮游植物是在海洋中有什么作用?

海藻顾名思义就是海产藻类,是指生活在海洋里的不开花植物。海藻是当今世界上生物量最大、最古老的植物之一。海藻种类繁多,像蓝藻、硅藻、甲藻、金藻和部分单细胞的绿藻,它们很多都是海洋动物的食物,对海洋动物的繁衍具有重要作用。在中国,有经济价值的海藻大约100余种,譬如海麻线、裙带菜、海带、紫菜等。

别看海藻貌不惊人,却有着非凡的价值。海藻能进行光合作用,可以提供陆地生物和海洋生物都赖以生存的氧气。海藻也能将光能以有机物质的形式转化为化学能,并最终变成其他海洋生物的食物。有些海藻还具有耐盐碱、温度和压力等极端环境的卓越生存能力。海藻还具备净化水质的能力,同时也是海洋生物栖息、产卵与觅食的地方。总之,海藻对整个海洋生态环境的平衡、稳定及资源保育起着极其重要的作用。

不只海洋中的鱼、虾、贝等生物靠海藻提供的有机物和氧气而生存,人类的生存同样离不开海藻。海藻营养丰富、口感极佳，又有保健功效，所以海藻享有"海洋蔬菜"和"长寿菜"的美誉，是当今世界备受推崇的食疗佳品。我们的牙膏、海藻面膜、果冻、冰激凌、果汁等大量生活用品都与海藻有着千丝万缕的关系。

不仅如此，海藻还能帮助调节海洋环境中的物理化学参数。例如，在海洋污染事件中，海藻能够吸收大量重金属离子和有机污染物，将它们转化为可吸收、可分解的物质。此外，海藻还能够防止水流冲刷海底，保持海岸线的稳定，降低海浪的冲击力，减少海浪对海岸线的侵蚀。总之，海藻作为海洋生态系统中的重要环节，通过自身的光合作用和其他机制，起着不可替代的作用。因此，在人们保护海洋生态系统的同时，应该充分重视海藻的保护和生态价值，共同营造清洁、健康的海洋环境。

浮游植物（植物漂流者）是呈植物状（奇形怪状）的单细胞水生微生物，栖息于海洋和淡水有阳光照射的上层，非常多样化，从植物状藻类到球石藻，最重要的类群包括硅藻、蓝藻和甲藻。绝大部分物种都小到用肉眼无法看见其个体。

浮游植物约占全球植物生物量的百分之一，但是它们小小的身躯吸收转化了全球近五成的二氧化碳，并将其转化为葡萄糖、脂肪、蛋白质和其他有机分子，进而滋养了海洋的食物链。

浮游植物光合作用效率超级高，硅藻、甲藻（可以形成蓝色荧光海）、颗石藻等某些浮游植物因其突出的光合作用能力崭露头角。近期，专家研究得出这三类浮游植物具有一个独特特征：它们的叶绿体周围有一层额外的内膜，该膜携带着"质子泵"酶（质子泵是指生物膜上逆膜两侧氢离子电化学势差主动运输氢离子的蛋白质），其可增强将二氧化碳转化为其他物质的能力，有助于其产生氧气和"固碳（锁定在有机化合物中）"。

海洋中的光合作用是海洋生态系统和人类生存的重要基础。随着人们过度捕捞、海洋污染、气候变化等因素的加剧，海洋生态系统变得脆弱，从而影响到光合作用生物的生存和繁殖。如果这些问题得不到有效的解决，海洋中的光合作用生物将面临灭绝的危险，从而对整个海洋生态系统和人类的生存都将会造成严重的影响。

因此，保护海洋生态系统和光合作用生物是非常重要的。我们需要采取有效的措施，减少过度捕捞和控制海洋污染，同时加强气候变化的应对措施，以保护海洋生态系统的平衡和稳定。只有这样，我们才能够保证海洋中的光合作用生物

能够继续为我们提供能量和食物来源，同时减缓全球气候恶化的速度，保护地球的环境和生态系统。

18. 为什么说海洋是"生命的摇篮"呢？

对于"摇篮"一词大家应该不会陌生，其包含两个含义，一指婴儿的卧具；二指某些事物的发源地，不管哪一种都具有抚育生命的功能。

那为什么说海洋是"生命的摇篮"？当我们提起海洋和地球生命的关系时，科学家们会提到"化学起源说"和"原始海洋"。其中"化学起源说"是被广大学者普遍接受的"生命起源假说"。

"化学起源说"认为，地球从形成到现在大约有46亿年的历史。早期的地球是炽热的球体，地球上的一切元素都呈气体状态，那时谈不到生命的诞生。后来随着地球的慢慢冷却，才逐渐为生命的诞生提供了一定的条件，原始大气的主要成分是氨、氢、甲烷、水蒸气。水是原始大气的主要成分，当时由于大气中没有氧气，而高空中也没有臭氧层阻挡，不能吸收太阳辐射的紫外线，所以紫外线能直射到地球表面，在紫外线、天空放电、火山爆发所放出的能量，宇宙间的宇宙射线，以及陨星穿过大气层时所引起的冲击波等这些能量作用下，空气中的无机物经过复杂的化学变化转化形成了一些有机小分子物质，后来随着地球的慢慢冷却，这些有机小分子物质随倾盆大雨从天而降，汇入原始海洋。在原始海洋中，这些有机小分子经过上万年长期累积并相互作用，形成了大量比较复杂的有机大分子物质，如原始的蛋白质、核酸等。这些物质并逐渐形成了与海水分离的原始界膜，构成了相对独立的体系。而且原始海洋的盐分是相对较低，这就为生命的诞生提供了一个非常有利的孕育环境。所以经过漫长的岁月，海洋拥有相对稳定的温度和压力环境，还有丰富的碳、氢、氧、氮等元素，一旦如原始的蛋白质、核酸等物质拥有了个体增殖和新陈代谢，也就意味生命的诞生，所以原始海洋是生命的"诞生摇篮"。

海洋为地球带来了大量的氧气、丰富的生物、矿产和药物资源，同时海洋还是地球的天然净化器和天然调节器。

在地球早期，地球上并没有氧气，所以，早期地球上的生命，基本都是厌氧生物。后来，蓝藻出现在海洋中，这种植物繁殖速度惊人，而且通过光合作用，为地球源源不断地制造了大量的氧气，后来，蓝藻还从海洋蔓延到陆地上，让地球原本光秃秃的地表覆盖了一片绿色,所以,当氧气充足才有了地球上的生物大爆发,也才有了人类的出现。

我们都知道陆地上的生物很多,不过海洋生物的数量要比我们想象中的还要惊人,而且如今在海洋中,还有 90% 的深海没有被人类所探索,很多科学家都表示,其中会有更多的未知海洋生物。

此外,海洋生物为人类提供了丰富的蛋白质,也为人类带来了丰富的水产、矿产资源。我们都知道,人类至今使用的一直都是传统资源,比方说煤炭、石油等。不过,并不是只有陆地上才有矿产资源,在海洋中同样也蕴藏着大量的矿产资源,而且数量远超过陆地上的矿产资源。更为重要的是,如今科学家一直在研发的可控核聚变,主要原料就是海水,要知道,海水是取之不竭的,而且它非常环保。

根据科学家的统计,在海洋中,至少有 20 万种生物和 2.5 万种植物,这还是我们在 10% 的海洋面积中找到的,可想而知,海洋中海洋生物种类繁多,而且很多海洋生物都是珍贵的天然海药,对人类有着极大的贡献和帮助。

我们都知道,人类活动让地球遭受更多有毒的物质所污染,而海洋则可以为地球净化大部分的有毒物质,让地球变得干净的时刻到了。不过,并不是所有的有毒物质和人造物会被海洋所降解的,而且海洋也拥有自己的承载力和自净力。如今,海洋垃圾已经为人类敲响了警钟,人类需要去保护海洋了。

海洋对于地球的气候环境调节功不可没,海洋不仅是地球水循环的源头,而且人类 70% 的氧气也都是由海洋提供的,同时,地球上的昼夜温差不明显,也与海洋有关,假如有一天地球海洋不存在了,地球上的一切也都会跟着消失。

海洋不但为原始生命的生产和发展提供了必要的条件,而且也为生物体的生活提供保障。所以海洋是"生命的摇篮"这一说法非常准确。

参考文献

[1] 潘业兴,王帅. 植物生理学 [M]. 延边:延边大学出版社,2016.

[2] 杨青松,廖伟彪,穆俊祥. 植物生物学理论及新进展研究 [M]. 北京:中国水利水电出版社,2015.

[3] 崔晓芳. 生物化学 [M]. 昆明:云南科技出版社,2013.

[4] 杨树珍. 生命起源又有新说——话说"胶体摇篮"的实践意义 [J]. 海洋世界,1995(5):16-17.

[5] 侍茂崇,高郭平,鲍献文. 海洋调查方法 [M]. 北京:华夏出版社,2016.

[6] 沈婷婷. 居住在海洋中的光合生物:海藻 [J]. 海洋世界,2013(6):38-41.

第3讲

海水淡化技术

1. 我国淡水资源储量如何？

人们常说的水资源就是指陆地上的淡水资源。它主要由高山积雪、冰川、江河湖泊的水以及地下水等几部分组成。可以说没有水，就没有生命。地球上只有3%的水是淡水，所有陆地生命归根结底都依赖于淡水，它决定着地球上生命的分布，水蒸气从海面升起，被风挟带到内陆，随着海拔的提高，汇聚成云层，形成降雨，这也是淡水基本来源之一。

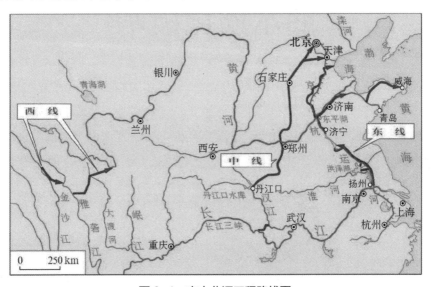

图 3-1 南水北调工程路线图

我国淡水资源总量为 2.8 万亿立方米，居世界第六位，但人均水量只相当于世界人均占有量的 1/4，居世界第 109 位。我国是严重的缺水大国，且水资源的分布不均衡。在全国总量中，耕地约占 36%、人口约占 54% 的南方，水资源却占 81%，而耕地占 45%、人口占 38% 的北方七省市，水资源仅占 9.7%。我国著名的"南水北调工程"是一项战略性工程，主要解决我国北方地区的水资源短缺问题。工程共有东线、中线和西线三条调水线路 (图 3-1)，将东、中、西三条线路与黄河、淮河、长江和海河四大江河构成"四横三纵"的主体布局，有利于实现我国水资源的合理配置。南水北调工程自 2014 年全面建成通水以来，南水已成为京津等 40 多座大中城市 280 多个县市区超过 1.4 亿人的主力水源。截至2022 年 5 月 13 日，"南水北调"东线和中线工程累计调水量达到 531 亿立方米。

其中，为沿线 50 多条河流实施生态补水 85 亿立方米，为受水区压减地下水超采量 50 多亿立方米。

2. 为什么要进行海水淡化？

我们日常饮用的淡水标准是 1 千克水中含盐量不能超过 0.5 克。而 1 千克海水中含有 35 克的盐，难怪海水又苦又涩，不适合直接饮用。

海水淡化是通过海水脱盐来生产淡水，可实现水资源的充分利用，增加淡水总量，且不受地域和气候的影响，保障居民饮用水和工业用水的稳定供给。

关于海水淡化，我国早在 2000 多年前就有记载。在《山海经》和东汉时孔融的《同岁论》中都提到"弊箄淡卤"现象，是讲古时候人们就发现用来蒸饭的竹垫子，经过长期使用后形成一层膜具有吸附和离子交换功能，可以吸附盐分，"能淡盐味"。宋人还记载了具有淡化海水功能的"海井"器物。西方国家也有海水淡化的相关记载，在公元前 300 多年，古希腊的哲学家亚里士多德就提出将盐溶液的蒸气冷凝所得到的水是可以饮用的。16 世纪，欧洲探险家在漫长的航海旅行中，就通过煮沸海水来获取淡水。

最早的海水淡化技术是将海水加热产生水蒸气，冷却凝结得到纯水开始的。随着淡水资源短缺的形势日趋严峻，为了保证我国经济的可持续发展，解决淡水资源缺乏问题已刻不容缓，海水淡化作为一种获取淡水资源的重要手段也越来越受到重视。

3. 海水淡化的技术有哪些？

目前海水淡化技术有 20 余种，主要包括反渗透膜法、电渗析法、低多效蒸馏法、多级闪急蒸馏法（简称多级闪蒸法）、水电联产、压汽蒸馏、热膜联产等，还包括利用太阳能、风能等新能源的海水淡化技术，以及超滤、纳滤、微滤等预处理和后处理工艺。

从大的分类来看，主要分为：热法海水淡化和膜法海水淡化两大类，目前主要以低多效蒸馏法、多级闪蒸法和反渗透膜法为主流技术。这三种方法各有千秋，如低多效蒸馏法具有海水预处理要求低、淡化水品质高和节能等优点；多级闪蒸法具有运行可靠、装置产量大和技术成熟等优点，但能耗偏高；反渗透膜法

具有投资低、能耗低等优点，但对海水预处理要求较高。当然，正向渗透、碳纳米管、仿生学等方法也将成为未来海水淡化的研究热门技术。至于哪一种最节能，会被最广泛应用，我们拭目以待。

热法海水淡化也称为蒸馏法海水淡化，是通过加热海水使之沸腾汽化，再把蒸气冷凝成淡水的方法。蒸馏法过程的原理类似于海水受热会蒸发形成云，且云遇冷会形成雨，而且雨是没有咸味的。根据所用的设备、能源和流程不同，蒸馏法海水淡化可以分为设备蒸馏法、蒸气压缩蒸馏法、多级闪急蒸馏法等。蒸馏法海水淡化是最早投入工业化应用的淡化技术，特点是即使在污染严重、高生物活性的海水环境中也适用，产水纯度高。

海水淡化需要消耗热能或电能，如反渗透法和电渗析法需要充足的电能才能进行海水淡化，而蒸馏法主要消耗热能。所以反渗透和电渗析法适合有电源场合的海水淡化，而蒸馏法可利用工厂的低品位热，具有对原料水质要求低、生产能力大等突出优点，成为目前海水淡化的主要技术之一。

4. 风能可以用来淡化海水吗？

风能是一种清洁、安全、可再生的绿色能源，具有不污染环境，不破坏生态等优点，具有良好的环保效益和生态效益，对人类社会的可持续发展具有重要意义。海上的风力资源丰富，若不加以利用，实在可惜。那么风可以淡化海水吗？科学家经过长期的实验后，给了我们答案，那就是"风能可以淡化海水"。我们可以利用风来发电，再用电来淡化海水。风力发电是利用风力带动风车叶片旋转，再通过增速机将旋转的速度提升，来促使发电机发电。风力发电正在世界上形成一股热潮，因为风力发电具有不需要燃料、无辐射、无污染等优势。从经济角度分析，风速大于每秒4米才适于发电。据测定，一台55千瓦的风力发电机组，当风速为每秒9.5米时，机组的输出功率为55千瓦；风速每秒6米时，只有16千瓦；而风速每秒5米时，仅为9.5千瓦。可见风力越大，经济效益也越大。利用风力所发的电，再通过电渗析、反渗透等方法来进行海水淡化，为人们提供生产和生活所需的淡水，这对于缺乏电能动力的海岛、船舶和海上钻井平台等尤为适合。

5. "植物海水淡化器"是谁呢?

说到海水净化器,大多数人都会想到人类的发明。今天我们说的是一种植物——红树,它是一种主要生长在中美洲和北美南部温度较高地区的植物,在中国南部沿海地区也有许多地方生长。为什么红树会被植物学家称为"植物海水淡化器"呢? 事实证明,红树具有很强的净化海水功能,尤其是在吸收海水中的盐分时,它具有奇特的功能,就像天然的海水脱盐器。红树能将海水中的盐输送到叶子上,淡水保留下来。红树的树干就像天然海水淡化器。一棵25米高的深褐色红树,每天能从叶子上收集到60千克氯化钠。

6. 什么是反渗透法?

反渗透法,又称超过滤法,是1953年才开始采用的膜分离淡化法。该方法使用半透膜,只允许溶剂透过而不允许溶质透过,从而将海水与淡水分开。一般情况下,淡水通过半透膜扩散到海水一侧,使海水一侧的液位逐渐升高,直到达到一定高度,这个过程是渗透(图3-2a)。此时,海水一侧的水柱静压称为渗透压。在一定的渗透压作用时,渗透平衡如图3-2b所示。如果对海水一侧施加一个大于海水渗透压的外部压力,则海水中的纯水将反渗透到淡水中(图3-2c)。这就是反渗透法进行海水淡化的原理。

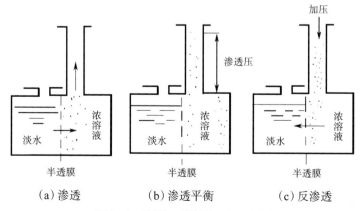

图 3-2　渗透、反渗透原理示意图

　　为了解决淡水资源短缺的问题，我国从 20 世纪 60 年代开始采用反渗透法淡化海水。20 世纪 70 年代，中国开始研发反渗透膜组件中空纤维，20 世纪 80 年代开始进行反渗透复合材料膜的开发和研究并将成果逐渐投入市场。到了 21 世纪，反渗透海水淡化处理工艺逐渐开始市场化和工业化。使用反渗透法最大的优点是技术发展快、节能、工程成本和运营成本持续降低。利用以风能和太阳能为动力的反渗透海水淡化装置是解决无电和传统能源短缺地区人们生活用水问题的经济又可靠的途径。

7. 为什么反渗透淡化法是最有前途的海水淡化技术?

　　自从 1953 年出现反渗透淡化法以来，反渗透淡化法的海水淡化工艺发展非常快。目前全球主要海水淡化技术的应用情况见图 3-3，其中反渗透技术占 69%，应用最为普遍。京津冀地区不仅是我国海水淡化技术应用与发展的先进区域之一，也是该领域创新驱动发展最集中的地区之一。2020 年底，全国有 135 个海水淡化工程，总规模 165.11 万立方米 / 天，新建成的 14 个总规模为 6.485 万立方米 / 天的海水淡化工程均采用反渗透技术，其中规模最大的是烟台南山铝业海水淡化工程，达 3.3 万立方米 / 天。

　　此外，唐维等人为解决长岛等有人居住岛屿用水高峰期供需矛盾，经综合研究海岛上电力、热源等公共条件，确定采用以反渗透（RO）技术为核心的海水淡化工艺建设海水淡化站。其研究中介绍了反渗透海水淡化技术在长岛 8 个岛、9 处海水淡化站的应用情况。该项目根据不同的海岛条件采用了不同的取水方式和预处理方案，主处理工艺采用二级砂滤 + 一级反渗透 + 二级反渗透 + 矿化的组合工艺 (图 3-4)，消毒采用现场制备次氯酸钠和管式紫外线方式，总制水量可达 5200 吨 / 天，出水水质符合生活饮用水卫生标准 (GB 5749—2006)。该项目于 2019 年 7 月开工建设，同年 12 月竣工，2020 年 6 月通过验收并投入使用。采用等压正位移式能量回收装置，总体节能率可达 60%，产水耗电量为 4.60 千瓦·时 / 吨，总计产水成本为 6.075 元 / 吨。截至目前，该项目在运行时间内，出水效果稳定，可为北方海岛小规模海水淡化建设项目提供借鉴。

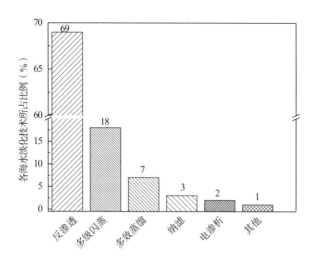

图 3-3　全球主要海水淡化技术的应用情况

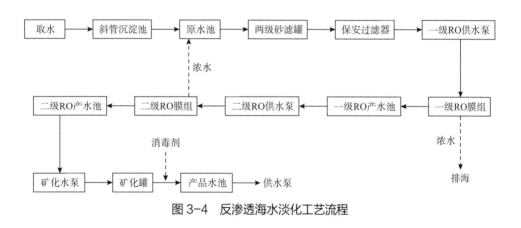

图 3-4　反渗透海水淡化工艺流程

8.什么是多效蒸馏淡化技术?

多效蒸馏（Multiple Effect Distillation，MED）是由多个蒸发冷凝单元串联组成，其中蒸气在传热管一侧冷凝生成淡水，同时释放的热量使传热管另一侧的海水蒸发生成二次蒸气，并进入下一单元重复对海水进行上述蒸发冷凝的过程。多效蒸馏法具有传热系数高，所需的传热面积少；对水质要求低，尤其在水温低和水质比较差的地方，如中国北方沿海地区，具有操作弹性大、热利用效率高等优点。缺点是需要消耗一定量的蒸气，设备的结构比较复杂。

低温多效蒸馏是蒸馏法中最节能的方法之一。低温多效海水淡化是指盐水的最高蒸发温度低于70℃的蒸馏淡化技术，其特点是将一系列水平管喷雾降膜蒸发器串联起来，用一定量的蒸气输入有效，后面效果的蒸发温度低于前效，然后通过多次蒸发冷凝，使蒸馏水的淡化过程是蒸气量的多倍。冯涛等人通过分析低温多效实验装置的工艺特点，设计开发了一套控制操作安全可靠的电控系统（图3-5），在降低实验人员操作量的同时也提高了设备的自动化控制水平。

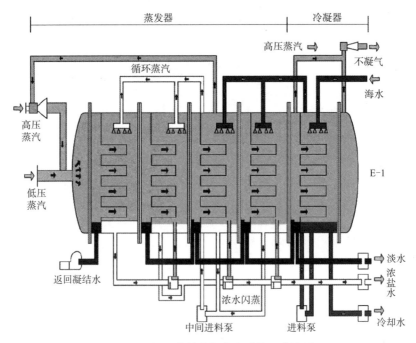

图3-5 低温多效蒸馏海水淡化工艺流程

9. 什么是多级闪急蒸馏技术？

多级闪急蒸馏法是海水淡化技术中应用最为普及的一种方法，约占海水淡化总量的70%。我们知道，水的沸点是100℃，但这是在一个大气压的条件下。如果压力变小，水的沸点也会变低，这就好比在青藏高原上面烧水，水虽然烧开了，但水温低于100℃。根据这个原理，有人设计了一种装置，将压力一个比一个低的蒸发室连接起来。当高温海水穿过它们时，会有瞬间蒸发的效果。蒸发室越多，瞬间蒸发次数越多，蒸发效率越高。人们称这种蒸馏法为"多级闪急蒸馏法"（图3-6、图3-7）。

图 3-6　多级闪急蒸馏淡化示意图

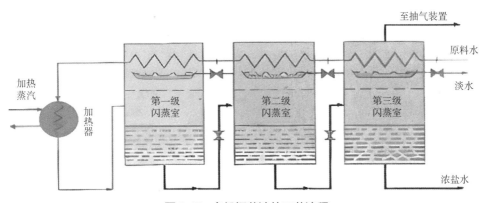

图 3-7　多级闪蒸法的工艺流程

　　多级闪急蒸馏法具有设备简单、操作方便、结垢危害小等优点，且不需要高压蒸气为热源，适用于与热电厂相结合的大型海水淡化工厂。缺点是海水循环量大，生产 1 吨淡水需要循环 12～14 吨海水，因此泵的动力消耗大。

　　此外，国家海洋局天津海水淡化与综合利用研究所邢玉雷等人公开了一项多效膜蒸馏—多级闪蒸海水淡化技术（图 3-8），有望实现能量的梯级利用与料液的双程浓缩，有效地回收汽化潜热并提高了系统热效率、造水比和浓缩比。

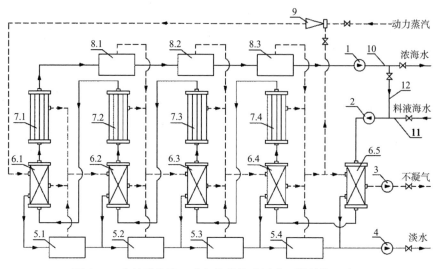

图3-8　多效膜蒸馏－多级闪蒸海水淡化系统结构示意图

1—浓水排放泵；2—料液循环泵；3—真空泵；4—产品水泵；5.1～5.4—淡水闪蒸罐；
6.1～6.5—换热组件；7.1～7.4—膜组件；8.1～8.3—浓水闪蒸罐；9—蒸汽喷射泵；
10—浓海水排放管；11—进料液海水管；12—浓水循环管

10. 什么是露点蒸发淡化技术?

露点蒸发淡化技术是一种新型的苦咸水和海水淡化方法。该技术以空气为载体，用海水或苦咸水加湿去湿，结合热传递，使冷凝潜热直接传递到蒸发室，为蒸发盐水提供汽化潜热，提高工艺热效率 (图3-9)。

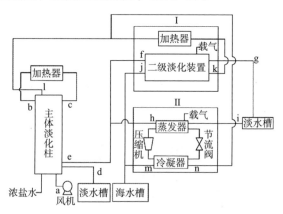

图3-9　露点蒸发海水淡化系统示意图

11. 什么是冷冻法？

冷冻结晶是溶液从液相变成固相的相变分离过程，在冷冻过程中随着冰晶的生长，杂质会被浓缩在未冻结的溶液中，冷冻法海水淡化正是利用这一原理把海水中的盐分"排挤"出去进而获得纯净的淡水。

传统冷冻法海水淡化分为直接接触法、真空冷冻法(真空冷冻蒸气压缩法、真空冷冻蒸气吸收法)和间接冷冻法。直接接触法不仅耗能，所得淡水味道也不佳，难以使用。传统方法中，真空冷冻法海水淡化成本低，是目前处理海水较理想的方法，所制得的水可达到国家饮用水标准，是一种较理想的海水淡化法(图3-10)。

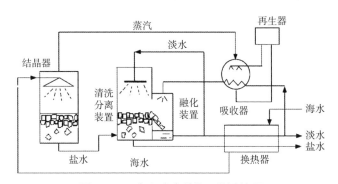

图3-10 真空冷冻蒸汽吸收法流程

12. 什么是电渗析淡化法？

海水中含有的盐大部分是食盐，化学名称叫氯化钠。氯化钠在水中以钠离子和氯离子的状态存在。如果外加一个电场，海水中的正、负离子就会分别向阴、阳极移动。如果在水体中分别放入只允许钠离子通过和只允许氯离子通过的两张特制膜，那么在两张膜中间部分的海水中的盐分就会越来越少，出来的水就是淡水。这种特制的膜叫作离子交换膜。电渗析淡化法就是利用离子交换膜进行海水淡化的(图3-11)。离子交换膜可以分为只允许阳离子通过的阳离子交换膜和只允许阴离子通过的阴离子交换膜(简称阳膜和阴膜)。在外加电场的作用下，水溶液中的阴、阳离子会分别向阳极和阴极移动，如果在中间加上一种交换膜，就可以达到分离浓缩的目的。电渗析淡化法的特点是不需要消耗化学药品，设备简

单，操作方便。

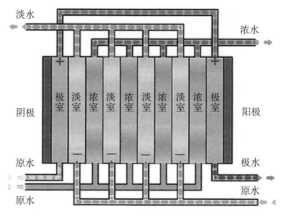

图 3-11　多层膜电渗析法工作原理图

13. 什么是太阳能海水淡化?

　　人类早期的太阳能海水淡化主要是利用太阳能进行蒸馏，所以通常称为太阳能蒸馏器 (图 3-12)。1872 年，智利制造了世界上第一个太阳能海水蒸馏器，利用太阳能进行海水淡化可日产淡水约 18 吨。太阳能海水淡化技术因其具有不消耗常规能源、无污染、淡水纯度高等优点，逐渐受到人们的重视。

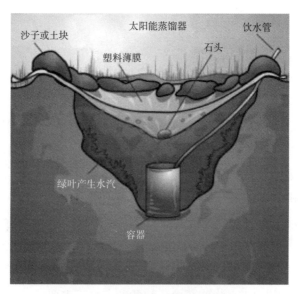

图 3-12　太阳能海水蒸馏器示意图

14. 什么是压汽蒸馏?

压汽蒸馏海水淡化技术是在海水预热后进入蒸发器,在蒸发器中部分蒸发。通过压缩机对所产生的二次蒸气进行压缩,提高压力后将其引入蒸发器的加热侧。蒸气冷凝后作为产品水排出,实现热能的回收利用。由于海水淡化过程会消耗大量的能源,采用低热源温度驱动的海水淡化技术,将是未来海水淡化的发展方向。我国董景明等人设计了一种可利用低温热源驱动的低温蒸气喷射器应用于热力压缩海水淡化系统中,其原理图如图 3-13 所示。

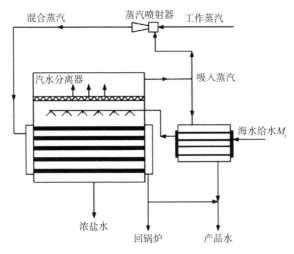

图 3-13　热力压缩海水淡化系统原理图

15. 什么是水电联产?

水电联产主要是指海水淡化和电力联产联供。由于海水淡化成本主要取决于电力消耗和蒸气的成本,水电联产可以利用电厂的蒸气和电力为海水淡化装置提供动力,实现能源的高效利用,降低海水淡化成本。目前,大部分的大型海水淡化工程采用将海水淡化厂和发电厂建在一起的建设模式(图 3-14)。

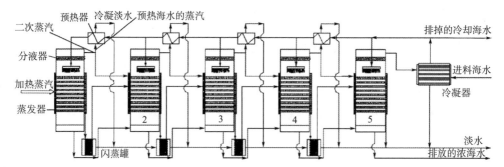

图 3-14　水电联产低温多效蒸发海水淡化系统流程示意图

参考文献

[1] 秦殿启. 论智慧图书馆时代情报语言的发展趋势 [J]. 情报杂志，2021,40(5): 100-103,124.

[2] 赵媛. 海水淡化刻不容缓 [J]. 地球，2013,211(11):82-85.

[3] 李扬，田扬，齐进，等. 南水北调泵站工程实体问题分析判定 [J]. 水利水电技术，2021,52(S1):271-278.

[4] 紫侠. 当初南水北调工程选择露天河道，为何不采用管道运输呢？[EB/OL]. (2020-08-29) [2022-12-28]. https://www.sohu.com/na/415424006_794222.

[5] 中华人民共和国水利部南水北调工程管理司. 南水北调工程总体简介 [EB/OL]. (2021-09-01) [引用日期 2022-12-28].http://nsbd.mwr.gov.cn/zw/gcgk/gczs/202109/t20210901_1542080.html.

[6] 中华人民共和国水利部南水北调工程管理司. HYPERLINK "https://baike.baidu.com/reference/500990/dfa2RcfXJES8SN9KtS4mTR6P8IBahsJTKHZ08IfZu2oYC4EG0vsQsfbHVYYG5S73ZcHMRZJrbQ8Sa0FpnvNAQWLAJw_2NMDiNRM3eB5fTGJGHlymQBY9-VM0" \t "_blank" 湖北十堰：守护水源地"高颜值"生态 [EB/OL]. (2021-09-27) [引用日期 2022-12-28]. http://nsbd.mwr.gov.cn/zx/gdxx/202109/t20210927_1545512.html.

[7] 叶晓彦. 南水北调完成"体检"恢复通水. 北京日报 [N/OL]. [2020-06-02]. https://baike.baidu.com/reference/500990/c99aB0frWAVG_M1tlHxaDG15z_1OBTe2JkeS3n3zS-3wtKz3P0FgSH1IlWew3INTnl0dRmwcXjKW_z_X-2dwhTUwu6ZjczKc5ZIwzftpMBWlew5cvytXfhT9KKloQDXX.

[8] 中国日报网. 南水北调工程累计调水超 530 亿立方米 [EB/OL]. [2022-05-15]. https://baijiahao.baidu.com/s?id=1732857638816898525&wfr=spider&for=pc.

[9] 刘宇昕. 海洋化学知多少 [M]. 北京：中国时代经济出版社，2011.

[10] 王俊鹤，李鸿瑞，周笛颐，等. 海水淡化 [M]. 北京：科学出版社，1978.

[11] 张虎山，周李锋，刘慧杰，等. 压水型核反应堆水化学工况控制与水质监测 [M]. 北京：海洋出版社，2011.

[12] 王世昌. 海水淡化工程 [M]. 北京：化学工业出版社，2003.

[13] 赵雷洪，沈波. 生活中不得不知的化学 [M]. 杭州：浙江大学出版社，2016.

[14] 孙娴霏. 主流海水淡化技术及未来发展趋势 [J]. 装备机械，2011(3):2-8.

[15] 傅泽凯，王慈云. 海水淡化技术现状及其应用探析 [J]. 中国设备工程，2023(15):259-262.

[16] 高潮. 图解当代科技 [M]. 北京：红旗出版社，1998.

[17] 张金菊. 海水淡化的重要性及其淡化方法 [J]. 山西化工，2018,178(6):94-96.

[18] 林玉鑫，张京业. 海上风电的发展现状与前景展望 [J]. 分布式能源，2023,8(2):1-10.

[19] 关庆利，谭丽菊，石晓勇. 海洋小百科全书 [M]. 广州：中山大学出版社，2012.

[20] 王春笋，张安文. 风力发电蓬勃发展拉动稀土磁体需求 [J]. 稀土信息，2021(7):6-10.

[21] 仲晓华. 新形势下反渗透法进行海水淡化工艺分析 [J]. 化工管理，2015(33):166-167.

[22] 王立新，郭颜威，王秀明. 苦咸水淡化处理方法探讨 [J]. 安全与环境工程，2006(1):66-69.

[23] 孙珊，金晓杰，于潇潇，等. 海水淡化发展利用状况分析与启示 [J]. 工业水处理，2022,42(2):45-50.

[24] 自然资源部. 2020 年全国海水利用报告 [R]. 北京：自然资源部，2021.

[25] 刘淑静，张拂坤，王静，等. 京津冀海水淡化协同创新现状及发展研究 [J]. 环境科学与管理，2020,45(4):50-52.

[26] 唐维，王立军. 反渗透海水淡化技术在北方海岛的应用实例 [J]. 工业水处理，2022,42(10):176-181.

[27] 国家市场监督管理总局，国家标准化管理委员会. 多效蒸馏海水淡化系统设

计指南: GB/T 39222-2020[S]. 北京：全国节水标准化技术委员会.

[28] 赵媛. 海水淡化刻不容缓 [J]. 地球，2013(11):82-85.

[29] 冯涛，李楠，王可宁，等. 低温多效蒸馏海水淡化控制系统的设计与实现 [J]. 盐科学与化工，2022,51(3):8-11.

[30] 张胜梅. 海水淡化技术的分类及成本分析 [J]. 中国资源综合利用，2022,40 (6):57-59.

[31] 张正斌. 海洋化学 [M]. 青岛：中国海洋大学出版社，2004.

[32] 邢玉雷，齐春华，徐克，等. 多效膜蒸馏－多级闪蒸海水淡化系统 [P]. 中国：CN103387308B,2014-10-01.

[33] 王宇辰，江斌. 热泵辅助的露点蒸发海水淡化装置初步研究 [J]. 合肥工业大学学报（自然科学版），2022,45(3):315-319.

[34] 张岩，赵同国，任方云，等. 冷冻法海水淡化技术研究进展 [J]. 水处理技术，2022,48(5):7-11.

[35] 江克忠，王玉川，胡钰，等. 冷冻法海水淡化技术进展 [J]. 工业水处理，2015,35(5):15-18.

[36] 曹媛，李瑛，贾红程，等. 传统脱盐方法及新型 DSSMB 脱盐技术 [J]. 精细石油化工进展，2020,21(6):28-32.

[37] 汪丽. 中国海洋资源 [M]. 长春：吉林出版集团有限责任公司，2012.

[38] 庞名立，崔傲蕾. 能源百科简明辞典 [M]. 北京：中国石化出版社，2009.

[39] 董景明，王威宁，郭阳，等. 热力压缩海水淡化系统中低温蒸气喷射器的实验研究 [J]. 科学技术与工程，2018,18(16):22-25.

[40] 刘晓华，沈胜强，罗建松，等. 水电联产低温多效蒸发海水淡化系统优化研究 [J]. 大连理工大学学报，2012,52(4):492-496.

第4讲

海洋化学资源

1. 什么是海洋化学资源?

众所周知,海洋是一个资源丰富的大宝库,但你知道海洋中到底有哪些宝藏吗?除了肉眼能见到的鱼、虾等生命物质,海水里还有大量的非生命物质,看不见,但却溶解在海水里并有非常高的经济价值。你知道吗?地球表面海水占地球总水量的97%,它的总储量为13.18亿立方千米。海水里有大量的盐类,每立方千米的海水溶解了3500万吨无机盐类物质,其中包括1900万吨氯、1050万吨钠、135万吨镁、88.5万吨硫、40万吨钙、38万吨钾、6.5万吨溴、2.8万吨碳、0.8万吨银、0.46万吨硼,以及铟、锌、铁、铅、铝、锂、铷、磷、碘、钡等。它们主要是以化合物的状态存在,如氯化钠、氯化镁、硫酸钙等。其中氯化钠约占海洋盐类总质量的80%。如此多的化学资源和众多物质一起组成了富饶的海洋化学资源。

2. 甲壳素从哪里来?

法国学者布拉克诺(Braconno)在1811年首先发现了甲壳素(Chitin)。1823年,法国科学家欧吉尔(Odier)从甲壳动物外壳中提取到甲壳素。甲壳素又称几丁质、甲壳质,化学式为 $(C_8H_{13}NO_5)_n$。它是一种淡米黄色至白色无定形物质,无臭、无味,它不溶于水、乙醇,但溶于部分酸、碱及有机溶剂,比如浓盐酸、磷酸、硫酸和乙酸。自然界中,它广泛存在于低等植物菌类,真菌的细胞壁,虾、蟹、昆虫等甲壳动物的外壳等中。它是一种从海洋甲壳类动物的壳中提取出来的多糖物质。

甲壳素的化学结构(图4-1)和植物纤维素十分接近,它们都是六碳糖的多聚体,分子量一般都超过100万。葡萄糖是纤维素的基本单位,由300~2500个葡萄糖残基通过 β-1,4糖甙链连接而成的聚合物。乙酰葡萄糖胺是几丁质的基本单位,它是由1000~3000个乙酰葡萄糖胺残基通过1,4糖甙链相互连接而成的聚合物。甲壳素是一种分子量超过100万的高分子量聚合物。分子量越高,吸附能力越强,因而甲壳素在工业和环境保护领域应用较广。

甲壳素经过脱乙酰基成为壳聚糖。由于甲壳素的溶解性比较特殊,因而难以被人类身体所吸收利用。经研究表明,甲壳素经脱乙酰基后,其溶解性增大,从而易被人体所吸收。当甲壳素的 *N-* 乙酰基脱去 55% 以上时，其产物则称为壳聚糖。

甲壳素在各类动植物中的分布情况：

（1）节肢动物主要是甲壳纲，如虾、蟹等，含甲壳素 58%～85%；另外还有昆虫纲，如蝗虫、蝴蝶、蚊子、苍蝇、蚕等蛹壳中含甲壳素 20%～60%；多足纲，如马陆、蜈蚣等；蛛形纲，如蜘蛛、蝎子、蜱、螨等，甲壳素含量高达 4%～22%。

（2）环节动物包括原环虫纲，如角窝虫；毛足纲，如沙蚕、蚯蚓；蛭纲，如蚂蟥等，有的生物含甲壳素很少，有的生物含甲壳素高达 20%～38%。

（3）腔肠动物包括水螅虫纲，如中水螅、简螅等；钵水母纲，如海月水母、海蜇、霞水母等；珊瑚虫纲，一般含有很少的甲壳素，但有些可以达到 3%～30%。

（4）软体动物主要包括双神经纲，如石鳖；腹足纲，如鲍鱼、蜗牛；掘足纲，如角贝；瓣鳃纲，如牡蛎、乌贼、鹦鹉等；软体动物的甲壳素含量一般为 3%～26%。

（5）原生动物简称原虫，是单细胞动物，包括鞭毛虫纲，如锥体虫；肉足虫纲，如变形虫；孢子虫纲，如疟原虫；纤毛虫纲，如草履虫，其含甲壳素较少。

（6）海藻以绿藻为主，甲壳素的含量较少。

（7）真菌包括子囊菌、担子菌、藻类菌等，甲壳素的含量在微量到 45% 之间，只有少数真菌不含甲壳素。

（8）甲壳素还存在于其他动物的关节、蹄和足的坚硬部分，以及动物肌肉和骨骼的接合处。此外，植物中还发现了低聚甲壳素或壳聚糖。一种情况是当植物细胞壁受到病原体侵袭时，一些细胞壁中的多糖降解为具有生物活性的寡糖，包括甲壳六糖。典型的例子是树干受伤后在伤口愈合处发现甲壳六糖。另一种情况是根瘤菌产生的脂寡糖也是甲壳四糖、甲壳五糖和甲壳六糖。

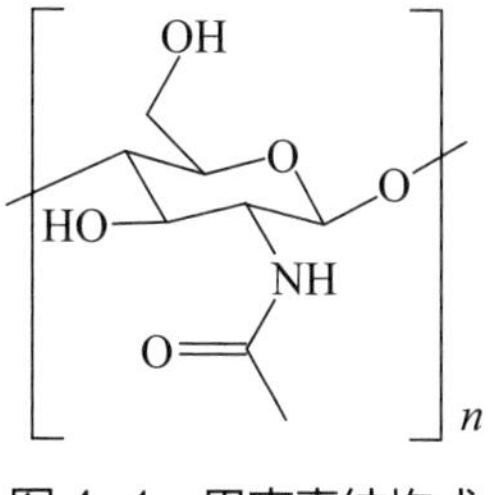

图 4-1　甲壳素结构式

3. 甲壳素有何妙用？

甲壳素应用广泛，可以做鱼类饲料，亦可制成化妆品美容剂、头发保护剂、保湿剂，在工业、食品、农业、医学上均可见甲壳素的芳踪。

（1）工业。统甲壳素在工业上有许多不同的用途，可用于布料、衣服、染料、造纸和水处理等，作为食品添加剂用于稳定食品和药品状态，也是可作为纺织品防霉除臭剂，经过处理后可附着在纺织纤维上，也是提高纺织品附加值的方法之一，用于制造内衣、袜子和家用特殊功能纺织品。还可以制作医用手术服、烧伤伤口敷料或深加工用于治疗大面积烧伤的人造皮肤。

（2）食品。由于壳聚糖是一种阳离子天然聚合物，对微生物、细菌、霉菌等具有良好的抑制作用，因而可用于食品保鲜、食品包装。由于它无毒、无污染且具有保鲜效果，将壳聚糖制成溶液，喷洒在清洗或剥皮的水果上，形成的保鲜膜可以维持水果的新鲜感。

（3）农业。可用于杀虫剂和植物抗病毒剂等，能做成的复合液体肥料和固体颗粒肥料可直接增加作物的糖浓度，促进作物根系的生长，有效防治病虫害，提高作物产品的质量和产量。

（4）医学。可以用于制造隐形眼镜、缝合线、人工透析、人工皮肤和人工血管等医疗用品。甲壳素可促进人体伤口愈合，甚至成为一种单独使用的伤口愈合剂。对生物医学材料的相关应用研究发现，甲壳素具有生物相容性好、无生物毒性、价格低廉、易改性、机械强度好等优点，有利于癌细胞病变的预防和肿瘤疾病的辅助放化疗，具有抗癌、抑制癌症、肿瘤细胞转移、提高人体免疫力、护肝解毒的作用，特别适用于糖尿病、肝肾病、高血压、肥胖等疾病。甲壳素可制成甲壳素胶囊，用来改善消化吸收功能，减少脂肪和胆固醇的摄入，调节血脂，降低血压，增强免疫力，促进溃疡愈合，提高胰岛素利用率。

4. 壳聚糖是什么？

壳聚糖（chitosan）又叫几丁聚糖，是由自然界广泛存在的甲壳素经过脱乙酰作用得到的，化学名称为 β-(1,4)-2-氨基-2-脱氧-D-葡聚糖。甲壳素、壳聚糖、纤维素三者具有相近的化学结构（图4-2、图4-3），纤维素在C2位上是羟基，甲壳素、壳聚糖在 C2 位上分别被一个乙酰氨基和氨基所代替。甲壳素和壳聚糖具有生物降解性、细胞亲和性和生物效应等许多独特的性质，尤其是含有游离氨基的壳聚糖，壳聚糖为天然多糖甲壳素脱除部分乙酰基的产物，是天然多糖中唯一的碱性多糖，具有生物降解性、生物相容性、无毒性、抑菌、抗癌、降脂、增强免疫等多种生理功能。

法国科学家罗杰特于 1859 年发现几丁质溶于酸，可脱去乙酰基，首次分离出几丁聚糖。他还发现几丁聚糖具有生物降解性、细胞亲和性和生物效应等许多独特的性质，只是当时还没有正式命名。直到 1894 年，德国生物学家霍佩赛勒将脱掉乙酰基的几丁质正式命名为壳聚糖。

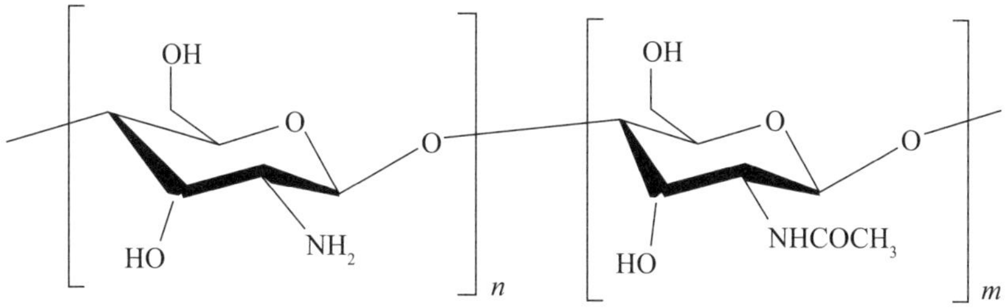

图 4-2　壳聚糖结构式

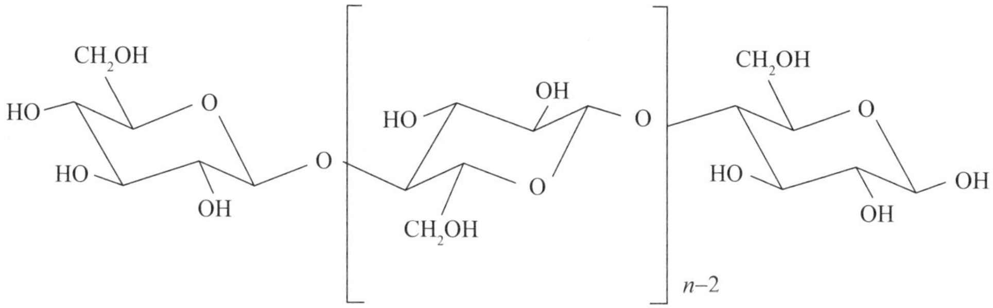

图 4-3　纤维素结构式

5. 壳聚糖的作用有多大?

壳聚糖被发现已经有一百多年，壳聚糖这种高分子的生物功能性和相容性、血液相容性、微生物降解性等优良性能被各行各业所广泛关注。

目前，许多科学家对壳聚糖及其衍生物的特殊结构、性质和用途进行大量研究，结果表明，壳聚糖及其衍生物具有成膜性、可纺性、抗凝血性，促进伤口愈合等功能，并且在食品添加剂、纺织、农业、环保、美容保健、化妆品、抗菌剂、医用纤维、医用敷料、人造组织材料、药物缓释材料、基因转导载体、生物医用领域、医用可吸收材料、组织工程载体材料、医疗以及药物开发、金属提取及回收和污水处理等众多领域和日用化学工业得到广泛的应用。同时，壳聚糖作为增稠剂、被膜剂被列入《食品安全国家标准食品添加剂使用标准》（GB 2760—2014）。现将其主要用途归纳如下。

（1）在食品工业中的应用。壳聚糖可作为食品工业中的黏合剂、保湿剂、澄清剂、填充剂、乳化剂、保鲜剂、发光剂和增稠稳定剂；作为一种功能性低聚糖，它可以降低胆固醇，提高身体的免疫力，增强身体的抗病性和抗感染的能力，因此也被用作食品工业添加剂。

（2）在日用化学方面的应用。壳聚糖具有无毒、无味、抑菌作用，如果添加到化妆品中，可提高产品的成膜性，具有保湿、抑菌的作用，又不会引起刺激过敏反应。如果将羟丙基氯化铵基团引入壳聚糖分子，壳聚糖羟丙基三甲基氯化铵可以提高壳聚糖的水合能力，能增加其吸湿、保湿功能，是化妆品保湿材料中来源丰富、性能良好的材料之一。而添加壳聚糖制成的各种洗发、护发和护肤用品，方便梳理、可使头发蓬松、手感顺滑、发色亮丽，特别是对于纤细的头发容易折断和分叉，其效果更佳。

（3）在医药行业方面的应用。在医药工业中，由壳聚糖制成的手术缝合线机械强度好，可长期存放，易于被人体内组织液降解而吸收，伤口愈合后无须拆除手术线，减少患者的痛苦。如果使用壳聚糖制成的人造皮肤，其具有柔软、舒适的特点，将其覆盖在烧伤面上能减轻患者痛苦，加速伤口愈合，促进皮肤再生。此外，壳聚糖还可用于微型胶囊的制备和疫苗的缓释，用作消炎眼膏的载体和用于制造隐形眼镜等。此外，《国家药典（第四部）》中规定，壳聚糖用于药用辅料、崩解剂、增稠剂等。

（4）在轻工业方面的应用。壳聚糖和甲壳素化学结构的可转化特性，利用壳聚糖的可溶性和成膜性功能，利用乙酸酐作为壳聚糖 - 甲壳素的转化固定剂，制成真正不含甲醛的新型甲壳素织物整理剂，这种整理剂既保留了甲壳素天然聚合物的优点，保持良好的机械强度和化学稳定性，又保证了整理剂和整理工艺无毒无害性。以甲醛和乙酸为交联剂，以壳聚糖为母体制备的壳聚糖凝胶既不溶于水、稀酸和碱溶液，也不溶于普通有机溶剂。

　　壳聚糖及其衍生物还能有效提高纸张的干湿强度，提高表面印刷能力，因而被广泛应用于印刷生产，以满足高速印刷和高黏度油墨的要求。烟草 (烟草胶) 专用壳聚糖产品可与烟草丝均匀混合，黏附在烟草丝表面，增强抗张强度、耐水性和耐破碎性，适用于现代高速卷烟机。

　　(5) 农业、畜牧业的应用。壳聚糖是植物营养增长剂——叶肥的原料。壳聚糖复合叶肥不仅能杀虫抗病，还能分解土壤中的动植物残留物和络合微量金属元素，从而转化为植物营养，促进植物健康成长；虾壳和蟹壳富含蛋白质和微量元素，动物食用吸收后，营养价值更高。

　　(6) 环保吸附方面的应用。壳聚糖及其衍生物都是具有良好的絮凝、澄清作用。利用壳聚糖的吸附性，其在净化水质方面有良好的效果。壳聚糖可与戊二醛一起制备离子交换树脂——壳聚糖交联膜，可吸附金属离子，用于工业废水处理和重金属提取。壳聚糖可以通过分子中的氨基、羟基和金属离子（Hg^+、Ni^{2+}、Pb^{2+}、Cd^{2+}、Mg^{2+}、Zn^{2+}、Cu^{2+}、Fe^{3+}）等可形成稳定的螯合物，可广泛应用于贵金属回收、工业废水处理等领域。傅明连等人以戊二醛为交联剂，采用乳化交联法制备壳聚糖 / 海藻酸钠复合凝胶，该复合凝胶对 Cu^{2+} 的吸附率最高可达99.06%，再生使用 5 次后，吸附率仍高于95%。采用壳聚糖制备高黏度可溶性壳聚糖，产品具有黏度高，质量好特性，多用于活性污泥处理，其效果良好，又由于它无毒、可生物降解，多用于金属提取和废水处理，不会造成二次污染，是一种非常有利用价值的聚合物絮凝剂和金属螯合剂。

　　相信随着科学家的深入研究，壳聚糖及其衍生物将发挥更加丰富多彩的应用，也期待您的探究哦！

6. "可燃冰"是"冰"吗?

　　"可燃冰"名字中有一个"冰"字，却可燃，是不是很不可思议呢？这种"冰"不是水冻成的，是天然气和水在高压低温的环境中形成的白色固态结晶物质，它具有多种结构，是一种非化学计量的笼形物，最典型的水合物构型有S(I)、S(II) 和 SH 三种 (图 4-4)。每单元"可燃冰"包括 8 个甲烷分子和 46 个水分子即 $CH_4 : H_2O = 1 : 5.75$，储气能力极强，其完全燃烧后的主要产物是二氧化碳和水，其污染远低于煤、石油等，且储量巨大，因此，"可燃冰"被国际公认为石油等的替代能源。由此可见，"可燃冰"可作为能源燃料可以供人类使用。

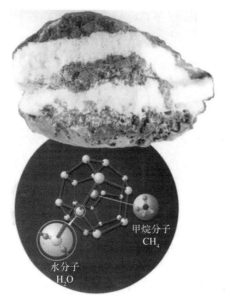

图 4-4　可燃冰结构及其燃烧情况

　　说到能源，您是否马上想到能燃烧的植物、石油、煤或天然气，感觉这和晶莹剔透的"冰"无缘。然而，自 20 世纪 60 年代以来，人们陆续在冻土带和海洋深处发现了一种可以燃烧的"冰"。这种"可燃冰"在地质上称为天然气水合物（Natural Gas Hydrate，简称 Gas Hydrate），又称"甲烷水合物""固体瓦斯"或"气冰"。

　　"可燃冰"是一种海底新矿藏。它在常温常压下分解成水与甲烷，被视为是高度压缩的固态天然气。从外表上看它像冰霜，同冰很相似，从微观上看，其分子结构就像一个一个笼子，由若干水分子组成一个笼子，每个笼子里"关"一个气体分子。目前，"可燃冰"主要分布在东、西太平洋和大西洋西部边缘，是一种极具开发潜力的新能源，但由于开采困难，大部分海底"可燃冰"至今仍原封不动地保存在海底和永久冻土层内。"可燃冰"具有很强的吸附气体的能力，一旦吸附的可燃气体多了，这种冰就会燃烧。在这种"冰"所含有的气体中，甲烷气体占多数，约为 90%，其余为乙烷、乙炔等易燃气体。可燃气体分子处于紧密的压缩状态，因而它容易变成固态。

　　所以，记住"可燃冰"不是冰，只是其外观结构看起来像冰，一遇火即可燃烧。

7. "可燃冰"是怎么形成的呢？

天然气水合物"可燃冰"的形成原理在科学界一直存在着争议。一般认为，"可燃冰"是甲烷在特定的高寒和高压条件下结晶到由水分子组成的晶体中形成的。一般天然气是海洋中的生物在地下几个地质时代产生的，而固体天然气矿是一种非因生物作用形成的天然气。它很可能是在 45 亿年前地球形成之初，在适当的条件下，保存在水团中的游离甲烷与水结合而形成的固态气体矿，其形成条件必须在海底 500～1000 米以下的岩石层中。

综上所述，"可燃冰"的形成有温度、压力和原料三个基本条件。首先，海底温度如果保持在 2～4℃，"可燃冰"在 0～10℃时产生，超过 20℃时分解。其次，当"可燃冰"处于 0℃时，只能产生 30 个大气压。在海洋深度，很容易保证 30 个大气压，气压越大，水合物分解的可能性就越小。最后，海底的有机物沉淀使丰富的碳可以通过生物转化产生足够的气源。海底的地层是多孔介质。在温度、压力和气源原料等合适的条件下，"可燃冰"晶体便会在介质间隙中产生。

经过大量的数据模型分析，到目前为止，世界上已发现的海底天然气水合物主要分布区有墨西哥湾、南美东部陆地、加勒比海、非洲西部陆地、日本海、四国海槽、日本南海海槽、白令海、鄂霍次克海、千岛海沟、冲绳海槽、苏拉威西海和新西兰北部海域、印度洋阿曼海湾、南极罗斯海和威德尔海等。

8. "可燃冰"是如何被发现的？

人类发现"可燃冰"已有近 200 年的历史。1810 年，英国科学家福利·戴维在实验室首次发现"可燃冰"。1888 年，人工合成"可燃冰"后，人们对它的研究一直没有中断。1934 年，美国的哈默·施密特（Hammer Schmidt）在北极地区开采天然气时，发现一种冰球经常堵塞导管。有趣的是，这些冰球可以用火柴点燃。1968 年，大面积的"可燃冰"在西伯利亚被苏联人发现。1972 年，美国阿拉斯加获得了"可燃冰"实物。直到 20 世纪 90 年代，人们在世界各地的陆地和海洋陆续发现了"可燃冰"。

与发达国家相比，我国对"可燃冰"的研究和开采起步较晚，1999 年至 2001 年，中国地质调查局科技人员首次在南海西沙海槽发现地震异常信息（如海底地震发射波"BSR"）。2002 年，国务院批准设立中国海域天然气水合物资源专项调查项目，开展"可燃冰"研究勘探。2004 年，中国绘制了第一张冻土带"可燃冰"分布图，第一次进行冻土带"可燃冰"钻探。2007 年 5 月 1 日凌晨，中国在南海北部成功钻取天然气和水合物样品，成为继美国、日本和印度之后第四个通过国家研发计划收集天然气水合物样品的国家。"可燃冰"的成功获得证实。中国南海北部海域天然气水合物资源丰富，也标志着中国天然气水合物调查研究水平已进入世界先进行列。2008 年，中国海拔 4500 米的祁连山南部发现"可燃冰"，中国成为第一个在中低纬度冻土层发现"可燃冰"的国家。2013 年，我国技术人员在南海广东海域开采高纯度"可燃冰"样品。2017 年 9 月，中国"科学"号科研船在中国南海首次发现暴露在海底的"可燃冰"，同年 5 月在"蓝鲸 1 号"钻井平台上成功试采，创造了产气时长和总量的新的世界纪录。这些试采研究的成功证实了我国现有技术可以从自然界开采"可燃冰"。但我国"可燃冰"开采研究尚处于探索阶段，仍需加快攻关，实现"可燃冰"商业化发展。

9. "可燃冰"会影响生态环境吗？

虽然"可燃冰"一直被视为清洁能源，并给人类带来了新的能源前景，然而在获得益处的同时我们还应该注意不稳定的"可燃冰"会释放甲烷 (CH_4)，给人类的生活环境也带来了严峻的挑战。

与其他温室气体不同，"可燃冰"开采过程中会释放出大量 CH_4，其温室效应是 CO_2 的 10～20 倍。此外，"可燃冰"储量巨大，其 CH_4 总量约为大气中数量的 3000 倍。因此，一旦"可燃冰"被商业化开采，倘若采矿不慎，海底天然气水合物中的 CH_4 将逃离大气，产生难以想象的排放量，这将成为温室效应的罪魁祸首。而温室效应引起的气候异常和海面上升，将严重威胁着人类的生存。

水合物固结在海底沉积物中，一旦经常开采，甲烷气体会从水合物中释放出来，也会改变沉积物的物理性质，大大降低海底沉积物的工程力学特性，软化海底，造成大规模海底滑坡、破坏海底输电或通信电缆、海洋石油钻井平台等海底工程设施。大量研究表明，分布在大陆永久冻土、岛屿斜坡、活动和被动大陆边缘的"可燃冰"处于不稳定状态，但是，目前的开采技术难以有效控制"可燃冰"开采过程中所产生的解离率问题，因而开采安全隐患比较大。

此外，还可能造成海洋酸化、海底不稳定引起的海啸、海底泥流、海洋坍塌等环境问题。当然，一切事物都有两面性。我们不能因噎废食。对于"可燃冰"的开采和利用，如果我们能妥善处理开采过程中存在的问题，我们就能兴利除弊，让它成为我们的好朋友。

10. 水中可以取"火"吗？

自从海底发现"可燃冰"以来，科学家们对海底的"冰球"十分感兴趣，主要有两个原因：第一，"可燃冰"富含甲烷化合物，被"冰球"包裹的甲烷的密集程度是正常大气条件下的170倍。燃烧甲烷产生的二氧化碳是燃烧煤产生的25%。假如全世界的人都用它作为燃料，温室效应就会下降一半以上。第二，科学家估计，这些化合物还是一个巨大的潜在燃料来源，目前发现的"可燃冰"的储量是世界上煤炭、石油和传统天然气总和的两倍。谁能不为如此巨大的资源所心动呢？然而，那么如何在水中安全取"冰"呢？

"可燃冰"开采技术的基本原理是改变天然气水合物的稳定赋存条件，即在一定的环境温度、压力下改变"可燃冰"的动态平衡(如环境温度、压力)等，使其分解成甲烷气体，再通过收集游离气以实现连续开采。主要的方法包括热激法、降压法、化学抑制剂法、置换法等。

(1) 热激法。利用"可燃冰"在加温时易分解的特性，使其由固态分解出甲烷蒸气。海底的多孔介质不集中在"一块"或大块岩石上，而是均匀遍布。热激法的主要优点为产气速度较快，但此方法的不足之处在于不好收集产气。目前，全球对于这一方法的研究较多，加热方式也在不断改进，促进了热激开采法的发展。该方法的缺点是热利用效率低的问题尚未得到很好的解决，只能局部加热。如何布置管道并有效收集产气也是一个亟待解决的问题。

(2) 降压法。调整"可燃冰"中收集的甲烷速率，以控制可燃冰层的压力。一些科学家建议将核废物埋在地下，并利用核辐射效应分解它们。但它们都面临着与热解相同的管道布置和高效收集产气的问题。如图4-5所示，俄罗斯麦索亚哈采用此方法已开采并获得30亿立方米的甲烷气体。

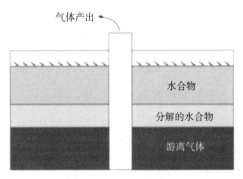

图 4-5　降压法示意图

（3）化学抑制剂法。此法是利用盐水等化学试剂来调节甲烷的收集速度（图 4-6）。然而，由于采用化学试剂成本高，容易对生态环境造成污染，因此该法使用较少，不适合商业开发。

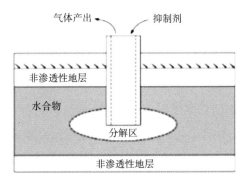

图 4-6　化学抑制法示意图

（4）置换法。二氧化碳和甲烷置换法是指在特定的压力范围内，将易于实现的二氧化碳液化取代"可燃冰"储存层中的 CH_4，注入 1500 米以下的外表面，此层不必到达海底，这时会产生二氧化碳水合物，由于其比例大于海水，因此会沉入海底。如果将二氧化碳注入海底的甲烷水合物储存层，二氧化碳便有可能会"挤压"甲烷水合物中的甲烷分子（图 4-7），这是因为二氧化碳比甲烷更容易形成水合物。2012 年，美国和日本在阿拉斯加北坡 Prudhoe 湾区现场试验成功开采。

此外，还有部分氧化法、电加热辅助降压法、循环蒸气激励法、冷钻热采技术、双水平井热水注入法、工业废气置换、二氧化碳辅助降压法等。我国在南海开采"可燃冰"时，还采用了窄密度窗口平衡钻井技术、水力切割储层改造技术、深浅井口稳定技术、水合物二次生成预防技术、软复杂矿物开发技术、"可

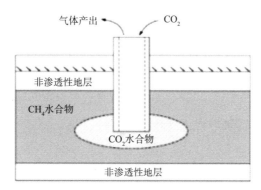

气体产出　　　CO₂

非渗透性地层

CH₄水合物

CO₂水合物

非渗透性地层

图 4-7　二氧化碳和甲烷置换法

燃冰"储层试验防砂技术、井测试系统集成技术、精确内波预测技术等自主创新技术。

　　海底"可燃冰"的开采涉及复杂的技术问题，因此，开采"可燃冰"仍处于发展阶段，估计投资商业开采仍需要一定的时间。事实上，中国、美国、印度、韩国、加拿大、挪威和日本等国已经开始了自己的"可燃冰"研究计划。可以看出，"可燃冰"不仅给人类带来了新的希望，而且也带来了新的困难。通过合理、科学的开发和利用，水中取"火"就会成为现实，水中的"可燃冰"会真正地造福人类。让我们共同期待吧！

11. 海底热液矿是什么?

　　海底世界真丰富，不仅有"可燃冰"，还有热液矿，到底什么是海底热液矿呢?

　　海底热液矿是指通过海底热液形成的硫化物和氧化物金属矿，主要由 Fe、Zn、Cu 和 Pb 的硫化物构成，同时还有 Au、Ag、Co 等多种元素。通过诸如气相、液相、超临界流体等含矿流体作用而形成的后生矿床称热液矿床或气水—热液矿床。海底热液矿床是一类重要的金属矿床，通常产于海相火山岩系和沉积岩系中。海底热液矿床的发现引起世界各国的高度重视，大部分科学家们认为，海底热液矿是极有开发前途的海底矿床。

　　海底矿床有以下七个特点:

　　①热流体的活动与成矿物质的迁移富集密切相关;

　　②充填或交代作用是成矿的主要方式;

③不同类型、不同程度的围岩蚀变伴随成矿过程；

④起到构造的控制作用，是运移的通道，富集沉淀的主要场所；

⑤成矿物质的来源较复杂，热液、从围岩中萃取；

⑥成矿物质成分（矿物、元素）呈现不同级别和类型的原生分带；

⑦矿床种类繁多，有金刚石、铬、锇、铱、铂、钌元素矿床。

12. 海底热液矿是如何形成的？

海底热液活动通常发生在海洋活动板块的边界和板块内火山活动中心，人类称它为了解地球深处活动的窗口，而类似"烟囱"的热液硫化物（一种矿物）在海底热液活动区尤为引人注目，它的形成原因是：海水从地壳裂缝渗入地下热熔岩热液体，铜、锌、金、银、铅等金属溶解在地下，这些被携带的金属通过化学反应形成硫化物，然后在冰冷的海水冷却下沉积在海底附近，日积月累，渐渐堆积成"烟囱"状。许多不怕剧毒、不需氧气、耐高温、耐高压的生物群落生活在"烟囱"周围。这些生物群落有助于研究人员研究极端环境下生物的生存进化和生命起源的全球分布。

另外一种说法，海底热液矿主要由岩浆成因热液、变质成因热液、建造水、大气水热液、地幔初生水热液等形成。

（1）岩浆成因热液。岩浆结晶过程中从岩浆中释放出来的热水溶液，最初是岩浆体系的重要组成部分，含 CO_2、H_2S、HCl、SO_2、CO、HF、H_2 和 N_2 等挥发性成分，可以形成稳定性很强的金属络合物并使其迁移活动。

（2）变质成因热液。岩石在进化变质过程中释放的热水溶液。当岩石进化变质时，随着矿物的脱水反应，脱水变质的强度成正比，一些热液矿床主要是在变质水的参与下形成的。变质成因热液也具有很强的溶解和迁移金属络合物的能力。

（3）建造水。建造水广泛见于油田勘测过程中，是沉积物沉积时含在沉积物中的水，因此又叫封存水。有些低温前行矿床主要与建造水构成的热液活动有关。

（4）大气水热液。大气水包含河水、冰川、水雨水、湖水、海水和浅部地下水。加热的大气水广泛参与热液体成矿作用，在岩浆流体成矿系统中，早期成矿以岩浆流体为主，但中晚期常有不同比例的大气水混入。

（5）地幔初生水热液。地幔源挥发性分流体，其最初来源不仅可以使核幔脱气，也可以使海洋岩石圈俯冲到上地幔脱气，是地幔中形成的高密度超临界流体，挥发性成分主要是水和二氧化碳。热液成矿的参与主要体现在以下四个方面：①幔源 C—H—O 流体溶解深部成矿元素，带入地壳成矿；②幔源 C—H—O 流体改造地壳物质，使成矿元素生活化转移为矿物；③幔源 C—H—O 流体含有较多的碱质和硅质，直接为某些热液矿床提供这类物质；④幔源 C—H—O 流体可以在地壳中产生异常的地热梯度，加速地壳浅水的深循环，或与浅水混合形成对流循环系统。

热液矿床形成过程中，金属成矿元素主要呈络合物形式转移。络合物比简单化合物溶解度大许多倍，可转移大量成矿物质。络合物在水溶液中稳定性，主要取决于络阴离子离解能力大小。在热液矿床形成过程中，由于热液体系物理化学性质发生变化，破坏了络合物的稳定性，使金属元素及其化合物沉淀、析出，温度的降低和 pH 值的变化常常对络合物的稳定性影响较大。总的来说，络合物的稳定性影响因素有压力变化，氧化还原作用，温度和 pH 等。

13. 海底热液矿是怎么被发现的？

海底热液矿利用价值巨大，那么它是如何在海底被发现的呢？长期以来，人们一直认为海水的温度会随着海水深度增大而降低，海底是一个黑暗而寒冷的世界。1948 年，瑞典海洋调查船"信天翁"号在红海调查时发现，一些深海的水温远高于海洋表面，含盐量也很高。这是什么原因呢？经过科学家们的不断探索，张开的裂谷终于在太平洋底部被发现。裂谷处的海水温度高达几百摄氏度，海底堆积了许多块状硫化物，有的高达几米，甚至几十米，像黑烟囱一样竖立在海底。从烟囱中冒出的滚滚热气，像一朵朵白云，从海底慢慢上升，这是海底热液矿床的明显标志。事实上，发现这种海底热液矿的存在只是近几十年的事。

1963 年和 1966 年，美国"发现者"号和"链"号在红海进行了更详细的调查，证实了"信天翁"号的调查结果，并将沉积物命名为金属软泥，其中含有金、锌、银、铜、铁等。1973 年至 1974 年，美国和法国科学家在大西洋中脊用潜水器发现了一个块状热液矿床。1978 年，美国、法国和墨西哥用深潜器在东太平洋

的几个海底发现了巨大的热液矿床，矿体长 1000 米、宽 200 米、高 35 米。铁的平均含量为 35%，铜 10%，矿床总量为 2500 万吨，每吨 155 美元，总计 39 亿美元。此后，各国纷纷摩拳擦掌，四处调查，先后在太平洋、大西洋、印度洋等发现 33 张热液矿床。矿床总体积 3932 万立方米。由于其储量大、分布广泛、品位高，不仅含有铁、铜、铅、锌等金属，还含有珍贵的稀有金属金、银等，被人们赞为"海底金银库"。

14. 怎样开采海底热液矿？

由于热液矿含有丰富的金属，人类时刻关注着怎样开采和利用它才能更好地为人类作贡献。

在深暗的海底，人们是如何把它们开采出来的呢？当前的方法是这样的：热液矿有块状和泥状两种，可以分类开采。块状热液矿分类集中，硬度高，需要用自动控制的海底钻井装置打碎矿石，然后通过类似于采集钴结核的方式输送到水面进行加工。软泥热液矿，可以使用从采矿船上拖下来的长钢管柱，柱末端安装抽吸装置，软泥通过该装置先被抽吸放置采矿船，接着经过处理可获得金属浓缩混合物，最后冶炼和加工金属物质。

15. 海底磷钙石是怎样形成的？

磷钙石怎么会出现在深不可测的海底？

带着这个问题，经科学家们研究发现，它不是由河流或海底床携带的原始矿物，而是从海水中沉积的化学沉淀物。磷钙石可以说是一种自然的海洋矿物。人们起初认为它是一种生物沉淀物，但后来发现它不是直接由生物沉淀物组成的。海洋中的大部分磷首先集中在生物体中，当生物死亡时，它们的遗体开始下沉和腐烂，生物体中所含的磷也被释放出来。磷溶解在水中，在水深 1000 米以下达到饱和。在一定的温度和压力下，海水中的磷与钙发生化学反应，最终在海底形成磷酸钙固体沉淀，形成磷钙石。

16. 人类如何发现海底磷钙石的？

1873 年，英国最著名的"挑战者"号海洋考察船在航行考察过程中，船上的科学工作者正忙着测量水深和水温，采水样本，船尾拖着的大网也正在网罗海底的底部样品。当船员们收起拖网时，他们偶然间发现网里有许多像蜡块一样的深褐色石头。后来，经过船上地质学家的检验，这是磷钙石，被称为"生命之石"。这一发现填补了世界海底矿产资源勘探的空白。

17. 为何磷钙石被称为"生命之石"？

磷钙石是自然界中一种具有巨大经济价值的矿产资源，其主要化学成分为 30%～50% 的氧化钙，20%～30% 的五氧化二磷。因为磷钙石富含磷，可以用来制造磷肥，所以它是植物的重要营养物质之一；磷溶解在鱼塘中，可以使鱼虾健康快速生长；磷加入到药物中，可以治疗疾病增强体质。由于磷钙石对植物有利，对动物有用，对人体有益，因此被称为"生命之石"。

18. 为什么说海底硫矿是意外发现的？

1949 年，钻探石油的人们在距美国格兰德岛外 13 千米处，意外地在神秘的海底发现一个大硫矿。这是一个矿层最大厚度为 130 米、平均含硫达 15%～30% 的优质硫矿。如今，美国每年可以从这个矿区开采近 2000 万吨天然硫，约占全国硫产量的 15%，这也是世界上第一个海底硫矿。

本来只想勘探石油，却意外发现海底硫矿，有一种"种瓜得豆"的美妙感觉。

19. 海滨砂矿有何妙用？

很久以来，通过各种途径进入海洋的泥沙、尘埃中包含有各种各样的元素。不同成分的尘埃颗粒，密度、比重不同，粒径大小不同，形状有扁有圆，在波浪和海流的作用下，这些不同特征的矿物碎片分别聚集和沉积在一起，形成了海滨砂矿床。

建筑用砂和砾石是海滨砂矿最大的物质。这是因为它们是由普通岩石碎屑产生的。而海滨砂矿的金红石、钻石、独居石、钛铁砂、铌铁砂、铬铁砂、锡砂、磷钍砂、钽铁砂、磁铁砂、金砂、铂砂、琥珀砂、石榴石、金刚砂、石英砂等矿产真是琳琅满目，数不胜数。大海就像一个粉碎机和分选机，日夜不停地加工制造富含各种金属和非金属的细砂，并把它们按不同种类聚集在一起，形成可供人类开发利用的矿体。

含钛的金红石可作为发射火箭用的固体燃料；含有铌的海滨砂矿可作为火箭、飞机外壳用；含钽的独居石可作为反应堆及微电路用；含有耐高温和耐腐蚀的锆铁矿、锆英石的海滨砂可作为核潜艇和核反应堆用。一些海区甚至还有白金、黄金和银等。中国近海海域就分布有金、钛铁矿、独居石、铬尖晶石、锆英石等经济价值极高的砂矿。

海滨砂矿中石英矿物是石英砂，其化学名称是二氧化硅（SiO_2），属于非金属砂矿。石英砂是生产玻璃的重要原料。石英砂中的硅元素是半导体材料，经过加工可以制成半导体芯片。此外，精密仪器、电脑、钟表、火箭导航等自动化技术也离不开硅。想想沙子体量如此巨大，若是开发出来，整个世界都能实现 "硅自由"。当然，要实现这一步的话，要用碳将硅从沙子石英中提取出来，纯化为高纯度的非晶体硅和多晶体硅，再通过特定技术转化为单晶体硅，才能用作芯片材料。

磁铁矿作为最重要也是很常见的黑色铁矿石（图4-8），其主要成分为四氧化三铁，往往有金属光泽或半金属光泽。在海边富集细碎的磁铁矿颗粒就会形成黑色沙滩。然而一旦磁铁矿被氧化成砖红色的氧化铁时，黑色沙滩就会渐渐变成红色沙滩。当铝、钛等元素类质同象替换掉磁铁矿中的铁元素时，则称为铝铁矿、钛铁矿等。钛铁矿也是一种重要的滨海砂矿，常常与磁铁矿相伴产生，也会形成黑色沙滩。钛铁矿常作为 "空间金属" 应用于航空航天、现代武器等高精尖领域。

锆石中的锆、独居石中的钍都是核反应堆运行不可缺少的金属材料。

金刚砂中的金刚石是目前天然物质中公认的最坚硬的材料，它不仅能用来划玻璃、钻瓷器外，还能制造各种钻头。澳大利亚是当前世界上最大的金刚石和锆石开采国；日本磁铁砂开采遍及列岛沿岸；马来西亚、泰国、印度尼西亚海滨锡矿砂开采也是世界闻名；美国白金（铂）产量的90%来自阿拉斯加海滨的砂矿。金刚石就是钻石，是与黄金齐名的贵重矿物材料。令人难以置信的是，全世界天然金刚石产量的83%来自海洋。南非是海洋金刚石的主要生产国，其次是俄

图 4-8　磁铁矿主铁矿

罗斯。

大浪淘沙，沉者为金。滨海作为大自然力量的倾注地带，遍地宝藏，暗藏黄金，储量大、分布广、开采方便。短片状或颗粒状的砂金，常富集于海滩的砂层中，历史上曾经几度掀起过淘金热潮，"旧金山"城市名字的由来也印证了人类海岸淘金的历史。今后的黄金生产会有渐渐转向依赖海洋的趋势。目前，开采海滨金砂生产黄金的主要国家有美国、俄罗斯、加拿大、菲律宾等国。随着科技的进步，相信海滨砂矿可以被综合利用于科技、生活各个领域。

20. 多金属结核和富钴结壳是什么？

1873 年 2 月，英国海洋学家汤姆森教授担任首席科学家的海洋科学调查船"挑战者"号在进行全球海洋调查时发现了钴结核（又称钴结壳）。在北大西洋加利群岛西南海域的深海沉积物中，他们首先发现了一些类似鹅卵石的黑色团块。这种现象立刻引起了科学家的浓厚兴趣。经过分析和测试，发现这些鹅卵石几乎是由纯氧化锰和氧化铁组成的"深海宝藏"，它们已沉睡在海洋底部数亿年。1882 年，科学家正式命名为锰结核。科学家们在"挑战者"号上收集的钴结核样品，如今被大英博物馆收集为深海珍品。现代社会的各个方面广泛地应用多金属结核和富钴结壳富含的金属。这里面的很多金属品种是目前世界市场上急需的产品，多金属结核和富钴结壳顾名思义是多金属结核含有镍、钴、锰、铁、铜等几

十种元素。世界海洋3500～6000米的深海海底储存的多金属结核量估计有3万亿吨，其中锰的产量可供人类使用18000年，镍可用25000年。

富钴结壳又称铁锰结壳、钴结壳，是附着在海底岩石、岩屑表面的皮壳状铁锰氧化物和氢氧化物，因富含钴，名富钴结壳。表面呈肾状或瘤状，黑色或黑褐色，断面构造呈层纹状、有时也呈树枝状，结壳厚平均2厘米左右，厚者可达10～15厘米。构成结壳的铁锰矿物主要为二氧化锰和针铁矿。其中，含锰2.47%、钴0.90%、镍0.5%、铜0.06%（平均值）、稀土元素总量很高，很可能成为稀土元素、战略金属钴和贵金属铂的重要资源。

富钴壳中所含的金属（主要是钴、锰和镍）可以提高钢的硬度、强度和耐腐蚀性。在工业化国家，25%～50%的钴消耗用于生产超合金和航天工业。这些金属也用于生产光电池和太阳能电池、超导体、催化剂、高级激光系统、强磁性、燃料电池和切割工具。

我国在太平洋调查了200多万平方公里的面积，其中30多万平方公里是具有开采价值的远景矿区。联合国已批准将其中15万平方公里的区域分配给中国作为开发区。富钴壳储存在300～4000米深的海底，易于开采，美国、日本等国家设计了一些开采系统，也期待你长大后设计出先进的开采系统，为我国多金属结核核富钴壳等开采提供技术支持。

21. 多金属结核如何开采？

多金属结核主要分布在水深达几千米的大洋底表层，将它从这么深的洋底采集上来可谓是一项困难重重的巨大的工程。经过大量的实验，世界上许多国家的科学家和工程技术人员普遍倾向于采用链斗采矿法、流体提升采矿法和海底自动采矿法三种方法开采多金属结核。

在前两种方法中，一种是从洋底挖出多金属结核，然后用挖斗将多金属结核提升到船上；另一种是用采矿管从洋底吸附多金属结核。目前，这两种方法已达到日产采矿能力1万吨。第三种方法是用遥控深潜器从洋底收集多个金属结核，然后送到采矿平台。法国在这方面的实验表明，采矿器可以潜入6000米深，而且因为它具有不受波浪和海洋气候影响的优点，所以它是目前一种非常有前途的海底采矿技术。

参考文献

[1] LIU Y L, LIU Z F, PAN W L, et al. Absorption behaviors and structure changes of chitin in alkali solution[J]. Carbohydrate Polymers, 2008,72(2):235-239.

[2] 段久芳. 天然高分子材料 [M]. 武汉：华中科技大学出版社，2016.

[3] 中国政协新闻网. 壳聚糖减肥：没有临床推荐价值 [EB/OL]. [2019-11-04]. https://cppcc.people.com.cn/n/2012/0815/c34948-18744734.html.

[4] 吉宏武，刘书成. 对虾加工与利用 [M]. 北京：中国轻工业出版社，2015.

[5] 黄泽元，迟玉杰. 食品化学 [M]. 北京：中国轻工业出版社，2017.

[6] 于新，李小华. 天然食品添加剂 [M]. 北京：中国轻工业出版社，2014.

[7] 陈彰旭，姜伟，陈志彬，等. 壳聚糖复合物在水果保鲜中的应用研究进展 [J]. 化工进展，2011,30(12):2724-2727.

[8] 国家药典委员会编. 中华人民共和国药典（2015 年版，第四部）[M]. 北京：中国医药科技出版社，2015.

[9] 关志宇. 药物制剂辅料与包装材料 [M]. 北京：中国医药科技出版社，2017.

[10] 傅明连，方江波，陈彰旭，等. 壳聚糖 / 海藻酸钠复合凝胶对 Cu^{2+} 的吸附性能研究 [J]. 化工新型材料，2016,44(12):164-166.

[11] 傅明连，林旺，陈彰旭，等. 磁性壳聚糖微球的制备及其吸附行为研究 [J]. 化工新型材料，2015,43(1):145-147.

[12] 傅明连，陈彰旭，郑炳云，等. 氢氧化镁 / 壳聚糖复合絮凝剂处理模拟印染废水的研究 [J]. 化工新型材料，2014,42(10):137-139.

[13] 陈彰旭，辛梅华，李明春，等. 壳聚糖 / 粉煤灰复合材料吸附活性红研究 [J]. 非金属矿，2014,37(3):69-71.

[14] 陈彰旭，林俞敏，许剑鹏，等. 壳聚糖 / 粉煤灰复合材料的制备及应用研究 [J]. 非金属矿，2013,36(5):76-78.

[15] 陈彰旭，辛梅华，李明春，等. 壳聚糖 / 粉煤灰 / 高岭土的制备及其处理活性蓝模拟印染废水的研究 [J]. 化工新型材料，2013,41(10):165-168.

[16] GUO X J, YANG H C, LIU Q, et al. A chitosan-graphene oxide/ZIF foam with anti-biofouling ability for uranium recovery from seawater[J]. Chemical Engineering Journal,2020,382:122850.

[17] 熊焕喜，王嘉麟，袁波. 可燃冰的研究现状与思考 [J]. 油气田环境保护，

2018,28(2):46,60.

[18] 人民日报. 我国海域可燃冰试采成功 [EB/OL]. [2017-05-19]. https://baike. baidu.com/reference/1501849/e05aWvYTQqnS9HIZxXGPG3D0yyRb uHy8cfHWjz9i7MDh_dE-d9Z9193YGAD1p9gmtuMPuRdtfqULKflW- lNwglKSyFYKcM5t-Mj8upnE4i64.

[19] 黄黎红. 科学技术导论 [M]. 成都：电子科技大学出版社，2009.

[20] 凌君谊，杨再明，高海波. 可燃冰的开发现状与前景 [J]. 绿色科技，2021, 23(16):168-171,174.

[21] LI X S, XU C G, ZHANG Y, et al. Investigation into gas production from natural gas hydrate: A review[J]. Applied Energy,2016,172:286-322.

[22] 魏合龙，孙治雷，王利波，等. 天然气水合物系统的环境效应 [J]. 海洋地质与第四纪地质，2016,（1）:1-13.

[23] TRÉHU A, RUPPEL C, HOLLAND M, et al.Gas hydrates in marine sediments:Lessons from scientific ocean drilling[J]. Oceanography,2006,19(4): 124-142.

[24] Anonymous. Methane hydrates in quaternary climate change: the clathrate gun hypothesis[J]. Eos Transactions American Geophysical Union, 2002,83(45):513- 516.

[25] Reeburgh W S. Oceanic methane biogeochemistry[J]. Chemical Reviews, 2007,107(2):486-513.

[26] 付亚荣. 可燃冰研究现状及商业化开采瓶颈 [J]. 石油钻采工艺，2018,40(1): 68-80.

[27] 陈洪冶，曾载淋. 矿床成因类型 [M]. 北京：地质出版社，2014.

[28] 华淼. 滨海砂矿——比奇堡传说中的七彩沙滩 [EB/OL]. [2022-08-06]. http:// www.china-shj.org.cn/post/12416.

第5讲

海洋污染处置

1. 海洋污染有什么危害?

大气污染、环境污染等大家想必都听说过,但海洋污染到底是怎么一回事呢? 国际上对海洋污染(marine pollution)是这么定义的:人们把物质和能量通过直接或间接方式,注入海洋环境或者河口海湾,造成或可能造成破坏海洋生物资源、损害人类健康、影响海水使用质量、减损环境优美、妨碍包括捕鱼和其他正当用途在内的各种海洋活动。

原来,随着科技的不断发展、生产的不断进步、人口的不断增长,人们在生产和生活过程中产生的垃圾等废弃物也逐渐增多。这些废弃物要放到哪里去呢? 人们看到海洋面积辽阔,储水量巨大,胸怀宽广,看似能容纳世间一切,长期以来是地球上最稳定的生态系统。于是绝大部分废弃物都直接或间接地经过江河和大气被注入了大海。大海毫无怨言地接纳由陆地流入海洋的一切物质,表面上看,一切风平浪静,海洋本身没有发生任何显著的变化。这些物质进入海洋后会产生什么样的后果呢? 近几十年,随着世界工业的发展,海洋的污染日趋严重,原有的自然环境遭到破坏,海洋中物质的组成和能量分布平衡关系发生了变化,局部海域环境发生了很大变化,并有继续扩展的趋势。

2. 污染海洋的主要物质有哪些?

海洋污染情况的很复杂,原因也很多,你知道哪些物质会对海洋造成污染吗? 污染海洋的物质众多,有废水、废油、废物、废气、废渣等。科学家们根据对海洋环境造成危害的方式、污染物的性质和毒性,大致把污染物的种类分为以下七类:

(1)有机物类。这一类物质比较庞杂,不仅有人们生活制造的,也有工业制造的。生活制造的污水比如粪便、食物残渣、洗涤剂、化肥的残存液;工业排出如纤维素、油脂、呋喃、甲醛等。这些物质一旦进入海洋中,适量的有机物和营养盐有利海洋生物生长;而过量则会造成水体溶解氧减少,浮游植物大量繁殖,海水营养成分过剩,加速部分海洋生物的繁殖,直接危害鱼虾蟹贝的生存。潮流使海洋中有机物稀释扩散,多被细菌分解为二氧化碳、水。

(2)放射性物质。海洋放射性污染物质一般是由核工业、核武器试验和核动力设施排放出来的，海洋生物能直接从海水中摄食、吸收放射性物质，其中牡蛎对 Zn-65 的吸附率最大。放射性物质沿食物链转移，这些物质无论是对海洋生物还是对人类而言，危害都是长久的。

（3）石油及其产品。据统计，每年进入海洋的石油烃约有 600 万吨，每年排入海洋的石油污染物大约高达 1000 万吨，哪里来的这么多的油呢？原来它们来自原油和从原油中分馏出来的煤油、柴油、润滑油、溶剂油、沥青、汽油、石蜡以及经过裂化、催化而成的各种产品、海底油田开采溢漏、逸入大气中的石油烃的沉降等，还来源于经河流向海洋注入的含油废水、海上油船漏油、排放和油船事故等。特别是海上油船漏油事故是该类污染中一种严重的海洋污染。它往往由海上油井管道泄漏、油轮事故、船舶排污等造成的，特别是一些突发性的事故，一次泄漏的石油量可达 10 万吨以上，一旦出现这种情况，大片海水被油膜覆盖，海面上油花花的，造成海洋中生物的大量死亡，严重影响海洋生物的质量以及其他海上活动。

（4）重金属物质。什么样的金属称为重金属呢？科学家把在化学上比重在 5 以上的金属称之为重金属。锌、铬、汞、镉、铅、铜等往往是污染海洋的重金属元素。这些重金属元素是哪里来的呢？原来大自然千变万化，有时会发生海底火山喷发、岩石风化、水土流失，此时大量重金属通过大气、河流注入海中。有时随着农业的发展，污废水、重金属农药流入海洋。工业上大量燃烧煤和石油，释放出的重金属经大气进入海洋。大气中毒性较大的是铅，一经大气输送，海洋立即受污染。还有汞，目前仅通过人类活动而进入海洋的汞，每年高达万吨，已大大超过全世界每年生产约 9 千吨汞的记录，为什么会有这么多汞进入海洋呢？这是因为煤、石油等在燃烧过程中，含有的微量汞就会在不知不觉中释放出来，它们先散播在大气中，过一段时间最终落入海洋，全球在这方面污染海洋的汞每年约 4 千吨。大气中毒性更大的还有镉，据调查，镉对海洋的污染量远大于汞，其年产量约 1.5 万吨，而且这类污染会逐步加重。

（5）农药。农药除了能除掉杂草和虫害以外，同样毒害海洋生物、人类等。农业上大量使用含有汞、铜以及有机氯等成分的除草剂、灭虫剂等农药；工业上应用较多的是多氯酸苯。这一类农药具有很强的毒性，播撒后，其气体进入大气，再通过雨水等途径进入海洋，经海洋生物体的富集作用，通过食物链进入人体，产生的危害性非常大，全球每年因农药中毒的人数高达 10 万人以上。目前人类所患的一些新型的癌症与此也有密切相关。

（6）固体废物与废热。固体废物通常包括工业和城市垃圾、医疗垃圾、工程渣土、船舶废弃物和疏浚物等。据统计，全世界每年产生固体废弃物约百亿吨，若1%进入海洋，其量也达亿吨。这些固体废弃物不仅严重破坏近岸海域的水生资源，而且破坏沿岸景观。废热主要是工业排出的热废水，它也会造成海洋的热污染，如果一处海域长时间流入比原正常水温高出4℃以上的热废水，这一局部就会产生热污染，它会减少水中溶解氧，使海区的生态平衡遭到破坏。

（7）海洋噪声污染。海洋噪声污染包含天然声呐、石油和天然气等勘探产生的声音污染。人类利用天然声呐进行导航和捕猎，让无脊椎动物深受其害。勘探船产生的声音污染对头足类等海洋动物的生存影响很大。大海上常有石油和天然气勘探，勘探产生的噪声，其强度和频率在海上活动中较为普遍，例如声呐测试、测量海床下方物质特性的石油和天然气勘探。人类海上活动导致的噪声污染，很可能对海洋生物的健康和行为产生影响，比如寻找食物和配偶，以及避开掠食者。此前已有证据表明，由于噪声污染，若干种鲸类在相互沟通时，发出的尖叫声和呻吟声比以前要大。

以上各类污染物质进入海洋的途径有多种，有从陆上来，有从天空入，也有海上直接进，海陆空并进，在各个水域分布的污染物质极不均匀，因而造成的不良影响也分轻重。

3. 为什么要提出海洋环境污染问题？

地球表面分属为陆地和海洋，大家公认世界大洋通常被分为四大部分，即太平洋、大西洋、印度洋和北冰洋。如以大地水准面为基准，海陆面积之比为2.5∶1，也就是说陆地面积占地表总面积的29.2%；海洋面积占地表总面积的70.8%。海洋面积的比例如此之大，有人称海洋是地球的主体、生命的摇篮、人类文明的源泉。海洋里蕴藏着十分丰富的海洋生物资源，有人曾这样比较过，假如将海洋和全世界陆地耕地面积向人类提供食物的能力比较，海洋提供的食物是陆地的1000倍。

海洋不仅提供食物能力强，而且海洋生态系统还是全球最重要的生态系统。全球生态系统的稳定与安全受海洋生态系统影响，人类生存及政治、经济、文化和社会发展均和海洋密不可分。海洋在对人类发挥巨大作用的同时，还承受着巨大的压力。

常言道，"条条江河归大海"，人们一直认为海洋浩瀚无边，一望无际，海纳百川，有无限的自净能力，长期以来，人类也直接、间接地把海洋作为处理废弃物的场所，使海洋成为一切污物的"垃圾桶"。但是海洋科学研究证明，海洋环境也是一个强度有限的生态系统，而且，因为海洋互相沟通，动力因素极其复杂，局部海域污染也可能逐渐波及全球，甚至可能对全球生态环境产生长期危害。我们再来看看下面的一组报告吧。

2016 年 7 月，联合国教科文组织的政府间海洋学委员会发布研究报告，报告指出，全球大型海洋生态系统现状堪忧，最大的原因在于不断加剧的气候变化和人类的活动。报告还指出 1957 年至 2012 年，全球 66 个大型海洋生态系统中，有 64 处海水温度上升。塑料污染方面，地中海、东亚、东南亚海域和黑海存在较高的污染风险。海水富营养化方面，东亚、南美和非洲到 2050 年大约会有 21% 的大型海洋生态系统将面临富营养化风险，此外，全球受到威胁的珊瑚礁数量目前已超过 50%，预计到 2030 年这一比例将达到 90%。

以上报告的令人触目惊心，海洋生物赖以生存的生态环境由于海洋污染日趋恶化，许多海洋生物的生长和繁衍不断遭到破坏，严重处有的海洋生物已经灭绝，不少处海洋生物濒临绝迹，海洋中水的质量也逐渐变化，由于近海海水水质和底质的污染，海洋污染物通过食物链积累在海洋生物体内，鱼、虾、贝类等的生活环境被改变了，渔场逐渐外移，滩涂渐渐荒废。当沿海水域受到大量植物营养元素的氧、磷、铁等污染时，它们刚好是漂游生物所需的营养元素，于是浮游生物急剧地繁殖，这时水色变赤，形成赤潮。海盐也不可幸免地遭到污染，海水中的重金属等污染物必然会"偷偷地"潜入食盐。世界食盐总产量的三分之一来自海盐，如果长期食用受污染的海盐，势必损害人类健康，给人类带来灾难。

1982 年 12 月 10 日，《联合国海洋法公约》在牙买加蒙特哥湾召开的第三次联合国海洋法会议最后会议上通过，1994 年 11 月 16 日生效，已获 150 多个国家批准。《公约》规定一国可对距其海岸线 200 海里（约 370 千米）的海域拥有经济专属权。该"公约"共分 17 部分，连同 9 个附件共有 446 条，涵盖了海洋科学研究、海洋环境保护与安全、海洋技术的发展和转让等方面内容。

关于海洋污染问题，不单是陆地河流冲刷问题，而是连同整个海洋周边的各种环境问题。周边的工业、农业等严重影响海洋的健康。工业上，大量的废渣、废水、废气形成了巨大的污染源；农业上，高效农药和化学肥料的广泛应用，海洋的水质带来了巨大的威胁。此外，海底石油的开发，海上运输，沿岸核工业的

兴起等，都在不断侵蚀着海洋健康。

海洋，曾经我们赖以生存的"生命摇篮"，曾经宛如天然的宝石链，曾经似惟妙惟肖的水墨画，如今它因为各种污染变得遍体鳞伤。我们能为它做点什么呢？建立海上消除污染的组织；健全环境保护法，通过保护法加强监测监视和管理；关注海洋开发与环境保护协调发展；大力宣传教育和科学普及；对海洋环境深入开展科学研究；立足于对污染源的治理，加强国际合作，共同保护海洋环境。

海洋是人类生存的重要环境，保护海洋就是保护人类共同的环境，就是保护人类的未来。

4. 哪些是海洋废弃物的国际"黑名单"、"灰名单"和"白名单"？

在废弃物中，人们十分熟悉的塑料废弃物早在50多年以前就被国际上列入严格禁止向海上倾倒的"黑名单"。那是不是只有塑料废弃物在"黑名单"上呢？

人类有史以来早已将海洋倾倒废弃物当成司空见惯的事。但是随着近代工业的兴起，倾倒物已不再是无毒无害物质，其成分也发生了根本性的变化，一些原来在自然界中不存在的物质，通过科学技术生成的很多人工合成物质，其中有一些是含有剧毒的。

例如含有砷化物成分的废水废弃物，据估计倾倒在波罗的海中已达亿吨以上，这些砷化物的毒性完全释放出来足以使3倍的地球人口丧生。20世纪随着核工业的崛起，人工重核的衰变和轻核的聚变产生了放射性废弃物，美国在1945年至1965年间曾在旧金山附近的海上倾倒了近5万桶放射性废弃物，此后又选定太平洋40个倾倒放射性废弃物区。这些被倾倒的放射性废弃物，已在鱼体内检测到放射性含量，足以对人类健康构成威胁。

大量有毒物质向海上倾倒，使沿海一些国家受到污染危害，从而激发了国际社会对控制海洋倾倒的强烈要求，人类开始努力全面控制海洋倾倒，1971年2月，联合国人类环境会议筹委会设立了一个政府间海洋污染工作组，研究制定海洋倾倒公约的有关问题，经过多次协商，终于在1972年12月伦敦召开的第三次政府间海上倾倒会议上通过了《防止因倾倒废弃物及其他物质而引起海洋污染的公约》(即《伦敦公约》)。这是第一个旨在控制海洋倾倒为目的的全球性公约。随后，各沿海国家也依此制定了一系列相关法律和制度，使得海洋倾倒正式纳入法制管理范畴之内。

《伦敦公约》的目的是控制和管理海洋倾废，主要是禁止向海洋倾倒有毒有害废弃物，现在我们来看看伦敦公约上的海洋废弃物的黑、白、灰名单吧。

首先"黑名单"的废弃物，这一类除了塑料废弃物外，还有包括含汞、镉、强放射性废弃物、有机氯化合物废弃物、原油和石油产品等，"黑名单"里的废弃物是严格禁止向海洋倾倒的物质；只有当出现紧急情况，在陆地上处置会严重危及人民健康时，经国家主管部门批准，获得紧急许可证，才可以到指定的海区按规定的方法倾倒。

其次是"灰名单"的废弃物，列入这类的主要包括含锌、氰化物、铬、氟十七物、砷、铅、铜、铍、镍等，它们一般都是各种废金属和金属容器、含弱放射性物质的废弃物以及某些杀虫剂等，这类废弃物往往要采取特别有效的防范措施；倾倒"灰名单"废弃物应事先获得特别许可证，到指定海区按规定方法倾倒。

最后是"白名单"的废弃物，即除上述一二类以外的其他无毒无害或毒性害处很轻的废弃物，包括疏浚物等。倾倒"白名单"废弃物要事先获得普通许可证，要到指定海区进行倾倒。

1985 年，我国加入《伦敦公约》，成为其缔约国，参与公约的有关活动，积极履行缔约国的权利和义务。同年，我国政府颁布《海洋倾废管理条例》，规定了与公约相一致的管理机制和程序，甚至在某些方面比公约规定的更具有广泛性和强制性。

5. 什么是黑色灾难?

阿拉斯加是美国最大的渔业基地，全国海产品的一半产自这里，最著名的鲑鱼是这里的特产鱼种。阿拉斯加又是全球最具吸引力的野生动物保护区和旅游胜地，它长达 4.5 万千米的海岸线上，很多地段几乎处于原始状态。

1989 年 3 月，美国埃克森公司的"埃克森·瓦尔迪兹"号超级油轮，装载着 100 万桶原油，离港不久由于偏离航线，不幸触礁，在阿拉斯加州美加交界的威廉王子湾附近原油泄出达 4.5 万吨，覆盖 900 平方千米的海域。在海上风、浪和海流等的作用下，海岛的礁石上布满了油膜，森林的树梢染上了油膜。原来清新自然的海岸山坡仿佛被黑漆涂染过一般，黑色的油雨从原始森林的树梢沿着树干流淌，平滑的海面上反射幽幽的黑光。终年生长在此的生物，从微小的藻类植物

到高等的哺乳动物，无一幸免。10000多只海獭惨遭灭顶之灾；上万只海鸟陈尸海滩（图5-1）；大量的海豹多次挣扎跃出水面，企图甩掉皮毛上的油污，但最终因筋疲力尽，永沉海底；像海象、鲸之类的大型海洋哺乳动物也惨遭同样下场。

这一骇人听闻的黑色灾难是由美国埃克森公司引发的，该公司向阿拉斯加州政府赔偿损失10亿美元，创世界石油污染事故赔偿之最。除此巨额赔偿之外，该公司还花费了数十亿美元力争消除海域油污，但以失败告终。

图5-1　漏油事件导致海鸟死亡

这是一场世界上最昂贵的海事事故。许多志愿者们纷纷涌向瓦尔迪兹，用温和的肥皂泡清洗海獭和野鸭，但他们只能无力地看着它们一只只离世。埃克森公司花了很多钱安抚镇上的居民，雇佣渔民清理沙滩上的油污。不久，该公司声称，这个曾经纯净原始的地区大部分已经恢复，然而这里的生物仍在不停地死亡。据科学家初步估计，在溢油事故发生后的短短几天里，多达25万只海鸟死亡。事故发生在风景如画的地方，鱼类丰富，海豚海豹成群结队，是海洋动物的天堂。事故发生后，附近水域的水产业遭受了巨大的损失，纯净的生态环境更是遭受了巨大的破坏。

6. 海洋石油污染有多少?

石油是现代工业生产的重要原料之一，年产量约30亿吨，一直以来有工业的"血液"之称。每年都或多或少因人类活动而将石油带入海洋，对海洋造成严重污染。早在1970年，联合国就曾在一份报告中透露，海洋中每年流入了近

1000万吨石油。简单做个换算吧，如果用万吨级油轮运输，需要1000艘来装载这些石油！大概是人们普遍认识到石油污染的危害，或许是海洋法律法规制约的结果，近年来数字有所降低，但流入海洋的石油数量仍然触目惊心。

海洋石油污染的后果到底有多严重呢？下面我们就一起了解一下吧。

（1）环境方面。海上一旦有油膜，会阻碍大气与海水之间的气体交换，从而使海上电磁辐射的吸收、传递和反射受到影响。如果极地冰长期覆盖油膜，冰的吸热能力就会增强，冰的融化也会加速，影响到全球海平面变化和长期气候变化。海水中的石油会溶解卤代烃等污染物中的亲油成分，降低界面间的迁移转化率。石油污染会破坏海滨风景名胜区和海滨浴场。比如1983年12月，巴拿马籍"东方大使"号油轮在我国青岛胶州湾搁浅，溢油3000多吨，严重污染了青岛海滨和胶州湾。

（2）生物方面。石油在海面上形成的油膜还会削弱太阳辐射进入海水的能量，影响海洋中植物的光合作用。海兽的皮毛和海鸟羽毛如果被油膜污染了，就会渐渐失去保温作用，使动物丧失游泳或飞行的能力。石油污染物会干扰生物的摄食、繁殖、生长、行为和趋化。石油污染严重的海域也会导致个别生物种丰度和分布的变化，从而改变群落的种类组成。高浓度的石油会降低微藻的固氮能力，阻碍其生长，最终导致其死亡。一些动物幼虫和海藻孢子沉降在潮间带和浅水海底的石油上，会失去适当的固定基质或降低其成体的固定能力。石油会渗入大米草、红树等较高级的植物，改变细胞的渗透性等生理功能，严重的油污甚至会导致这些潮间带和盐沼植物的死亡。根据油的种类和成分，石油对海洋生物的化学毒性是不同的。一般来说，炼油的毒性高于原油，低分子烃的毒性大于高分子烃。在各种烃类中，其毒性一般按芳香烃、烯烃、环烃和链烃的顺序下降。石油烃对海洋生物的毒害主要是破坏细胞膜的正常结构和渗透性，干扰生物体的酶系统，从而影响生物体的正常生理和生化过程。例如，油污可以降低浮游植物的光合作用强度，阻碍细胞的分裂和繁殖，使许多动物的胚胎和幼儿发育异常，生长缓慢；油污还会导致一些动物疾病，如鳃坏死、皮肤侵蚀、胃病甚至癌症。

（3）水产业方面。海洋石油污染会改变一些经济鱼类的迁徙路线；污染渔网、养殖设备和渔获物；海洋中养殖的鱼类、贝类等海鲜因污染而销售困难，渔民经济受损。

7. 一次溢油会造成多少损失？

近50年来，海上油田发生了许多超级油轮事故或井喷事故，造成了严重的经济损失和海洋生态破坏，下面我们一起来看看这些数据吧。

1967年3月，美国"托利卡尼翁"号油轮在英吉利海峡碰礁失事，造成一起严重的海洋石油污染事故。11.8万吨原油小部分在10天内沉船燃烧，其余大部分原油流入海中，导致近140千米的海岸受到严重污染。受污染海域有2.5万多只海鸟死亡，50%～90%的鲱鱼卵不能孵化，幼鱼濒临灭绝。为处理此事故，英、法两国派出42艘船，1400多人，使用了10万吨消油剂，两国损失因此事件损失高达800多万美元。

相隔11年，一起更为严重的海上溢油事故碰巧在同一海域又发生了。1978年3月，总吨位为22.368万吨的"阿莫科·卡迪兹"号油轮从伊朗哈克尔岛装满原油，驶往荷兰鹿特丹港。3月16日下午，途经英吉利海峡入口时油轮遭遇风暴失控，轮机失灵，当晚11时18分由于触礁船体破裂。18日晚，油轮破裂泄漏的原油漂浮到法国布列斯特海岸，污染了110千米海岸线。28日，"阿莫科·卡迪兹"号油轮被炸沉没，船上装载的近23万吨原油全部进入大海。沿海岸线漂起一条巨大的油膜带，这条带宽约2000米，长度超过200千米。7万～8万吨污油漂浮到海滩上，渗透到海滩深度50～80厘米。这一劫难致使沿海4000米的水域，4个月没有看到活的浮游生物，造成了约15亿美元的经济损失。

1979年6月，墨西哥湾最严重的海上油田井喷事故发生在"Ixtoc-I"油井，直到1980年3月24日才密封，原油泄漏47.6万吨，严重污染了墨西哥湾部分水域。

2010年4月20日，美国南部墨西哥湾的半潜式"深水地平线"钻井平台爆炸。两天后，它沉入墨西哥湾，造成11人死亡。爆炸冲击开了连接钻井平台和井口的长约1524米的管道，井口开始泄漏原油（图5-2）。美国当局很快认定，每天向墨西哥湾泄漏5000桶（约1万吨）原油，可能造成30多年前埃克森·瓦尔迪兹事故的环境灾难。至于最终泄漏的原油总量，恐怕也是天文数字。别忘了，处理"Ixtoc-I"油井井喷事故历经了9个月。这是一场重大的生态灾难，那么与历史上严重的原油泄漏灾难相比，它能排名多少呢？

表5-1中以下是过去60年比较严重的原油泄漏事故回顾。

图 5-2　爆炸的钻井平台冒出了大量的浓烟

表 5-1　六十年间严重原油泄漏事故表

事故时间	事故类别	事故船只或油轮	地点	约漏油量（加仑）
1967 年 3 月 18 日	严重油轮漏油灾难	"托利卡尼翁"号事故（世界上第一起）	英国康沃尔郡锡利群岛	3800 万
1977 年	油田	埃科菲斯克油田井喷事故	挪威和英国之间的北海	8100 万
1978 年 3 月 16 日	油轮	"阿莫科－卡迪兹"号油轮失去动力	法国布列塔尼半岛沿海	6900 万
1979 年 6 月	油井爆炸	"伊克斯托克 1 号"油井爆炸	墨西哥坎佩切湾	1.5 亿
1979 年 7 月 19 日	油轮	"大西洋女皇"号	西印度群岛特立尼达和多巴哥	9000 万
1983 年 2 月 10 日	油田	瑙鲁兹海上油田事故	伊朗瑙鲁兹	8000 万
1983 年 8 月 6 日	油轮	"贝利韦尔城堡"号	南非萨达尔尼亚港附近	7800 万
1988 年 11 月 10 日	油轮	"奥德赛"号	加拿大新斯科舍省附近的北大西洋海域	4070 万
1989 年 3 月 24 日	油轮	"埃克森瓦尔迪兹"号触礁漏油	阿拉斯加州威廉王子湾	1500 万

续表

事故时间	事故类别	事故船只或油轮	地点	约漏油量（加仑）
1991 年 1 月	原油泄漏	科威特漏油事故	科威特	5.2 亿
1991 年 4 月 11 日	油轮	"M/T 天堂"号	意大利热那亚	4500 万
1991 年 5 月 28 日	油轮	"ABT 夏日"号	安哥拉沿岸	8000 万
1992 年	内陆原油泄漏	费尔干纳盆地	乌兹别克斯坦	8800 万
1994 年 夏秋期间	石油管道漏油	科米地区石油管道漏油	俄罗斯北极地区	8400 万
2002 年 11 月 19 日	油轮	"威望"号	西班牙加利西亚海岸	2.37 亿
2003 年 7 月	油轮	"塔斯曼精灵"号	巴基斯坦卡拉奇	380 万
2010 年 4 月 20 日	油井泄漏	英国石油公司的深水地平线钻井平台漏油事件	墨西哥湾	2.06 亿
2020 年 5 月 29 日	油罐泄漏	西伯利亚工业城市诺里尔斯克镍业公司一家热电厂的储油罐突然损坏，柴油泄漏	俄罗斯诺里尔斯克	620 万

8. 重大的溢油事故有哪些？

（1）1989 年，"埃克森·瓦尔迪兹"号触礁事故，原油泄漏量：3.5 万吨。此次触礁事故，又叫"阿拉斯加港湾漏油事件"，它是美国历史上最严重的原油泄漏事故，也是世界上最大的泄漏事件之一，有人估计至少需要 20 年该地区才能恢复正常生态系统。此事件在历史上最大的原油泄漏事故中排名第 50 位，对美国的政治、流行文化和环保运动产生了重大影响，对阿拉斯加州南部沿海脆弱的生态系统也产生重大的影响。

（2）1967 年，"托利卡尼翁"事故，原油泄漏：12.3 万吨。"托利卡尼翁"触礁失事或标志着现代极其严重的原油泄漏事故的开始。这艘利比亚超级油轮在英国康沃尔郡锡利群岛附近搁浅后，超级油轮被切断为两截，沉入海底。经调查发现，原来是船长为了尽快到达目的地，擅自改变了航道，造成了此次灾难。时任英国首相哈罗德·威尔逊决定燃烧海面上的浮油，命令皇家空军将汽油弹空投到事发水域，共投放 42.1 万磅炸弹（约 19 万千克）。1 万多吨有毒溶剂和清洁剂被冲上受原油污染的英国和法国海岸附近的海滩上，对陆地和海洋野生动物产生了长期的不利影响。

（3）1988 年，"奥德赛"事故，原油泄漏：13.2 万吨。新斯科舍省附近的北大西洋海域在加拿大东部一向不是一个平静的地方，尤其是在深秋，经常波涛汹涌，巨浪滔天。1988 年 11 月，美国油轮"奥德赛"号在距离新斯科舍省 700 英里，约 1127 公里的地方，发生了灾难性事故。"奥德赛"号突然爆炸，船体瞬间断裂成两段。船上 13.2 万吨原油迅速被火舌吞没。加拿大海岸警卫队无法到达"奥德赛"号船员向他们报告的地点，等到他们最终到达时，大部分原油都被烧掉了。

（4）1991 年，"M/T 天堂"号事故原油泄漏量：14.5 万吨。"M/T 天堂（M/T Haven）"号是超级油轮"阿莫科·卡迪兹"号（Amoco Cadiz）的姐妹船。这艘 23.369 吨的油轮被列为超级油轮，爆炸发生时，有 100 万桶原油。爆炸使"M/T 天堂号"迅速解体，船上 6 名船员死亡，14.5 万吨重油泄漏到意大利热那亚港的地中海。爆炸还点燃了海面上的原油，约 70% 的原油在随后的火灾中燃烧，足足烧了三天，而意大利和法国海岸花了十多年时间才恢复了当地生态。事后的调查数据表明，一些泄漏的原油沉入，约 488 米深的海底，可能存在数十年甚至数百年。

（5）1978 年，"阿莫科·卡迪兹"号油轮事故，原油泄漏：22.3 万吨。1978 年 3 月 16 日，"阿莫科·卡迪兹"号滑轮在法国布列塔尼海岸附近撞上波特萨尔岩礁，"阿莫科·卡迪兹"号装载了 160.45 万桶原油。由于方向舵被巨浪损坏，巨轮失去了控制，飞奔地撞上了一个约 27.4 米深的岩礁，油轮不幸被切断，迅速沉入海底。船上所有的原油都泄漏到海里。在流行风潮的联合作用下，泄漏的原油漂浮到约 322 公里以外的法国海岸线上，此次事故使海洋动物遭受了重创。约有 2 万只海鸟、9000 吨牡蛎、海星和海胆、栖息在海底的动物等，因为原油泄漏窒息而亡。

（6）1983 年，"贝利韦尔城堡"事故，原油泄漏：25.2 万吨。"贝利韦尔城堡"号油轮灾难是南非最大的原油泄漏事故。当天事发地区的风向和气候条件使泄漏的原油远离海滩和海岸线。和奥德塞号一样，贝利韦尔城堡也是因为油轮因失控造成火灾而爆炸，但与前者不同的是，它距离南非开普敦海水浴场只有约 38.6 公里。由于近岸风、好望角周围危险水域经常性的巨浪活动和快速水流等因素，除了对开普敦附近几个地区的环境造成有限的破坏外，泄漏的原油大部分迅速消散。但沉入海底部分对生态造成的破坏作用还是比较巨大的。

（7）1977 年，"埃科菲斯克油田"井喷事故，原油泄漏：26.3 万吨。在挪威和英国之间的北海，在埃科菲斯克油田上，菲利普斯石油公司的 B-14 号发生井喷，从井喷开始到完全被熄灭，足足有 8 天时间，这 8 天内共 8100 万加仑的原油泄漏到海里，虽然井喷事故并没有破坏钻井平台，但热油、泥浆和海水混合物喷射到约 54.86 米的高度。据挪威国家污染控制中心介绍，原油泄漏事故并未造成重大生态灾害。在与菲利普斯石油公司签订合同后，美国公司 Redadair 帮助扑灭了泄漏的 B-14 号油井。公司后来发现，事故可以完全避免，最大原因是工人将本可以预防井喷的机械设备（被称为井喷预防器）上下颠倒安装在了井口上。

（8）1991 年，"ABT 夏季"事故，原油泄漏：26 万吨。伊朗油轮"ABT 夏季"（ABT Summer）在南大西洋水域沉没，沉没处距离安哥拉海岸约 1448 公里。1991 年 5 月初，"ABT 夏季"号在伊朗哈尔克岛安装了 26 万吨重油，最终目的地是鹿特丹，鹿特丹是荷兰港口城市，途经好望角。当"ABT 夏季"号绕过非洲南端，准备进入非洲大西洋海岸时，货舱发生泄漏，并迅速引发火灾。5 月 28 日，火灾引发大爆炸，油轮被摧毁，船上 32 名船员中有 5 人死亡。到 6 月 1 日，大部分漂浮在海面上的原油已经燃烧，残骸也沉入海底。

（9）1983 年，"瑙鲁兹海上油田"事故，原油泄漏：26 万吨。瑙鲁兹油田的运气特别差：1983 年 2 月 10 日，一艘油轮与钻井平台相撞，导致油井每天以 1500 桶的速度漏油。在接下来的一个月里，发生事故的钻井平台又遭到伊拉克直升机的袭击，引发了火灾。因为当时该地区属于战区，伊朗花了半年时间扑灭燃烧的油井。伊拉克直升机还袭击了附近的一个钻井平台，导致原油泄漏，直到 1985 年 5 月才被扑灭。事故发生两年后，造成 73.3 万桶原油泄漏。

（10）1992 年，"费尔干纳盆地"事故，原油泄漏：28.5 万吨。当油轮倾覆或钻井平台出现故障时，原油泄漏并不总是发生在远离海洋或海岸线的内陆地区，盆地发生原油泄漏，对环境破坏也同样非常可怕。1992 年费尔干纳盆地（Fergana Valley）发生的这起事故这是一个典型的例子，也是历史上最严重的内陆原油泄漏事故之一。费尔干纳盆地位于乌兹别克斯坦和吉尔吉斯斯坦的边境，人口密集，自古以来一直是土地肥沃的农业地区，人口众多。技术人员有幸在盆地下发现了许多油田，然而由于开采方法不是很科学，在 1992 年 3 月 2 日，费尔干纳盆地的一个油井发生机械故障，导致井喷。最终约 28.5 万的原油从油井喷出，流向附近的盆地，于是一场灾难开启。

（11）1979 年，"大西洋女王"号事故，原油泄漏量：28.7 万吨。由于多巴哥岛附近的加勒比海水域遭到强热带风暴袭击，1979 年 7 月 19 日，"大西洋女王"号——一艘装满原油的超级油轮（Atlantic Empress）和"爱琴海船长"号（Aegean Captain）这两艘船被困在风暴中，不幸的是，"大西洋女王"和"爱琴海船长"之间的碰撞导致了大爆炸，这场爆炸是历史上最严重的油轮漏油事故。大约 220 万桶原油泄漏到多巴哥岛附近的海水中。

（12）1979 年，"伊克斯托克 1 号"油井原油泄漏量：45.4 万吨。1979 年 6 月 3 日，这起严重的原油泄漏事故始于墨西哥湾的"伊克斯托克 1 号"（Ixtoc -I）油井爆炸，大量原油泄漏到墨西哥卡门城附近的坎佩切湾。一开始，当局对控制事态的发展非常有信心。第一次井喷后不久，钻井平台着火倒塌。原油继续从油井不断外流，将近 9 个月后，油井才被封住，此时已有 1.4 亿加仑原油泄漏到墨西哥湾。西风和一系列风暴使一些泄漏的原油远离墨西哥东部和美国得克萨斯州东南部的海滩，但在这一年的秋天，人们还是看到了得克萨斯州的南帕德拉岛受到原油的污染。特别是井喷期间和事故发生后对环境产生了严重影响，原油泄漏总量，更是人们心中永恒的噩梦。

（13）1991 年，"科威特漏油"事故，原油泄漏：136 万～150 万吨。1991 年 1 月下旬，从科威特撤退的伊拉克军队打开油管、油井、停泊在港口的油轮阀门，力求为军事失败做最后的挣扎。据估计，1 月 23 日至 27 日期间，2.4 亿～4.6 亿加仑的原油流入内陆和波斯湾。美国战斗机轰炸了石油管道，试图防止原油泄漏，但还是阻止不了大约 800 万桶原油泄漏到波斯湾。此次的最大浮油覆盖面积约合 11000 平方公里；厚度为 5 英寸，约 12.7 厘米。此次漏油事故被认作人类历史上最严重的原油泄漏事故。

9. 核潜艇的归宿在哪里？

一个国家军事现代化的重要标志之一是拥有核潜艇，核潜艇是检验国家军事实力高低的重要依据，但由于核潜艇上核动力装置具有较强的辐射作用，对自然、人类产生的影响很大，如果哪天一不小心出现某个装置损坏，那么极易造成核泄漏。同时，核潜艇一旦退役后，对它的安全处理成了十分棘手的大问题。此大问题本质上就是去除核燃料、放射素。这些放射素来自反应堆金属结构上的残留物，这些残留物要释放出来只有在金属结构被腐蚀后，然而这一腐蚀不是一朝一夕就能完成的，要腐蚀并且穿透，大约需要100年的时间。

尽管如此，100年以后我们又该怎么办呢？人们还是要问：将它们放在何处最安全呢？为了处理退役核潜艇，各国绞尽脑汁地想了各种办法，下面我们来看看美国、俄罗斯、中国等国家处置退役核潜艇的办法。

美国目前已经有5艘以上的核潜艇退役。基于此，美国海军部的高参们曾设计出三种处理方案：一是埋藏放射性壳体部分和反应堆在国营陆上处理场。其实这种方法就是就地掩埋法。在地下30米处直接修建一个深沟，核潜艇被埋入深沟后，辐射很难泄漏，就算泄漏也基本不会对民众的生活造成什么影响。那些核废料随着时间推移衰变成为其他的物质。二是防护封存，在未决定进行永久性处理之前，采取此措施。但封存需要人力、物力和财力等。三是沉船法。将核潜艇中的核燃料取出来后，将核燃料放入专门的仓库储存，然后将整艘潜艇凿沉，沉入整体核潜艇预先选定的但要远离美国海岸的深海里。这种处理办法简单高效，成本较低，所以在国际上是用得最多的核潜艇处理方法之一。讨论的焦点最终还是落到了海洋里。海洋有两大优势，其一，从安全角度考虑，海域的选择远离人类活动区；其二，从经济方面考虑，直接沉入海底方法简单，操作方便，费用上每艘潜艇要比陆地处理费少花190万美元。如今美国已经选定两个海区进行该类试验研究。一个水深3962～4877米处，是位于大西洋北卡罗来纳州的哈特拉斯角以东320千米。另一个水深4115～4511米处，在太平洋，位于加利福尼亚的门多纳角以西260千米。

俄罗斯将所有退役核潜艇都拉到位于北冰洋的科拉半岛上，没有任何的保护措施。俄罗斯将核潜艇开到该港口前，会将反应堆中的燃料拆解下来，然后密闭封存，集中安置在港口周围专门的仓库中。这些核潜艇在到达该港口后，就直接漂在海上。该港口也就成为世界上规模最大的"核潜艇坟场"。

我国为了处理退役核潜艇，专门成立了一条处理核燃料的作业线。首先从退役后的核潜艇核反应堆里把核燃料取出，然后在保证它不会泄漏核辐射的条件下，将整个核反应堆做封闭处理，这期间核燃料会在作业线上直接处理掉，最后把核潜艇送入博物馆进行展览。当然了，这种退役核潜艇的处理成本最高，特别是核燃料处理作业线的建立以及核潜艇被送入博物馆的后续管理费用都是一大笔费用。这足以说明我国在防止核泄漏工作中展现出的大国担当与责任。

10. 海洋污染会对海洋生物造成多大伤害?

海洋污染是由有害物质进入海洋环境而造成的污染,会对海洋生物造成不可估量的危害,小而言之,严重影响到海洋中生物的基本生命活动和生殖繁衍,大而言之会导致某些海洋生物的灭绝,危及人类的健康以及海上的活动,同时还会破坏海水质量和环境质量等。海洋污染的特点是污染源多、持续性强、扩散范围广,而且难以控制,其中污染源主要有陆源污染、船舶污染、海上事故、海洋倾废以及海岸工程建设。

有数据统计表明,从 20 世纪 70 年代起,多种海洋生物的患病率持续上升,这引起世界科学界的普遍担忧。美国康奈尔大学的研究人员对 20 世纪 70 年代以来九大类海洋生物的数量和疾病发展状况进行比较研究。他们发现:除鱼类的发病率略有下降,珊瑚、海龟、海洋哺乳动物、海胆和牡蛎等软体动物的发病率持续上升,而鲨鱼、虾和海菜类的发病率相对稳定。研究还表明,珊瑚会因真菌感染大面积死亡,海豹和鲸易遭新病毒感染,而携带病毒和寄生虫的沙西鱼则对牡蛎、扇贝和蛤蜊形成严重威胁。人类的健康通过食物链间接地受到被海水污染侵害的海洋生物的威胁,由此可见,保持海水的洁净刻不容缓,保护海洋生物就是保护我们人类自己!

11. 海洋污染下海鸟会不会灭绝?

海洋动物受到污染物的毒害是慢性的而且全方位的。海洋动物生活在水中,由于水中有污染物,这些污染物们就会对生活在水中的动物们从胚胎、产卵、幼仔到长成的整个生长过程都进行毒害,这些毒害物渗透到骨髓,海鲜制品也会发现残留有毒的污染物成分。污染物对鸟类的毒害同样十分严重 (图 5-3)。一旦海鸟食用了有毒的鱼、虾、贝类后,鸟蛋的蛋壳会变薄,几乎无法孵化,蛋壳、蛋液中也会存在有毒的成分,这种带上病毒的鸟蛋即使孵化出来幼鸟也难以成活。据统计,在海洋环境污染下,尤其是化学农药对环境的污染下,世界上有近 100 种海鸟已经灭绝,近 200 多种也濒于灭绝,这些农药成为海鸟的真正杀手。以下是已经灭绝的鸟类介绍。

图5-3　树枝、毛草被大量塑料垃圾代替的海鸟巢穴

　　白令鸬鹚，最初发现于白令岛的海鸟，灭绝于1850年。绿头辉椋鸟，生活在太平洋西南部的诺福克岛，1923年左右灭绝。阿提特兰䴙䴘是生活在危地马拉的阿蒂特兰湖的专有鸟类，1989年后灭绝。启利氏地鸫，生活在小笠原群岛上的鸟类，1830年左右灭绝。（图5-4～图5-7）

图5-4　白令鸬鹚

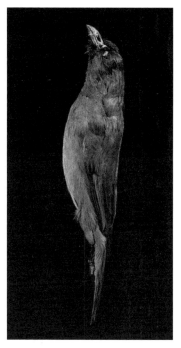

图 5-5　绿头辉椋鸟

图 5-6　阿提特兰鸊鷉

图 5-7　启利氏地鸫

12. 海洋会不会报复人类呢?

关于这个问题,可以很肯定地答,会!海水入侵、赤潮、有毒海产品等都是海洋对人类的报复。

科学家已经给人类敲响了警钟:癌症成为人类最恐惧的病症之一,已经悄悄地从海上登陆。怎么会这样呢?原来工农业的污染物进入海洋后,海洋生物体内经过富集的作用，再由食物链进入人体，巨大的疾病隐患就此在人体内埋下了种子。据估算，散布在大气中的农药"滴滴涕"浓度仅为 0.000003 毫克 / 升，如果降落到海水中，一旦被浮游生物所食，此时浮游生物体内便可富集到 0.04 毫克 / 升，假如是小鱼吞了浮游生物，小鱼又落入大鱼口中，那么大鱼体内的滴滴涕浓度就会飙升到 2.0 毫克 / 升，富集了 57.2 万倍。试想人如果进食这样的鱼类，哪有不生病的道理。有人或许还是不能相信，造成生病的原因多样，怎么会是病从口入呢？医学专家用确切的数据分析，癌症患者中因病毒引起的不到 5%，由放射性引起的也不到 5%，而化学物质引起的占 90%，可见被化学物质污染过的海水，对人类的报复是残酷无情的。

此外，因"人为超量开采地下水造成水动力平衡破坏"造成的海水入侵也是海洋报复人类的一种手段。我国辽宁、上海、浙江、河北、山东、江苏、海南、天津、广西 9 个省市的沿海地区都出现这种情况。最严重的是山东、辽宁两省，海水现在入侵总面积已超过 2000 平方千米。

海水入侵有什么危害呢？它会导致水田面积减少，旱田面积增加，农田保浇面积减少，荒地面积增加，灌溉地下水水质变咸，土壤盐渍化，灌溉机井报废，严重的会导致工厂、村镇整体搬迁，海水入侵区变成不毛之地。目前海水入侵正逐渐成为沿海地区的"公害"，因为它不仅造成经济损失，还给人们生活用水造成很大困难，严重危害人体健康，破坏生态环境，对社会发展造成诸多负面影响。

13. 海洋能否自净呢？

人一定程度来说，海洋是具有自净能力的。海洋自净，是指海洋在自然条件下，通过自身物理（水体移动、稀释和沉淀）、化学（中和、氧化、还原等化学反应）、生物（吸收、分解和降解）等方面的作用使进入海水中的有害物质的危害性降低或消失的一种能力。

海洋自净能力强弱与上述三种作用的特点和强度息息相关，一般而言，物理和生物作用相对比较强，而化学作用相对比较弱。当然，影响海洋自净能力的因素还有地形、海水运动、pH 值、温度、氧化还原电位、盐度以及污染物本身的生物丰度、性质和浓度。所以，不同区域的海洋自净能力不一样，内海和外海自净能力也不同。

（1）物理自净。第一种是污染物会受到风力或海浪等作用而随着水体移动而漂移。也就是说，海洋中的水流动起来会形成海流，能将有害物质带到远离海岸线的地方，减少海岸线的污染。第二种是稀释，但稀释只能降低水中污染物的浓度，而不能减少其总量。第三种是沉淀作用，是指由于流量小，排入水体的污染物中所含的微小悬浮颗粒，如虫卵、颗粒、重金属等由于水体流速较小逐渐沉到水底。

（2）化学自净。第一种中和作用主要是水体的酸碱中和以调控水体的 pH 值。第二种氧化还原反应将有机污染物矿化转为二氧化碳和水；或者改变了有毒或高毒离子的价态转化为低毒或无毒的状态。氧化还原反应是化学净化的重要作用，如溶解氧与水中的低价亚铁离子（Fe^{2+}）污染物将发生氧化反应，生成难溶物 $Fe(OH)_3$ 而沉降析出。第三种水体可能发生还原作用有 Cr^{6+}（毒性很强）被还原为 Cr^{3+}（人体必需的微量元素，参与脂类和糖代谢）。

（3）生物自净。当水体中溶解氧含量富足时（海洋中的植物可以进行光合作用，吸收二氧化碳，释放氧气，提高水中溶解氧含量），水体中光合细菌等微生物可以将一部分有机污染物降解转变成无害的简单无机物，还可以将另外一部分有机污染物当成自己的食饵消耗。比如油类、有机物、氨氮等有害物质，可以被生物自净处理。

此外，部分海洋生物也可以处理一部分海洋污染物。比如有"海洋的清道夫"之美称的贻贝，它吸收浮游植物、杀虫剂、微塑料等污染物，是用于监测水体健康的"生物指标"。此外，绿藻、红藻、褐藻、海草、红树林、金鱼藻、钟虫（海洋动物）等海洋动植物均可以对水体进行净化。

虽然浩瀚的海洋自身具有巨大的自净能力，但并不是无限的；超过自净能力后局部海区水质恶化，水产资源受到破坏。遗憾的是，随着人类活动的日益扩大、海洋污染程度的不断提高，海洋环境面临着越来越严峻的挑战。因此，我们应该更加注意保护环境，减少污染，以维护海洋生态系统的稳定和可持续发展，促进人与自然的生态和谐共生。

14. 为何春夏之交是食物中毒高发期呢？

春夏之交是食物中毒高发期，食用海鲜需谨慎。提起海鲜，你的头脑里一定会浮想联翩：牡蛎、蛏、鲍鱼、鲈鱼、扇贝、螃蟹等等新鲜好吃的海产品尽收眼

底，清蒸石斑鱼、白灼鲜鱿鱼、雪耳文蛤汤、清蒸膏蟹、海参酥丸等一顿饕餮大餐正等你享用。

然而，每年的春夏之际却成为麻痹性贝类毒素中毒事件的"聚集高发期"。国家卫生健康委经常发布关于预防织纹螺（又名海丝螺、海狮螺、麦螺或白螺）、福寿螺（又名大瓶螺、雪螺、苹果螺）、贻贝（又名海虹、淡菜）、蛤蜊和鱼籽等食用中毒的提醒。

（1）织纹螺是一种含河豚毒素生物，每年4～9月其毒性更大，热稳定性强，煮沸、盐腌、日晒等均不能破坏该毒素，目前尚无特效治疗解毒药物。若不小心误食用后便会引起头晕、呕吐、口唇及手指麻木等中毒症状，应立即自行催吐，到医院就诊。潜伏期最短为5分钟，最长为4个小时。成年人食用50～100克螺肉就能引起死亡。国家卫生部已明令禁止采捕、加工、销售、食用织纹螺。请切记任何时候都不要吃！

（2）福寿螺与恐怖的食人鱼原产地相同，均来自南美洲亚马孙河流域。外形与田螺很相似，但个头却比田螺大很多，平均体重120克，最重高达250克以上，相当于田螺的三四倍。食用生的或加热不彻底的福寿螺会感染脑膜炎，引起头痛、发热、恶心、呕吐、颈部强硬、昏迷以及精神异常等症状，严重者可致痴呆甚至死亡。因为福寿螺富含多样蛋白质，20世纪80年代初曾作为一种水生经济生物被引入我国广东、广西、云南、福建、浙江等地，后因其口味不佳被弃养，2003年已被列入中国首批外来入侵物种。一只福寿螺体内寄生的广州管圆线幼虫可达6000多条，除了伤害人们身体健康外还危害农田生长、破坏农业系统，因为它繁殖能力太强且又缺少天敌，所以福寿螺难以被清除，严重破坏生态系统。请切记任何时候都不要吃！

（3）贻贝备受世界各国欢迎，也是我国沿海城市居民比较喜爱的食用性贝类和四大经济贝类之一。它的味道鲜美，蛋白质含量达到53%，脂肪7%，糖类17%，矿物质8%。同时还含有钙、镁、磷、铁等各种微量元素，所以也经常被人称为"海中蛋类"。但这种贝类当中却含有五种主要毒素，分别是麻痹性毒素（PSTs）、腹泻性毒素（DSP）、神经性毒素（NSP）、记忆缺失性毒素（ASP）和西加鱼毒素（CFP），全球每年约有2000起因PSTs引起中毒的事件，其致死率超过15%。

（4）蛤蜊的品种有青蛤、白蛤、兰蛤、毛蛤、血蛤、黄蚬子、花蛤、文蛤、黄蛤、油蛤、西施舌等。常吃的蛤蜊有8种，各自的味道外壳都不相同，其中花蛤最为鲜美，被称作"天下第一鲜"。但是蛤蜊容易富集麻痹性毒素和重金属，同时还会遭受溶藻弧菌、弗尼斯弧菌、副溶血弧菌侵害等。因此，食用前要特别注意蛤蜊是否新鲜、毒素和重金属是否超标、是否受到病菌侵害。别一时贪图鲜嫩，生吃或加热不够就吃，麻痹性毒素、重金属、病菌和寄生虫都会影响人类身体健康，还要注意关注食物相克事宜，千万别过量食用。

（5）鱼籽营养丰富，含有人体所需的蛋清蛋白、鱼卵鳞蛋白、球蛋白、蛋粘蛋白、钙、磷、铁和维生素等营养成分，也富含核黄素和胆固醇，味道鲜美。但不是所有的鱼籽都可以食用的，特别要注意的是鲶鱼、石斑鱼、河豚和雀鳝等少数鱼的卵有毒，应避免食用。也就是说，不要盲目食用和过量食用鱼籽，要按照正确的方法烹调可食用无毒性的鱼籽。尤其在4～9月，鲶鱼、石斑鱼、河豚和雀鳝正值繁殖期，这期间的鱼籽毒性更强。如果不小心误食有毒鱼籽后，其主要症状为呕吐、头痛、腹痛、腹泻，严重者会出现抽搐、昏迷甚至死亡等。出现不适症状应第一时间采取催吐措施和及时就医，常用的方法是使用手指，按压舌根，并碰触扁桃体，使机体产生反射，并发生呕吐反应。催吐后立即前往医院接受进一步的治疗。

（6）鱼胆不是鱼泡（鱼鳔）而是鱼类的胆囊，鱼胆可明目，但大多数鱼类的胆都有毒性，特别是鲤科的鲤鱼、青鱼、鲫鱼、鲮鱼、圆口铜鱼、草鱼、鲢鱼等等，这些鱼的鱼胆都不能食用。而且鱼胆毒无论生食、熟食、泡酒都无法解除其毒性。经科学家研究，鱼胆的主要毒性成分是以鲤醇硫酸酯钠（大鼠经口的半数致死量为668.70毫克/千克）为主的鲤醇硫酸盐。实际上，成年人误食一尾2千克左右草鱼的鱼胆就可能有生命危险。急性中毒初期表现为胃肠道反应，恶心、呕吐、腹痛等消化道症状，严重会引起肝肾功能损害，再严重者可致死亡，鱼胆中毒死亡病例中有九成以上是与肾衰竭有关。

15. 鲸为什么会集体自杀？

海滩边，这一群群鲸在晒太阳吗（图5-8）？它们为何不在海里待着？

其实，它们可不是在学海豹晒太阳，这是一起起大规模的鲸搁浅死亡事件。鲸鱼集体自杀的报道屡见不鲜，是什么让它们舍生求死？虽然人们现在可以解释个别现象，但并没有真正解决这个奥秘。

图5-8　澳大利亚南部离岛——塔斯马尼亚岛西岸的麦夸利港数百头领航鲸搁浅

鲸是生活在海洋中的大型哺乳动物，但是它骨骼结构并不坚固。一旦它们离开海洋或者搁浅着陆，由于缺少水的浮力，庞大的身体会导致其骨骼变形或折断、内脏器官受压受伤，它们很快便会死亡。

鲸集体自杀引起了人们的关注和好奇。虽然科学界对鲸集体自杀的确切原因仍存在争议，但有几种假设可能会帮助我们理解这种现象。

（1）社会行为和群体影响。鲸是高度社会化的动物，它们之间关系融洽，并且通常过着群居生活。在某些情况下，鲸鱼中的个体可能会受到领导者或受伤成员的指导，导致整个群体向危险区域移动。这种行为可能是由于个体之间的相互作用影响，而不是集体自杀。

（2）导航和环境因素。鲸依靠声音、地磁场和其他导航方法来定位和导航迁移路线。然而，人类活动（如噪声污染或军事行动）和环境变化可能会干扰它们的导航系统，使鲸误入浅水区。一旦鲸进入浅水区，它们可能无法因为体重和体型而回到深水区，致使搁浅和死亡。

（3）疾病和健康问题。一些集体自杀可能与鲸个体或群体的疾病和健康问题有关。例如，某些疾病或感染可能会导致鲸感到虚弱或疼痛，使其难以正常行动。在这种情况下，群体中的其他成员可能会跟随受影响的个体，导致整个群体遭受不幸。

（4）社会压力和竞争。鲸群体中的个体之间存在一定的社会压力和竞争，特别是在食物稀缺或资源有限的情况下。在这种环境下，如果领导者或核心个体选择了错误的行动，整个群体可能会跟随并受到负面影响，导致集体自杀。

（5）我们人类可能是罪魁祸首。人类的进步和发展导致了鲸的生存环境的恶化，由于鲸长期食用漂浮在海里的塑料垃圾，其身体的各种功能开始出现问题，严重后果随之而来。首先，它们患有严重的胃肠道疾病，导致食道腐烂，无法进食，然后声呐系统会出现问题，无法准确区分方向，易造成集体搁浅，甚至死亡。

探索鲸鱼集体自杀之谜是一项有益的工作。它将为鲸生物学和生态学的研究提供有价值的信息。

16. 噪声是海洋杀手吗?

噪声是发声体无规则振动时发出的声音。对人类而言，当声音强度为30～40分贝时，是比较理想的安静环境；大于70分贝便会影响工作效率。

海水的运动、风和大气对海洋的影响、水层的运动或融化、海底地质结构的变化、海洋生物的声音和人工来源的噪声，简称海洋噪声。海洋噪声已经成为海洋面临的十大危机之一。

海水的运动、海面大气的交流、水层移动或冰雪融化等等都是大自然自身的作用，但是人类产生的噪声改变了海洋的自然声学环境。人为的噪声对海洋生物伤害极大，严重影响其生理、行为、繁殖甚至生存。人类为了科考和生存的需要，航运、潜艇、地震气枪勘测（图5-9、图5-10）和钻井平台建造等产生的噪声空化效应在很大程度上扰乱了海洋动物的通信，也可能会导致附近动物永久性听力丧失、组织损伤甚至死亡。

（1）科学家发现鲸鱼大规模搁浅与海洋噪声有关。近年来在对死亡蓝鲸的研究中发现，船只声呐的声音与蓝鲸之间的通话重叠，迫使它们重复"通话"，接受错误信号，误导它们在接触声呐后深度潜水而引发"减压症"，致使蓝鲸死亡（图5-11）。

（2）根据对海兔（海蛞蝓）的实验室研究表明，当海兔长期处于海洋噪声中，其胚胎发育的成功率和孵化的个体死亡率均比在正常环境下降低了两成左右。

（3）巴塞罗那科学家米切尔·安德烈首次确认噪声污染还使得一个更大的海洋动物种群——无脊椎动物深受其害。比如鱿鱼身体损伤（套膜成浆，触须肿胀）严重；水下爆炸的声音可以杀死蓝螃蟹；噪音损害了鱿鱼和章鱼的定子，使其漫无目的地被海冲上岸滩上；降低了虾蟹改变颜色伪装自己的生存能力；降低了虾的采食量、减缓其生长速度、降低其繁殖能力，增高死亡率。

海洋噪声对海洋动物影响巨大，无论从无脊椎动物到脊椎动物，从小鱼虾到鲸类，无论是行为上和生理上均发生深刻影响。我们都知道，没有人乐意居住在高速公路、飞机场、火车站旁边，因为嘈杂不断和高低不一的噪音；而对于海洋动物而言，它们同样不喜欢海洋噪声污染。海洋噪声污染，虽然是海洋动物的无形死神，但是只要人类愿意付诸行动，从源头上减少噪音，如使用静音技术、减轻人类活动，是实现更健康海洋的关键。同时需要科学家和决策者们研究更合理的解决方案来降低噪声。保护海洋，就是保护我们的地球家园，就是保护我们自己。一起行动起来吧！

图 5-9　高爆气枪在海底引发声爆效果图

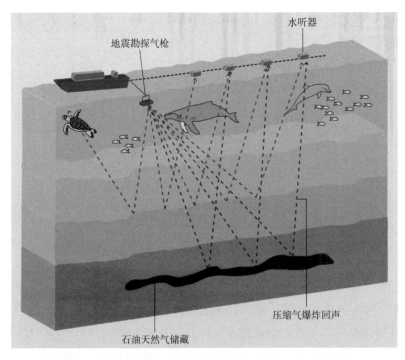

图 5-10　海洋石油天然气勘探船拖拽的地震回声系统示意图

图 5-11　声呐对鲸类回声系统的干扰

17. 珊瑚虫、珊瑚、珊瑚礁是同一种东西吗?

珊瑚是地球上最古老的海洋生物之一，至今已存活了数亿年。在古代，有众多文学爱好者对绚丽多彩的珊瑚情有独钟。《山海经》记载："珊瑚出海中，岁高二三尺，有枝无叶，形如小树。"三国时期曹植的《美女篇》诗云："明珠交玉体，珊瑚间木难。"其意思为：身上的明珠闪闪发光，珊瑚和宝珠点缀其间。在生活中，我们可能经常听到珊瑚、珊瑚虫、珊瑚礁，那到底什么是珊瑚，珊瑚是动物还是植物呢？珊瑚和珊瑚礁是同一种东西吗？

（1）珊瑚虫是虫子吗？

古希腊学者亚里士多德曾把珊瑚归属于介于动物和植物之间的一种特殊物种。之后科学家一直孜孜以求、勇于探索求证，终于在 18 世纪时将珊瑚虫正式归属于动物界。其实，珊瑚虫（图 5-12）与水母一样，同属于腔肠动物。而腔肠动物是比海绵动物更高等的后生动物，一般分为水螅虫纲、钵水母纲、珊瑚虫纲、栉水母纲四纲。珊瑚虫是一种雌雄同体低级海生动物，捕食对象是海洋里的微小浮游生物，形态呈圆筒状，触手一般是六或八的倍数，触手中央有口，进食和排泄都是通过同一个口完成的，其原肠腔具有消化循环功能。依据是否可以形成硬礁石，珊瑚虫分为"造礁"和"非造礁"两种。珊瑚虫有单体独居和复体群居之分。珊瑚虫个头小巧玲珑，一般只有几毫米，一个珊瑚虫体积比小米粒还要小，珊瑚虫主要生活在热带和亚热带海域。

图 5-12　珊瑚虫

（2）珊瑚是什么呢？为何会有五彩斑斓的色彩呢？

原来，珊瑚虫在生长过程中能吸收海水中的 Ca^{2+} 离子和 CO_3^{2-} 离子，然后分泌出方解石型碳酸钙（$CaCO_3$，碳酸钙主要有方解石、文石、球霰石三种晶相），作为自己生存和支撑结构所用的外壳，珊瑚虫的子子孙孙不断地在原先的骨架上面繁衍就形成了珊瑚（图 5-13）。可以说珊瑚是珊瑚虫的骨骼或骨架；严格来说，珊瑚是珊瑚虫的聚合体。然而，从宝石学角度来分析，珊瑚属于珠宝，与珍珠和琥珀并列为三大有机宝石，也被列为佛家七大宝石（金、银、琥珀、珊瑚、砗磲、琉璃、玛瑙）之一。

值得注意的是，与珊瑚虫共生的海藻有虫黄藻、原绿藻等，其中虫黄藻是一种金黄色细胞间共生菌，据估计，每立方毫米的珊瑚组织内竟伴有 3 万个虫黄藻，它们与珊瑚虫互惠共存。珊瑚虫为虫黄藻供给优良的生态环境，包含光合作用所需的二氧化碳与氮、磷营养物质。而虫黄藻则利用光合作用为珊瑚宿主提供氧气、葡萄糖、丙三醇、氨基酸等光合作用的产物。正是这种互惠互利的共生情景促进了珊瑚和虫黄藻健康成长。

一般珊瑚是透明无色的，但其体内含有色素蛋白和荧光蛋白。色素蛋白可以调整珊瑚的颜色（相当于化妆着色）；荧光蛋白类似于"防晒霜"可以吸收太阳的紫外光，并重新释放出绿光，进而控制寄宿于珊瑚体内的虫黄藻生存数量。在受到一些环境应激时，珊瑚体内的色素蛋白和荧光蛋白会发出红、蓝、紫、粉色甚至自带荧光效果的多种颜色来保护自己，其中红珊瑚最为珍贵，与大熊猫一样均属于国家一级保护动物。

图 5-13　珊瑚

（3）什么是珊瑚礁呢？

　　珊瑚礁是成千上万的群居珊瑚聚集在一起，经过日积月累生长而成的。它既是一种由多种生物组成的珊瑚礁生态系统（图 5-14），也是一种碳酸盐地质地貌结构的岩体。它不但为大洋带的海底动物提供生长地，甚至可以影响人类生态系统。

图 5-14　珊瑚礁

一旦地质结构发生变动时，如果海底珊瑚礁石被抬升出海面，便是我们所说的珊瑚礁岛。我国南沙、西沙、东沙和中沙群岛都属于珊瑚岛。马尔代夫群岛和澳大利亚大堡礁也是由珊瑚虫构造的。如果您有机会的话，可以去领略一下美景。珊瑚在我国受法律保护，私自偷捕、买卖、损坏都是违法行为，让我们一起保护珊瑚，爱护环境，共建美好海洋世界。

18. 珊瑚也会生病、消失吗？

珊瑚的形状千姿百态，有的像含苞待放、五彩斑斓的花朵，有的似左右摇曳的漂亮扇面，有的如一个翩翩起舞、亭亭玉立的小姑娘，有的同一只绚丽多彩的开屏孔雀……真令人目不暇接 (图5-15)。

图5-15　珊瑚礁

虽然美丽的珊瑚像一幅美丽的山水画一样令人为之痴迷，然而，它的生存环境也很脆弱，近年来不时就传来珊瑚白化等坏消息，甚至出现珊瑚要灭亡的预测，说明珊瑚前景堪忧。

目前报道和研究较多的珊瑚疾病类型有：白化病、黑带 (斑) 病、白带病和白色瘟疫等。

(1) 珊瑚的白化。当海水温度过高或过低、海水的 pH 偏低 (酸化)、海水的光线过强或过弱、海水的溶解氧含量增加或减少、水污染或变化等环境压力出现时，珊瑚和虫黄藻的共生平衡就会被打破，两者就会互相伤害。一方面，虫黄藻在这些不适宜生存条件下不再为珊瑚提供能量和氧气，而是会释放一些毒素来伤害珊瑚虫。另一方面，珊瑚虫为了自我保护，会将寄宿共生的虫黄藻驱出体外，从而失去主要的营养物来源和颜色来源，这就是珊瑚白化的现象。珊瑚的白化后，虫黄藻也会随之死亡。但有观点认为细菌性病原体才是珊瑚白化是主要致病原因。珊瑚白化并不直接意味着珊瑚死亡。若环境压力消失，珊瑚可能还会再次吸收虫黄藻，珊瑚也会恢复生机。

（2）黑带（斑）病。该病最明显的症状是珊瑚表面存在有黑颜色的窄带或小块，直径为 1~2 厘米，之后在珊瑚表面扩散，一般传播速度为 3~10 毫米 / 天，黑带伤害了珊瑚组织，使其裸露出白色石灰质骨骼。有人推测是藻青菌类引发的黑带病。该疾病夏季高水温季节异常活跃。

（3）白带病和白色瘟疫。白带病是组织坏死的白带以相对稳定的速度（约 5 毫米 / 天）从珊瑚底部到顶端脱离，致使整个珊瑚群体死亡，剩下裸露骨骼被藻类占据。20 世纪 70 年代末期便发现白带病案例，在印尼、红海、大堡礁和印度—太平洋海域均发现了珊瑚白带病。白色瘟疫主要症状为珊瑚表面突兀的白线或段带将健康的珊瑚组织与刚刚裸露骨骼分离。这两个的患病症状差不多，一般认为白带病只感染鹿角珊瑚等 34 种，而白色瘟疫只感染除鹿角珊瑚以外的块状、片状珊瑚礁和其他树枝珊瑚。大多数容易感染黑带病的珊瑚同样也容易感染白色瘟疫。

与海水温度变化相比，海洋酸化对珊瑚的危害更大。这是因为珊瑚的骨骼主要成分是碳酸钙，珊瑚表面的 pH 值每降低一点，其合成碳酸钙所需的能量就会增加一点。珊瑚虫通过合成碳酸钙形成珊瑚礁。珊瑚虫合成碳酸钙骨骼所需要消耗的能量越多，碳酸钙的稳定性也会随之降低（离子反应式为 $CaCO_3 + 2H^+ = Ca^{2+} + CO_2\uparrow + H_2O$）。同时，珊瑚自身抵抗病虫害、环境压力甚至繁殖后代的能力随之降低，最终导致珊瑚灭绝。

珊瑚除了受到水温、海水酸碱度、海洋盐度、海水的光线、海水的溶解氧、海水污染等因素等影响外，人类开发海洋资源或旅游活动所涉及的挖掘、爆破、填埋等也会造成珊瑚礁的物理破坏。此外，像长棘海星（又称棘冠海星）等一些外来生物入侵也会严重破坏珊瑚礁，进而造成生态失衡。

19. 如何保护我们的珊瑚礁？

上述我们谈到了珊瑚礁是由碳酸钙组成的珊瑚虫骨骼在数百年到数千年的生

长过程中形成的。珊瑚礁可以影响其周围环境的物理和生态条件。比如，珊瑚礁为海绵、蠕虫、软动物、棘皮动物、鱼类幼苗和甲壳类动物等提供了生活环境。

珊瑚是地球的瑰宝，是海洋的馈赠，但近年来随着人类活动加剧，对珊瑚的破坏日益频繁。为保护海洋资源多样性和完整性，2020年中国珊瑚保护联盟确定每年9月20日为"全国珊瑚日"。

人们都知道生物多样性对地球生态的重要性，在海洋生态系统中，珊瑚礁的生物多样性是最丰富的，生产力也很高。珊瑚礁是世界上绝无仅有的生态系统，有"海洋热带雨林""水下雨林"或"海洋森林"之美誉。珊瑚礁覆盖海洋面积仅为0.25%，然而其生物多样性却占25%左右，并为30%的海洋生物提供了栖息地和生活环境。珊瑚礁的破坏毋庸置疑是世界生物多样性最严重的威胁，同时珊瑚礁还可以为海洋中很多生物提供食物的来源及繁殖的场所，一旦珊瑚礁遭到破坏，海洋中很多生物将面临灭绝的危险。

珊瑚体内虫黄藻吸收二氧化碳形成有机碳，珊瑚钙化将以碳酸钙形式储存，维持和促进碳循环；许多具有商业价值的鱼类都由珊瑚礁提供食物来源及繁殖的场所；部分珊瑚礁是药用资源并具有药物开发潜力；珊瑚礁还具有消浪护岸和休闲渔业等安全和经济价值。

珊瑚礁对人类贡献诸多，大致分为六类。

（1）缓解气候变化。珊瑚在造礁过程中，通过共生虫黄藻吸收大量二氧化碳，进而减弱了地球的温室效应，缓解全球气候变化的影响。

（2）保护生物多样性。珊瑚礁为海鸟、海蛇、海龟和四千多种鱼类提供理想的生活场所，保护了绿海龟等许多珍稀濒危物种（图5-16）。此外，难觅芳踪的长吻镊口鱼、狭带细鳞盔鱼、尾纹九棘鲈、双斑栉齿刺尾鱼等精灵也栖息于珊瑚礁中。

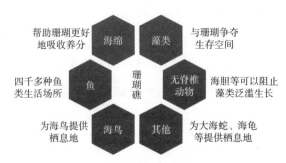

图5-16　珊瑚礁生物多样性

（3）提供渔业资源。许多经济价值高的鱼类和贝类喜欢在珊瑚礁中觅食和产卵，因此珊瑚礁是一个重要的渔业基地，这些资源为当地渔民提供了重要的食物和经济来源。

（4）保护海岸线。珊瑚礁可以减缓海浪和风暴的冲击，保护脆弱的海岸线免受侵蚀和洪水的威胁。珊瑚礁就像一道海洋建起来的自然堤坝一样，可以吸收或减弱 70%～90% 的海洋冲击力，保护着海岸线居民的生命和财产安全，而且珊瑚礁本身具有自我修复能力，死亡后的珊瑚会被海浪分解成细沙，这些细沙丰富并维护了可爱的海滩。

（5）促进文化教育和生态旅游业。珊瑚礁丰富的环境、生态及生物多样性，是理想的海洋生态科研、科普文化教育基地；珊瑚礁的奇异景观、千姿百态可推进生态旅游业发展，进而促进了当地居民的就业机会和经济收入，同时也为人类带来了美学和艺术灵感，实现其文化、精神等服务价值。

（6）提供医疗资源。珊瑚礁中的许多生物具有特殊的生理和化学物质，具有极高的药用价值，可作为骨骼移植、牙齿和面部改造的原始材料，也可以作为抗菌、抗氧化、激素和毒性活性的活性代谢物，还可以为新药研发和治疗方法修正提供保障。

此外，珊瑚礁还是造陆高手、生态卫士、创作天才、资源宝库，如果珊瑚礁遭到破坏，无数的海洋生物首当其冲会面临灭顶之灾，人类也会失去许许多多种海鲜食物，旅游业、生态环境、科学研究等等也会随之遭受重创……保护珊瑚礁的工作可以说刻不容缓。

（1）从国家层面上，可以颁发相关法律法规、建立保护区和实施实时数字监控等。

①有法可依：我国的《中华人民共和国野生动物保护法》《中华人民共和国环境保护法》《中华人民共和国海洋环境保护法》《国家重点保护野生动物名录》和相关省市法律条文已明确保护珊瑚礁，并将红珊瑚科所有种列为国家一级保护动物，角珊瑚目、石珊瑚目、苍珊瑚目、软珊瑚目等物种列为国家二级保护动物（表 5-2），从法律层面进一步加大了保护力度，有效震慑违法行为，并增强了民众的珊瑚礁保护意识。

表5-2　国家重点保护野生动物名录

中文名			保护级别
角珊瑚目 #	* 角珊瑚目所有种		二级
石珊瑚目 #	* 石珊瑚目所有种		二级
苍珊瑚目	苍珊瑚科 #	* 苍珊瑚科所有种	二级
软珊瑚目	笙珊瑚科	* 笙珊瑚	二级
	红珊瑚科 #	* 红珊瑚科所有种	一级
	竹节柳珊瑚科	* 粗糙竹节柳珊瑚	二级
		* 细枝竹节柳珊瑚	二级
		* 网枝竹节柳珊瑚	二级

②建立保护区：除了法律条文相关规定外，研究和实践证明建立关键区域的珊瑚礁保护区或国家公园是严格保护珊瑚礁生态环境的有力举措。我国先后建立了海南三亚（1990年）、广东徐闻（1999年成立，2007年升级为国家级）两个珊瑚礁国家级自然保护区；广东大亚湾水产资源（1983年）、福建东山珊瑚（1998年）等两个省级自然保护区；海南磷枪石岛（1992年）等市级珊瑚礁自然保护区。

③数字监控：利用现代先进计算机和互联网技术，实时在线监测海洋生态环境因素（温度、酸碱度、盐度、溶解氧、深度、浊度、流速、流向、叶绿素、营养盐等）、探索研究"空天海岸潜"等多手段于一体的珊瑚白化精细化监测预警技术体系，实现珊瑚礁的实时连续监测以及珊瑚白化等疾病的预警和发现，及时发现和处理污染、过度捕捞、人为破坏等威胁因素。

④科学研究：适当投入经费、颁发相关政策支持科学家多研究珊瑚生物学、病理学、生态学、遗传学，探索提高珊瑚抵抗力、促进珊瑚恢复、培育新品种的可能解决方案。此外，珊瑚的层状结构（与树木的年轮类似）探究可为古生物、古环境和古气候研究提供借鉴作用。

此外，国家还可以推广绿色能源，改善能源结构，实施"双碳计划"，发展低碳经济等，从源头上减排温室气体、控制全球变暖、降低海水温度升高的风险，减少污染和控制污染源；因地制宜开发海洋生态旅游；加强对海洋渔业养殖、捕捞和休渔的管理；提高大众对珊瑚礁价值和危机的认识和关注，加强保护珊瑚礁及其生态环境宣传，增强公众环保意识和行动力。

（2）从个人层面上，每个公民应该遵守相关法律法规、节能减排、宣传和保护珊瑚礁。

①不破坏、不伤害、不采集珊瑚；不在珊瑚礁区打鱼作业等；不买卖珊瑚制品、不食用稀有珊瑚礁生物。

②不在大海或海边随意乱扔废弃物和垃圾，自觉维护海洋环境的清洁。

③从我做起，从身边的小事做起，下海时不使用防晒霜，减少一次性塑料制品使用，禁止将船舶油污等化学物品投入海洋。

④增强环保意识，积极参与保护海洋的行动，善待海洋生物、尊重每一种生物的生存权利，并尽力维护海洋多样性生物的生存。珊瑚礁在整个海洋生态系统中有着不可估量的存在价值和举世无双的地位，希望花团锦簇的珊瑚能永远在地球的生命摇篮里繁衍生息。

20. 什么是赤潮?

赤潮，是在特定的环境条件下，近海海域水体中某些浮游植物、原生动物或细菌爆发性增殖或高度聚集而引起的一种使局部水体变色的生态异常现象。赤潮早期又称红潮，它是由海藻家族中的赤潮藻引起的。近几年来，赤潮被重新进行定义，包含淡水系统中的水华、海洋中的褐潮（抑食金球藻类引起，水体常呈黄褐色），绿潮（某些大型绿藻，如浒苔和石莼等引起，水体常呈绿色）等。根据赤潮发生的种类和数量的不同，水体会呈现不同的颜色，如红色、砖红色、褐色、绿色等，但某些赤潮有时并不引起海水变色。2000年舟山群岛赤潮如图5-17所示。

图 5-17　赤潮

21. 赤潮是如何产生的呢?

赤潮的成因与海洋的污染息息相关,主要有赤潮生物、自然和人为三个方面原因(图 5-18)。

(1)在特定的水域存在可引发赤潮的浮游生物种类,如短裸甲藻、多边膝沟藻、夜光藻等赤潮生物。目前我国海域已发现 63 种这类生物,我们国家已有赤潮发生记载的赤潮生物达 25 种,约占 40%。有赤潮生物分布的海域并非一定会发生赤潮。

(2)自然原因(外因)。一些海域的酸碱盐度、含氧量、营养盐、铁锰微量元素和赤潮生物生长促进剂等化学因素为赤潮的发生提供了基本物质保障;海域相对封闭,海水流速缓慢或停滞,或者水体缺乏与外界交流;海域水体温度处于易发生赤潮的适宜温度范围内(20~30℃),适宜的光照有利于赤潮生物光合作用;适当的风速还会引发赤潮生物的相对聚集;径流、涌升流、水团或海流的交汇作用使得水体流向上升,将海洋深层营养盐上升到海洋表层,造成水域高度富营养化。因而,据报道赤潮发生的时间和地域具有一定规律可循,易发时间为 5~10 月,我国易出现河口或区域为海口湾、珠江口、杭州湾、渤海、长江口等。

(3)人为原因。沿海地区人口相对密集、经济相对发达,化肥、农药被大量使用于农业生产中;工业相对比较发达,富含各种有机物和无机营养盐的工业生产污水、城市生活垃圾及污水大量排放入海域;海洋开发程度高、海水养殖业过度,残饵腐败等致使水体氮、磷元素超标,这是赤潮发生的根本原因。

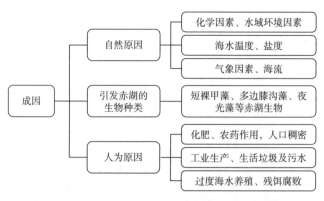

图 5-18 赤潮成因

22. 赤潮的危害是什么?

赤潮的发生主要对海洋渔业资源和生产、人体的健康和生态环境等造成巨大危害 (图 5-19)。

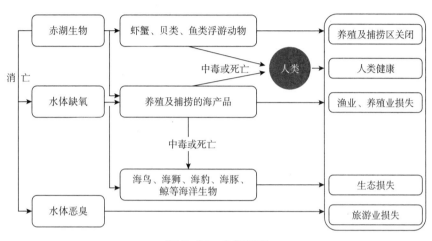

图 5-19 赤潮危害

(1) 危害海洋生物、渔业资源和生产。当赤潮发生时，赤潮生物分泌或出现的黏液黏附于虾蟹、贝壳、鱼类等海洋动物的鳃上，堵塞呼吸系统，导致其窒息性死亡。海水表面大量聚集赤潮生物，光照降低，水体深层的其他海洋藻类和动物的光合作用等减弱了，致使其生存和繁殖深受限制。赤潮发生时赤潮生物与海洋生物竞争水体中氮、磷、硅等营养元素；赤潮生物衰败时，其残骸在分解过程中又大量消耗水体中的溶解氧，水体便会出现含氧量骤减，硫化氢、氨氮、亚硝酸盐和甲烷等有毒物质被大量积聚现象，致使大量的海洋生物因缺氧或致毒而死，进而影响海洋渔业资源和生产。

(2) 危害人体的健康。有些赤潮生物可分泌毒素，毒素由贝类、鱼类、浮游动物等摄食和积累，进一步通过食物链传递威胁人类的健康和生命安全。

(3) 危害生态环境。赤潮生物死亡时会产生大量硫化氢和甲烷等有毒气体，海水变成红色并散发恶臭，水体污染严重恶化，海水的 pH 值也会升高，黏稠度增加，致使一些海洋生物不能正常生长、发育、繁殖，一些生物衰减、逃避甚至死亡，种群结构发生改变，海洋系统中的物质循环、生物之间相互依存、能量流动稳定性和生态平衡被打破，海洋正常的生态系统遭到严重的破坏，渔业减产，

严重威胁海洋养殖业和旅游业的发展。

目前，赤潮已经被列为世界性公害，全球三十多个国家和地区发生赤潮的概率越来越频繁，严重危害海洋生态结构，成为海洋灾难。

23. 如何防治赤潮？

赤潮灾害严重危害渔业资源和海产养殖业，威胁人类健康和生命安全，破坏海洋生态系统。那我们应该如何防治赤潮呢？

首先，建立完善的法规和措施，防止有毒赤潮生物外来种类经船只和养殖品种的移植引入我国海产养殖区。根据我国赤潮预防控制治理工作的指导思想和主要任务，严格控制工业废水、城市生活垃圾及污水大排放量，提高废水的处理标准，提高污水净化率。合理开发近海岸的养殖业，尽量选择羊栖菜、海带、裙带菜、红毛菜、江蓠、紫菜、生蚝、双贝壳类等一些可以净化水质的养殖品种，同时控制养殖面积和养殖密度，实时监测养殖品种的理化指标。严格把控化肥和农药的合理规范使用，控制海水的富营养化。

其次，利用现代计算机、高端检测仪器和互联网技术建立起赤潮监测监视网络系统，建立实时跟踪监测、预测应急响应体系，加强对赤潮、溢油、危化品泄漏等海洋突发污染事件的预警响应机制。

此外，我们还可以在相对封闭的水域，有选择地养殖红毛菜、海草等生物来净化水体，维护海洋生态平衡；利用自然潮汐的能量提高水体交换能力；利用挖泥船、吸泥船清除受污染底泥，进一步人工改善水体，改善海域的生态环境。

最后，对已发生的赤潮采用物理法（黏土法、人工打捞、机械设备分离、围栏隔离）、化学除藻法（利用硫酸铜、二氧化氯、异噻唑啉酮、臭氧、碘伏、新洁尔灭等化学药剂杀灭控制赤潮生物）、生物学方法（以鱼类控制藻类的生长；以水生高等植物控制水体富营养盐以及藻类；以微生物来控制藻类的生长）等来抑制赤潮生物爆发性增殖，可使海洋环境长期保持稳定的生态平衡，从而达到防治赤潮的目的。

赤潮的预防、控制和治理是一项亟待解决的任务。预防是关键，治理是补充。因此，要从源头上把握原因，采取相应的解决方案。这对提高我国海洋环境质量，加强海洋生态环境保护，促进海洋经济可持续健康发展，确保人民生命财产安全具有十分重要的意义，也是利国利民的大事。

24. 红树林是红色的吗?

红树林是以红树植物为主体的常绿灌木或乔木组成的潮滩湿地木本生物群落。既然是常绿灌木或乔木,但为何却被称为"红树林"。

这里面可能有两个原因。第一,红树林里的植物大都是真红树、半红树等红树科家族的成员,它们的叶柄和花大都呈现红色。第二,红树林里的植物由于长期遭受海水浸淹而使其富含神奇"单宁酸(又名鞣酸,一种有机化合物,化学式为 $C_{76}H_{52}O_{46}$,见图 5-20)"。一旦刮开树皮,其富含的单宁汁液便会被空气迅速氧化而变成红色或红褐色,便有了"红树林"的名称由来。

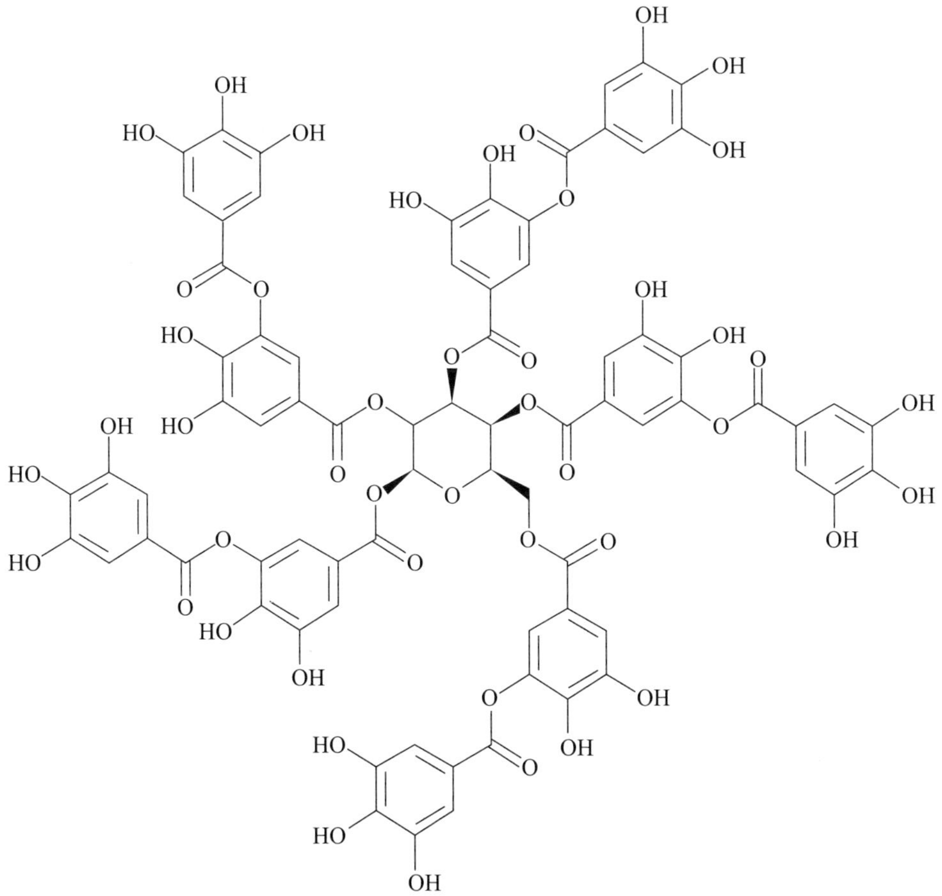

图 5-20　单宁酸结构式

红树林中并非是单一红树树种形成的森林，其群落主要含有：①真红树植物只能生长在海岸潮间带，具有气生根及独特的胎生现象等，红树（正红树）是真红树林植物的代表，此外还有秋茄、桐花树、木榄、白骨壤等。②半红树植物指既能生长在海岸潮间带，又能生长在陆地非盐渍土的两栖木本植物。无胎生、鲜有气生根现象，如老鼠簕、黄槿、海檬果等。③红树林伴生植物是指间或出现于红树林中及其周围，主要有海马齿、厚藤、卤蕨等。

红树林主要生长在热带、亚热带地区。在我国，它主要分布在海南、广东、福建、广西、浙江等省区。图 5-21、图 5-22 为海南和福建红树林国家级自然保护区。虽然红树林是植物，却有气生根和动物的"胎生"现象。红树林的种子成熟后不是直接掉落地上，而是先在母树果实内发芽后，然后才"依依不舍"离开母体而落地生根，由于其胚轴内部通气轻盈、表皮耐腐蚀，还可水上远漂传播，遇土而安，苗壮成长，生存能力极强。红树林能适应盐土地，它的植株生长高度可以达到 10～30 米。

图 5-21 海南东寨港国家级红树林自然保护区

图 5-22 福建漳江口红树林国家级自然保护区

红树林喜欢生长在河流出口处的沙壤地里面，突出特征是根系发达、能在海水中生长。并且还会随着规模的扩大不断向滩涂浅滩地带、海岸外边进行扩展，从而构成了由陆地向海洋过渡的一种特殊生态系统。它们面朝大海，抵御潮波，化解风暴，滋养渔业；背依陆地，吸收污染，净化水体；涵集营养，固土合淤，成为鱼、虾、蟹、贝类等多种生物生长繁殖的栖息地，在海洋生态保护、生物多样性、减碳固碳、沿海固岸护堤等方面发挥着巨大作用，可以说是名副其实的"海洋堡垒""生命之树""海岸卫士""海洋绿肺""海上森林""鱼虾粮仓""鸟类天堂""海水淡化器"。同时，红树林被公认为是地球上生物多样性和生产力最高的三大海洋生态系统之一（与珊瑚礁、海草床并称）。因而，红树林备受国际社会高度关注，联合国还因此专门成立了"国际红树林委员会"。

25. 为何要保护红树林？

从上面红树林的美誉我们知道红树林具有很高的生态效益、经济效益、科研价值和医药价值。

如果没有了红树林，热带和亚热带沿海地区将缺少这个"海岸卫士"的天然屏障，一旦遭遇热带风暴，灾区将是海水倒灌、水体浑浊、一片狼藉；鱼虾蟹贝将失去它们欢快的栖息地；海鸟也将不再留恋曾经的"鸟类天堂"；粮仓、天堂、绿肺、美景、生机都将不复存在……

或许你会觉得红树林这么蓬勃，怎么会这么容易消失呢！应该不需要我们保护吧。然而，作为地球三大海洋生态系统之一的天然红树林正在遭遇危机，圈地开发、填海造地、海水污染、无序的养殖产业干扰，都是摧毁红树林的元凶。20世纪后半叶，全球的红树林消失了35%，而中国更是损失了73%的红树林面积。如今世界上的红树林面积已经大不如前，物种多样性也持续衰退。希望这特殊的生态系统和经济价值能引起更多人的关注，得到更多的保护，为这个世界保留一份美好。

我们可以从以下几个方面阐述保护红树林的原因：

首先，红树林是重要的生态屏障。它们可以减缓风暴潮和海浪对沿海地区的冲击，保护沿岸村庄、城市和港口免受自然灾害的侵害。红树林不仅是潮间带生命的庇护所，而且还能消浪消涌、净化水质、美化环境，防止海水倒灌。红树林是重要的碳汇，能够吸收和储存大量的二氧化碳，有助于改善气候、控制污染和

维护区域生态环境。

其次，红树林是丰富的生物多样性的栖息地。红树林半数左右的净初级生产力最终会通过有机物的方式传送到相邻的海洋生态系统中，它们为众多物种提供了独特的生境，包括鱼类、鸟类、贝类和其他海洋生物。许多物种依赖红树林进行繁殖、孵化和觅食，保护红树林意味着保护这些物种的栖息地，因而红树林在促进生物多样性上也发挥着积极作用。

此外，红树林还具有经济价值。它们为渔业和旅游业提供了重要的资源和景观。红树林提供了天然丰富的鱼、贝、红树蟹等丰富海鲜等资源，与此同时，当地居民还可以因地制宜进行水产养殖作业，增加收入，提高生活幸福指数。此外，利用独特的红树林景观点缀美化沿岸滩涂，许多人愿意前往红树林地区观赏其独特的生态景观，这将给当地的旅游业注入新的活力。红树林还可以提供木材资源，增加居民经济收入。

综上所述，保护红树林对于维护沿海地区的生态平衡、保护生物多样性以及促进生态经济可持续发展具有重要意义。我们需要保护红树林，让它继续为我们的生态环境、社会经济发展做出贡献。

26. 中国水周与世界水日是什么?

如果问问你的爷爷奶奶、父母他们小时候的农村是什么样的情境？那时候鲜有手机，那在闲暇时间会玩什么呢？那他们一定会很自豪地告诉你：我们的孩提时代的快乐纯粹来源于大自然，上树掏鸟窝，下水捉鱼虾，山上摘野果，稻田抓蝌蚪，溪水野浴和捅马蜂窝等。

那时的乡村，水渠长流，溪水清澈，青草在河水中摇曳，鱼在水草中漫游；田野里到处都是青蛙、蛐蛐儿、蜗牛、泥鳅和鳗鱼；天空中萤火虫、知了、蝴蝶、蜜蜂和小燕子在空中翩翩起舞。那时的情景简直妙不可言、难以忘怀。遗憾的是，随着经济的发展，工业废水污染、农业农药化肥滥用、生活污水随意排放等，一些地区水质恶化，曾经的美好景象消失不再。

水是人类赖以生存的必要条件，没有水，人类将无法生存，万物将不能生长，世界将不会如此绚丽多姿。

虽然地球上70.8%的面积被水覆盖，但淡水资源极其有限，仅占2.5%。这些淡水中87%是人类难以使用的永冻冰雪、两极冰盖和高山冰川。人类真正能利用的是河流、湖泊和地下水的一部分，只占地球总水量的 0.26%，而且分布极不平衡，中东、非洲和亚洲多干旱和半干旱地区。全球每年有超过 10 亿的人口无法获得足够安全的水来维持他们的基本需求。

在我国，"节约用水"的理念可以追溯到 1988 年，《中华人民共和国水法》颁布后，初期，水利部将"中国水周"时间设定为 7 月 1 日至 7 日。

在国际上，1977 年"联合国水事会议"向全世界发出严重警告：石油危机后的下一场深刻社会危机便是水资源短缺（图 5-23）。为了缓解世界范围内的水资源不平衡与供需矛盾，1993 年 1 月，第 47 届联合国大会通过了 193 号决议，决议内容是：从 1993 年起，"世界水日"时间设定为每年的 3 月 22 日。在这一特殊日子里，各国开展别出心裁的主题宣传活动和具体的节水行动，以提高公众节水意识，保护我们有限的水资源。

图 5-23　"水"还是"眼泪"

"中国水周"与"世界水日"的主旨和内容基本相似，因而，我国便从 1994 年起将"中国水周"的时间修改为每年的 3 月 22 日至 28 日，进一步提高我国国民关心水、忧患水、爱惜水和保护水的意识，促进水资源的合理开发利用、正确保护和管理。

2023 年 3 月 22 日是第三十一届"世界水日"，联合国确定本届主题为"加速变革（Accelerating Change）"。3 月 22 日至 28 日是第 36 届"中国水周"，本届活

学海无涯"化"作舟

动主题为"强化依法治水 携手共护母亲河"。中国水周与世界水日的历年主题见表5-3。

也许我们微乎其微的个人行为都会影响我们宝贵的水资源。因此，珍惜人类的生命的源泉，就必须节约用水，才能保护好我们人类的生命线，这是每个人应尽的义务和职责，善待水资源就是善待人类自己！水是生命之源，珍惜水源，要从生活中小事做起。节约用水，要从自己做起，从珍惜每一滴水开始。否则留给我们的最后一滴水可能就是我们的眼泪了。

表5-3　中国水周与世界水日的历年主题

年份	中国水周			世界水日	
	届别	主题		届别	世界水日主题
1988	1	—			—
1989	2	—			—
1990	3	—			—
1991	4	—			—
1992	5	—			—
1993	6	—		1	水与可持续发展
1994	7	—		2	关心水资源是每个人的责任
1995	8	依法治水，推行取水许可制度，强化水资源统一管理		3	女性和水
1996	9	依法治水，科学管水，强化节水		4	解决城市用水之急
1997	10	水与发展		5	世界上的水够用吗
1998	11	依法治水——促进水资源可持续利用		6	地下水——无形的资源
1999	12	江河治理是防洪之本		7	人类永远生活在缺水状态之中
2000	13	加强节约和保护，实现水资源的可持续利用		8	21世纪的水
2001	14	建设节水型社会，实现可持续发展		9	水与健康

续表

年份	中国水周		世界水日	
	届别	主题	届别	世界水日主题
2002	15	以水资源的可持续利用支持经济社会的可持续发展	10	水为发展服务
2003	16	依法治水，实现水资源可持续利用	11	未来之水
2004	17	人水和谐	12	水与灾难
2005	18	保障饮水安全，维护生命健康	13	生命之水
2006	19	转变用水观念，创新发展模式	14	水与文化
2007	20	水利发展与和谐社会	15	应对水短缺
2008	21	发展水利，改善民生	16	涉水卫生
2009	22	落实科学发展观，节约保护水资源	17	跨界水——共享的水、共享的机遇
2010	23	严格水资源管理，保障可持续发展	18	关注水质、抓住机遇、应对挑战
2011	24	严格管理水资源，推进水利新跨越	19	城市用水：应对都市化挑战
2012	25	大力加强农田水利，保障国家粮食安全	20	水与粮食安全
2013	26	节约保护水资源，大力建设生态文明	21	水合作
2014	27	加强河湖管理，建设水生态文明	22	水与能源
2015	28	节约水资源，保障水安全	23	水与可持续发展
2016	29	水与就业	24	落实五大发展理念，推进最严格水资源管理
2017	30	废水	25	落实绿色发展理念，全面推行河长制
2018	31	借自然之力，护绿水青山	26	实施国家节水行动，建设节水型社会
2019	32	不让任何一个人掉队	27	坚持节水优先，强化水资源管理

续表

年份	中国水周			世界水日	
	届别	主题	届别	世界水日主题	
2020	33	水与气候变化	28	坚持节水优先，建设幸福河湖	
2021	34	珍惜水、爱护水	29	深入贯彻新发展理念，推进水资源集约安全利用	
2022	35	推进地下水超采综合治理 复苏河湖生态环境	30	珍惜地下水，珍视隐藏的资源	
2023	36	强化依法治水 携手共护母亲河	31	加速变革	

除了世界水日主题活动外，我们还倡议大家：

(1) 节约用水，你我同行。

(2) 树立节水意识，节约每一滴水。

(3) 科学用水，养成良好的节水用水习惯，从自身做起，从小事做起。

(4) 使用节水用具，积极参与建设节水社区。

(5) 践行节水小窍门，掌握更多节水妙招。

(6) 互相监督提醒，及时制止浪费水资源现象。

(7) 保护植被、涵养水源，防治水土流失。

(8) 大力推行节约用水，全面建设节水型社会。

(9) 浪水费水之举不可有，节水俭水之心不可无。

(10) 节约用水光荣，浪费清水可耻。

(11) 木无本必枯，水无源必竭。

(12) 惜水、爱水、节水，从我做起。

(13) 一滴清水，一片绿地，一个地球。

(14) 珍惜水资源，保护水环境，防治水污染。

(15) 保护植被涵养水源，防治水土流失。

27. 世界地球日是什么？

地球是地球上所有生命形式生存和发展的可爱家园，也是孕育我们人类乃至全宇宙一切物种的家园，为人类和一切生物生活提供了所需要的资源、环境和空间等。然而，近年来，随着人口的增长和人类需求的无休止增加，地球正在不断遭受人类活动等各种破坏，例如滥伐森林，捕杀野生动物，侵占农田，滥垦草原，滥采滥用矿产资源、地下水资源等自然资源、任意排放有毒有害物质并污染大气和水源等。

地球越来越疲惫不堪，出现了人口膨胀、资源匮乏、环境污染和生态破坏等问题。好在人类已经醒悟：如果再不保护地球，我们将最终失去赖以生存的家园。

1970 年，盖洛德·尼尔森和丹尼斯·海斯开始四处奔走，号召大家积极保护地球，并选定 1970 年 4 月 22 日为第一个"地球日"，这是人类从古至今第一次大规模的群众性环保活动。我国也积极响应，1973 年我国第一次全国环境保护会议在周恩来总理倡导下顺利召开。历届"世界地球日"中国主题活动见表 5-4。

"爱我地球、保我家园"已经成为世界各国人民的共同愿望。目前约有 200 个国家的 10 亿人口参与地球日的主题活动，通过绿色环保低碳生活改善地球环境。

表 5-4　世界地球日历届中国活动主题

年份	届别	主题
1974	5	只有一个地球
1975	6	人类居住
1976	7	水：生命的重要源泉
1977	8	关注臭氧层破坏、水土流失、土壤退化和滥伐森林
1978	9	没有破坏的发展
1979	10	为了儿童和未来——没有破坏的发展
1980	11	新的十年，新的挑战——没有破坏的发展
1981	12	保护地下水和人类食物链；防治有毒化学品污染
1982	13	纪念斯德哥尔摩人类环境会议 10 周年——提高环境意识
1983	14	管理和处置有害废弃物；防治酸雨破坏和提高能源利用率
1984	15	沙漠化
1985	16	青年、人口、环境

续表

年份	届别	主题
1986	17	环境与和平
1987	18	环境与居住
1988	19	保护环境、持续发展、公众参与
1989	20	警惕，全球变暖
1990	21	儿童与环境
1991	22	气候变化——需要全球合作
1992	23	只有一个地球——齐关心，共同分享
1993	24	贫穷与环境——摆脱恶性循环
1994	25	一个地球，一个家庭
1995	26	各国人民联合起来，创造更加美好的世界
1996	27	我们的地球、居住地、家园
1997	28	为了地球上的生命
1998	29	为了地球上的生命——拯救我们的海洋
1999	30	拯救地球，就是拯救未来
2000	31	环境千年——行动起来吧
2001	32	世间万物，生命之网
2002	33	让地球充满生机
2003	34	善待地球，保护环境
2004	35	善待地球，科学发展
2005	36	善待地球——科学发展，构建和谐
2006	37	善待地球——珍惜资源，持续发展
2007	38	善待地球——从节约资源做起
2008	39	善待地球——从身边的小事做起
2009	40	绿色世纪
2010	41	珍惜地球资源，转变发展方式，倡导低碳生活

续表

年份	届别	主题
2011	42	珍惜地球资源 转变发展方式——倡导低碳生活
2012	43	珍惜地球资源 转变发展方式——推进找矿突破，保障科学发展
2013	44	珍惜地球资源 转变发展方式——促进生态文明 共建美丽中国
2014	45	珍惜地球资源 转变发展方式——节约集约利用国土资源共同保护自然生态空间
2015	46	珍惜地球资源 转变发展方式——提高资源利用效益
2016	47	节约利用资源，倡导绿色简约生活
2017	48	节约集约利用资源，倡导绿色简约生活——讲好我们的地球故事
2018	49	珍惜自然资源 呵护美丽国土——讲好我们的地球故事
2019	50	珍爱美丽地球 守护自然资源
2020	51	珍爱地球 人与自然和谐共生
2021	52	珍爱地球 人与自然和谐共生
2022	53	珍爱地球 人与自然和谐共生
2023	54	众生的地球
2024	55	全球战塑

除了世界地球日主题活动外，我们还倡议大家：

（1）种下一棵树或其他绿植。

（2）自备购物袋，禁止使用塑料制品。

（3）购买二手物品，捐赠闲置的物品。

（4）避免使用一次性容器及器具。

（5）减少纸张的浪费。

（6）尝试堆肥，把厨余垃圾变废为宝。

（7）少开私家车，多乘坐公共交通。

（8）少乘电梯多走楼梯，省电又健身。

（9）关好水龙头，节约用水。

（10）随手关灯，用节能灯代替白炽灯。

（11）不浪费粮食，减少二氧化碳排放。

（12）践行绿色发展，建设生态家园。

（13）人人为环保，环保为人人。

（14）但存方寸土，留与子孙耕。

（15）节约为本，治污优先。

（16）积极参与垃圾分类，创建优美社区环境。

（17）共植万顷绿地，同撑一片蓝天。

（18）绿化美化净化，靠你靠我靠他。

（19）还地球一片净土蓝天，让人类永远幸福美满。

（20）唯一的世界，唯一的地球，用我们的爱来创建一个绿色美好的地球家园！

"一粥一饭，当思来之不易；半丝半缕，恒念物力维艰。"勤俭节约、敬畏自然是中华民族的传统美德。让我们携手同行保护我们这颗蔚蓝色的美丽星球，保护人类生存和发展的家园。

28. 世界环境日是什么？

自从人类诞生以来，就依赖自然环境中的阳光、空气、水和土地来生存。随着社会的发展，尤其是20世纪60年代以来，世界各国的环境污染与生态破坏日益严重，一些跨越国界的环境问题频繁出现，环境问题和环境保护逐渐为国际社会所关注和探讨的焦点。

联合国人类环境会议于1972年6月5日至6月16日在瑞典斯德哥尔摩召开，围绕当代世界环境问题，研究保护全球环境的对策和措施，最后确定了著名的《联合国人类环境会议宣言》（简称《人类环境宣言》）。这是人类历史上首次在全世界范围内研究保护人类环境的会议。有一百多个国家一千多名代表参加此次会议，其中，中国代表团积极参与，并与会提出经周恩来总理审定的中国政府关于环境保护的32字方针："全面规划，合理布局，综合利用，化害为利，依靠群众，大家动手，保护环境，造福人民"。同年10月，第27届联大将"世界环境日"时间定于每年6月5日。

"世界环境日"设立，旨在提醒全世界各国政府和人民关注全球环境状况和了解人类活动对环境的危害，强调保护和改善人类环境的重要性。它反映了世界各国人民对环境问题的认识和态度，表达了人类对美好环境的向往和追求。

1974 年起，联合国环境规划署在每年年初公布当年的"世界环境日"纪念活动的主题，并确定全球主场纪念活动的主办国和城市。中国曾分别在 1993 年（北京）、2002 年（深圳）和 2019 年（杭州）举办三次主场纪念活动。

"世界环境日"历届主题见表 5-5，其中，2002 年之前的"世界环境日"主题与"世界地球日"的主题一致，充分体现了两者均是世界性保护环境的活动，表达了人类希望爱护环境的美好愿望。

表 5-5 世界环境日历届主题

年份	届别	主题
1974	3	只有一个地球
1975	4	人类居住
1976	5	水：生命的重要源泉
1977	6	关注臭氧层破坏、水土流失、土壤退化和滥伐森林
1978	7	没有破坏的发展
1979	8	为了儿童和未来——没有破坏的发展
1980	9	新的十年，新的挑战——没有破坏的发展
1981	10	保护地下水和人类食物链；防治有毒化学品污染
1982	11	纪念斯德哥尔摩人类环境会议 10 周年——提高环境意识
1983	12	管理和处置有害废弃物；防治酸雨破坏和提高能源利用率
1984	13	沙漠化
1985	14	青年、人口、环境
1986	15	环境与和平
1987	16	环境与居住
1988	17	保护环境、持续发展、公众参与
1989	18	警惕，全球变暖
1990	19	儿童与环境
1991	20	气候变化——需要全球合作
1992	21	只有一个地球——一齐关心，共同分享

学海无涯"化"作舟

续表

年份	届别	主题
1993	22	贫穷与环境——摆脱恶性循环
1994	23	一个地球，一个家庭
1995	24	各国人民联合起来，创造更加美好的世界
1996	25	我们的地球、居住地、家园
1997	26	为了地球上的生命
1998	27	为了地球上的生命——拯救我们的海洋
1999	28	拯救地球，就是拯救未来
2000	29	环境千年——行动起来吧
2001	30	世间万物，生命之网
2002	31	给地球一次机会
2003	32	水——二十亿人生于它！二十亿人生命之所系
2004	33	海洋存亡，匹夫有责
2005	34	营造绿色城市，呵护地球家园
2006	35	莫使旱地变为沙漠
2007	36	冰川消融，后果堪忧
2008	37	促进低碳经济
2009	38	地球需要你：团结起来应对气候变化
2010	39	多样的物种，唯一的地球，共同的未来
2011	40	森林：大自然为您效劳
2012	41	绿色经济：你参与了吗？
2013	42	思前，食后，厉行节约
2014	43	提高你的呼声，而不是海平面
2015	44	七十亿个梦，一个地球，关爱型消费
2016	45	对野生动物交易零容忍
2017	46	人与自然，相联相生

续表

年份	届别	主题
2018	47	塑战速决
2019	48	蓝天保卫战，我是行动者
2020	49	关爱自然，刻不容缓
2021	50	生态系统恢复
2022	51	只有一个地球
2023	52	塑料污染的解决方案

为了彰显我国政府和人民创建绿色家园、营造和谐社会的决心与行动，呼应世界环境日主题，我国从 2005 年起每年确定"世界环境日"国家纪念活动主题（表 5-6）。

表 5-6　历年我国"世界环境日"纪念活动主题

年份	主题
2005	人人参与 创建绿色家园
2006	生态安全与环境友好型社会
2007	污染减排与环境友好型社会
2008	绿色奥运与环境友好型社会
2009	减少污染——行动起来
2010	低碳减排·绿色生活
2011	共建生态文明，共享绿色未来
2012	绿色消费，你行动了吗
2013	同呼吸，共奋斗
2014	向污染宣战
2015	践行绿色生活
2016	改善环境质量，推动绿色发展
2017	绿水青山就是金山银山
2018	美丽中国，我是行动者

续表

年份	主题
2019	蓝天保卫战，我是行动者
2020	美丽中国，我是行动者
2021	人与自然和谐共生
2022	共建清洁美丽世界
2023	建设人与自然和谐共生的现代化

除了国际"世界环境日"主题和我国纪念活动主题外，我们还倡议大家：

(1) 做"保护生态环境，建设生态文明"的倡导者、宣传者、建设者、践行者、推动者和守护者。

(2) 倡导文明行为，不随地吐痰，不乱扔脏物，不践踏草坪，不随意摘花折草，保护绿色生命。

(3) 保护生物，使生物与人类共存，使万物与环境和谐相处。

(4) 不可随意引入外来物种，不可随处放生动物，以免破坏生态平衡。

(5) 节约用电，随手关灯关电。

(6) 节约资源，减少污染。

(7) 推动垃圾分类回收，让垃圾变废为宝。

(8) 善待生命，与万物共存。

(9) 绿色出行，节制饮食烟酒。

(10) 抵制露天烧烤。

(11) 提倡多植树，少砍伐树木。

(12) 争做环保志愿者，积极参与环保宣传及其活动。

(13) 维护绿化，认养花树，争做绿色环保小卫士。

(14) 努力学习环保科学知识，主动增强环保意识。

(15) 减少污染，使用无磷洗衣粉。

(16) 积极向家人和周围的人宣传低碳生活的重要意义。

(17) 拒接过度包装，遏制白色污染。

(18) 呵护自然生态，共建美丽中国。

(19) 优先消费环保概念产品，支持环保产业。

(20) 珍爱粮食，拒绝浪费，倡导"光盘"行动，宣扬节约风尚。

心动不如行动，让我们携手努力，从现在做起，从身边点滴小事做起，积极行动，保护环境，让绿色永驻地球！

29. 国际海滩清洁日是什么？

海洋约占地球面积的 71%，也是生命起源地。在地球发展的漫长历史长河中，海洋支撑着从简单生命到高等哺乳动物的演变发展，给人类社会带来了不可计数的生存、发展、生态和经济资源。海洋是如此的默默无闻，但在固碳、改善生态环境、维持生物多样性、调节气候变化等方面对人类起着举足轻重的作用。然而，近几十年来海洋正在遭受各种人类日常生活和发展活动的严重破坏，越来越多科学家、有识之士和环保志愿者倡导并身体力行保护我们的海洋。1986 年 9 月，琳达·马兰尼斯和凯西·奥哈拉呼吁美国得克萨斯州当地土地管理机构、企业和热爱海洋的人组织创建第一个海洋清洁日。她们在当地动员每个人来照顾海滩。1989 年，墨西哥和加拿大志愿者也加入净滩活动，使其正式成为国际性活动。随后，国际海滩清洁日被确定为每年 9 月第三个星期六。经过年复一年的发展和宣传，这项清洁海滩的活动已经成为保护海滩环境的标杆，它最终在世界各地流行起来。至今大约有 150 个国家超过数百万人参加了这项活动。在过去的 30 多年里，一个跨越海洋和国界的大家庭逐渐形成，每个成员都在努力清洁海滩，并为保护生态环境做出贡献。

为贯彻习近平生态文明思想，践行绿色发展理念，营造良好的社会氛围，我们每个人都应该从小事做起，为我们赖以生存的地球家园、绿色海洋、子孙后代、生态环境和美好的未来而奋斗。为了构建更远大的人类命运共同体，我们需要提高全民自身海洋意识，积极参与海洋生态环境的宣传和保护。让我们从每一个国际海滩清洁日开始，为海洋保护贡献我们的爱和力量。

30. 世界海洋日是什么？

1994 年，102 个联合国成员国发起决议：世界各国务必通过形式多样的庆祝和宣传活动，向政府和公众宣传海洋，提升人们的海洋意识，强调海洋资源和环境保护的重要性，推动社会公众保护海洋生态，加强海洋国际合作。同时，联合国宣布将 7 月 18 日定为"世界海洋日"、1998 年是"国际海洋年"。

2008年，"国际海洋年"十周年之际，我国国家海洋局为了更好地引导全民参与，将"全国海洋宣传日"设在每年的7月18日。世界海洋日历届主题见表5-7。

2009年，联合国将首届世界海洋日的主题确定为"我们的海洋，我们的责任"，并将海洋日日期调整到6月8日，正式确定为官方周年纪念日。

2010年，我国将"世界海洋日"与"全国海洋宣传日"合并为"世界海洋日暨全国海洋宣传日"，时间定为每年6月8日。

"世界海洋日暨全国海洋宣传日"的确立促进了全社会人员关注海洋、认识海洋、善待海洋。

经略海洋关乎中华民族伟大复兴，关乎国家和民族的前途和命运，因而我们一定要树立正确的海洋意识，才能发展海洋经济、推进海洋强国建设。

表5-7 世界海洋日历届主题

年份	届别	主题
2009	1	我们的海洋，我们的责任
2010	2	我们的海洋：机遇与挑战
2011	3	我们的海洋，我们的绿色未来
2012	4	海洋与可持续发展
2013	5	团结一致，我们就有能力保护海洋
2014	6	众志成城，保护海洋
2015	7	健康的海洋，健康的地球
2016	8	关注海洋健康、守护蔚蓝星球
2017	9	我们的海洋，我们的未来
2018	10	奋进新时代 扬帆新海洋
2019	11	珍惜海洋资源，保护海洋生物多样性
2020	12	为可持续海洋创新
2021	13	保护海洋生物多样性，人与自然和谐共生
2022	14	保护海洋生态系统，人与自然和谐共生
2023	15	保护海洋生态系统，人与自然和谐共生

除了世界海洋日主题外，我们还倡议大家：

(1) 保护海洋环境就是保护我们人类自己。

(2) 生命从海洋开始，善待海洋从你我开始。

(3) 依法建设生态文明海洋。

(4) 拥抱蓝色海洋，感恩富饶海洋，善待生命海洋。

(5) 关注海洋健康，守护蔚蓝星球。

(6) 手拉手保护海洋环境，心连心传承海洋文明。

(7) 关注海洋健康，共享绿色发展。

(8) 海洋存亡，匹夫有责。

(9) 保护海岛，防止污染。

(10) 民无海洋不富，国无海洋不强。

(11) 坚持科学发展，构建和谐海洋。

(12) 保护海洋环境，功在当代，利在千秋。

(13) 珍惜海洋资源，造福子孙后代。

(14) 少一片垃圾，多一片海蓝。

(15) 改善海洋环境，共建美好未来。

31. 世界湿地日是什么？

湿地有"地球之肾"之美誉，与森林、海洋合称全球三大生态系统。湿地不但动植物资源丰富，可以孕育多样性生物，成为动物理想的栖息地，而且湿地还可以净化空气、调节气候、涵养水源、净化水体、均化洪水、促淤造陆和降解污染物。然而遗憾的是，自1970年以来超过35%的湿地已退化或丧失，而且这种损失趋势正在加速。1971年2月，来自18个国家的代表在伊朗签署了第一个湿地公约——《国际重要湿地公约》。1997年起，"世界湿地日"设定在每年2月2日，该纪念日决议于2021年8月被联合国大会通过。"世界湿地日"历届主题见表5-8。

湿地对维持生物多样性、提供人类生产生活资源、观光旅游等方面具有举足轻重的作用。因此，我们应该提高公众的湿地保护意识，从我做起，从小事做起。

表5-8 "世界湿地日"历届主题

年份	届别	主题
1997	1	湿地是生命之源
1998	2	湿地之水,水之湿地
1999	3	人与湿地,息息相关
2000	4	珍惜我们共同的国际重要湿地
2001	5	湿地世界——有待探索的世界
2002	6	湿地:水、生命和文化
2003	7	没有湿地就没有水
2004	8	从高山到海洋,湿地在为人类服务
2005	9	湿地生物多样性和文化多样性
2006	10	湿地与减贫
2007	11	湿地与鱼类
2008	12	健康的湿地,健康的人类
2009	13	从上游到下游,湿地连着你和我
2010	14	湿地、生物多样性与气候变化
2011	15	森林与水和湿地息息相关
2012	16	湿地与旅游
2013	17	湿地和水资源管理
2014	18	湿地与农业
2015	19	湿地:我们的未来
2016	20	湿地与未来:可持续的生计
2017	21	湿地减少灾害风险
2018	22	湿地:城镇可持续发展的未来
2019	23	湿地——应对气候变化的关键
2020	24	湿地与生物多样性——湿地滋润生命
2021	25	湿地与水——同生命,互相依

续表

年份	届别	主题
2022	26	珍爱湿地 人与自然和谐共生
2023	27	湿地恢复

32. 国际生物多样性日是什么?

生物多样性是生态系统正常运行和稳定的基础, 人类的生存和社会发展均取决于生物多样性, 各类物种在维持生态系统平衡方面都发挥着重要作用。然而, 近几十年来, 生态系统的多样性遭到肆意破坏, 动植物资源的急剧减少, 生态环境的恶化, 这些都直接威胁到人类的生存和整个和谐社会的可持续发展。1992 年, 153 个国家在巴西联合国环境与发展会议上签署了《生物多样性公约》。1995 至 2000 年, "国际生物多样性日 (又称: 生物多样性国际日)" 为每年的 12 月 29 日, 2001 年修改为 5 月 22 日, 至此, 联合国环境署将确定当年的主题, 呼吁政府和公众采取实际行动, 共同维护生物多样性, 保护全社会可持续发展。国际生物多样性日历届主题见表 5-9。

表 5-9　国际生物多样性日历届主题

年份	届别	主题
2001	5	生物多样性与外来入侵物种管理
2002	6	专注于森林生物多样性
2003	7	生物多样性和减贫——可持续发展面临的挑战
2004	8	生物多样性——全人类的食物、水和健康
2005	9	生物多样性——不断变化之世界的生命保障
2006	10	旱地生物多样性保护
2007	11	生物多样性和气候变化
2008	12	生物多样性与农业
2009	13	外来入侵物种
2010	14	生物多样性、发展和减贫

续表

年份	届别	主题
2011	15	森林生物多样性
2012	16	海洋生物多样性
2013	17	水和生物多样性
2014	18	岛屿生物多样性
2015	19	生物多样性助推可持续发展
2016	20	生物多样性主流化，可持续的人类生计
2017	21	生物多样性与旅游可持续发展
2018	22	纪念生物多样性保护行动25周年
2019	23	我们的生物多样性，我们的粮食，我们的健康
2020	24	答案在自然
2021	25	我们是自然问题的解决方案
2022	26	为所有生命构建共同的未来
2023	27	从协议到协力：复元生物多样性

33. 为什么汞中毒事件会引起世界震惊？

汞是化学元素，元素周期表第80位，俗称水银，还有"神胶、元水、流珠、赤汞、砂汞、灵液、活宝"等别称。元素符号Hg，在化学元素周期表中位于第6周期、第ⅡB族，其熔点为$-38.86℃$（101325帕大气压），是常温常压下唯一以液态存在的金属。汞是银白色闪亮的重质液体，化学性质稳定，不溶于酸也不溶于碱。在自然界中分布极少，被认为是稀有金属，极少以纯金属状态存在，多以化合物形式存在，主要常见含汞矿物有辰砂、氯硫汞矿、硫锑汞矿等。汞在常温下即可蒸发，汞蒸气和汞的化合物多有剧毒（慢性）。

汞使用的历史很悠久，用途很广泛。在中世纪炼金术中与硫黄、盐共称炼金术神圣三元素。在日常体温计中含有水银（汞），用于船舶防腐油漆用的氧化汞（HgO）含量至少在91%以上，用作杀菌剂的红药水是含2%红汞和98%酒精或水的酊剂。

最近几十年，世界最深海沟——马里亚纳海沟（最深 6～11 千米）遭受汞污染，其海底生物体内的汞含量竟然与太平洋水深 400～600 米处海洋生物相持平，人类活动是造成其污染主要因素。

除了海洋生物易遭受汞中毒外，人类还需谨慎使用含汞药品。研究表明，人体中对于汞的安全浓度为～0.1 微克 / 毫升（世界卫生组织和粮农组织提出，每人每周摄入甲基汞应不超大于 0.2 毫克），此外，汞中毒还会遗传下一代子孙，特别是甲基汞（CH_3Hg），其遗传危害更大，后代发病的可能性会增大。

汞中毒事件不仅威胁人类健康，还影响其他动植物的生活环境，极大地破坏了自然的生态平衡，给我们敲响了警钟，必须引起足够的重视。汞中毒大多是可以预防的，建议预防方法主要有以下几种：

（1）采用低汞或无汞的新技术生产汞制品，保持通风流畅、定期跟踪检测生产环境的汞浓度，定期做好汞及其化合物接触史的员工体检工作。

（2）切忌使用劣质的汞含量超标的化妆品。

（3）做好汞中毒突发预防对策。

34. 为什么"比基尼"事件影响久远?

几千年来，比基尼环礁的岛民过着自给自足天堂般的富裕生活。然而，随着第一批美军工程兵于 1946 年登陆了比基尼环礁，这一切美好便成了过往云烟。

"比基尼"事件又称"福龙丸"渔船事件，是指 1954 年 3 至 5 月，美国在太平洋比基尼—埃尼威托克环礁进行的核爆炸试验。1954 年 3 月 1 日，美国在岛上试验一颗氢弹，其放射性物质笼罩在马绍尔共和国整个国土上（比基尼岛于 1979 年并入马绍尔群岛共和国），因此，马绍尔共和国政府决定将每年 3 月 1 日定为"国难日"。

此外，当时的强放射性散落物还沉降至日本"福龙丸五号"等 300 多艘渔船上，船员和几十万斤金枪鱼都受到辐射污染，从那时起，比基尼岛及其海域成为船员和渔民谈"核"色变的恐怖海域。这就是海洋核污染史上最著名的"比基尼"事件。

其实，在 1946 年至 1958 年间，美国在马绍尔群岛进行了近 70 次核试验，其核辐射对附近居民和生态环境造成不可估量的影响，据保守估计，至少需要一个世纪的时间才有可能使该岛放射性物质污染维持在安全标准以内。

同时，我们也应了解核污染水和核废水是两个不同的概念，不能混为一谈。核废水是指使用核能产生的废水，包括用于冷却核反应堆的废水和用于处理放射性废物的废水。这些废水含有不同程度的放射性物质，必须经过特殊的处理和净化才能安全地排放或重复使用。而核污染水则是指受到放射性物质污染的水环境，例如核泄漏、核事故、核爆炸所造成环境中有较高浓度的放射性物质的水。

海洋是全人类社会的共同家园。海洋的放射性污染问题必须引起全世界的关注。实践证明，核辐射的影响只会把痛苦延续给人类的后代。

参考文献

[1] 章海北. 论海洋石油污染生态损害的赔偿范围 [D]. 广州：广东财经大学，2015.

[2] 李银朋，王长进，哈明达. 海洋石油污染的原因分析及防治措施 [J]. 科技资讯，2014,12(5):39,41.

[3] 杨孝文. 十起最严重的原油泄漏事故 [J]. 百科知识，2010(12):30-31.

[4] 张笠. 原油泄漏：生态环境的超级杀手 [J]. 环境，2010(6):7-9.

[5] 新华网. 报告称气候变化严重影响新西兰海洋生态 [EB/OL]. (2019-10-20). http://news.cctv.com/2019/10/20/ARTI1KS204vGQl8ukYcRQUxr191020.shtml.

[6] 王翔朴，王营通，李钰声. 卫生学大辞典 [M]. 青岛：青岛出版社，2000.

[7] 关于发布中国第一批外来入侵物种名单的通知 [J]. 中华人民共和国国务院公报，2003(23):40-46.

[8] 《中国大百科全书》总编委会. 中国大百科全书 [M]. 北京：中国大百科全书出版社，2009.

[9] 王治钧. 海洋噪声何时休 [J]. 知识就是力量，2021(6):46-49.

[10] 黄玲英，余克服. 珊瑚疾病的主要类型、生态危害及其与环境的关系 [J]. 生态学报，2010,30(5):1328-1340.

[11] 张超. 珊瑚，嗯！珊瑚虫，嗯？[J]. 大自然，2022(3):79-81,78.

[12] 李铭波. 珊瑚礁 [J]. 资源与人居环境，2021(6):64-65.

[13] 高艳，陈晓珍. 大洋中的瑰宝——珊瑚 [J]. 当代学生，2020(20):46-47.

[14] 郑元春. 植物 Q&A[M]. 北京：商务印书馆，2016.

[15] 邱士东. 生物大灭绝的启示 [J]. 国土资源科普与文化，2015(3):50-53.

[16] 涂瑞和. 世界环境日的由来及历年主题 [J]. 世界环境，2022(3):44-47.

[17] 公益宣传：世界环境日 [J]．植物资源与环境学报，2023,32(3):44.

[18] 用"检察蓝"守护"海洋蓝"护航自贸港建设 [J]．中国检察官，2020(22):2.

[19] 赵宇新．守护美丽岸线 我们共同行动——中国海洋发展基金会第三届全国净滩公益活动侧记 [J]．中国社会组织，2019(18):44-47.

[20] 董云龙．海上噩梦 历数全球十大油轮泄漏事故 [J]．石油知识，2018(4):24-25.

[21] 巴拿马籍油船"桑吉"轮碰撞燃爆事故应急处置工作情况 [J]．中国应急管理，2018(1):29-35.

[22] 徐广飞．发光细菌法检测海洋污染生物毒性的标准化与现场应用研究 [D]．青岛：青岛科技大学，2016.

[23] 沈婷婷．都是漏油惹的祸——史上最严重的海上石油泄漏事件系列 [J]．海洋世界，2010(7):28-31.

[24] 吴宛青．海上原油过驳管理 [J]．中国海事，2010(6):9-12.

[25] 刘晓艳，钱光人．自然环境灾害及其防御（"十二五"规划教材）[M]．北京：中国石化出版社，2015.

第6讲

海洋可持续发展

1. 海洋能发电吗?

在陆地资源逐渐枯竭的今天,人们纷纷将目光投向了海洋。在海洋中蕴藏着很多可以利用的资源和能源,其中,可以用来发电的海洋能源有潮汐发电、海水温差发电/盐能差发电、波浪能发电、海上风力发电、潮流能发电等五种类型。

(1)潮汐发电。

太阳、月亮和地球之间存在着万有引力,再加上地球自转,这些因素综合起来会使海洋的水位发生周期性变化。潮汐能是地球引力和月球引力对海洋水体的作用产生的能量(图6-1)。潮汐能是一种周期性变化、无污染、可再生的能源。当地球、月亮和太阳处于一条直线上时,潮汐能达到最大值,这种现象称为"大潮";反之,当月球与地球形成直角时,潮汐能达到最小值,这种现象称为"小潮"。

图6-1 潮汐能

目前,潮汐发电是人类利用潮汐能源的主要方式之一。与风能、太阳能发电相比,潮汐能更容易预测,而且有很多未知的开发空间。潮汐发电主要有两种形式:一种是成本比较低廉的涡轮机发电(图6-2),另一种是造价较高的建坝发电。相比之下,后者对环境的影响较大。

潮汐发电站是一种新型的水力发电站。在具备潮汐发电条件的海域顺应地势修建水库,当海水上涨时,水库蓄满水;海水下落时,会与水库内的蓄水形成一定的潮差。利用这种潮差,发电机组就会被驱动,从而产生电力。

潮汐能是目前世界范围内商业化程度最高的海洋能利用方式。我国对潮汐能的利用可以追溯到20世纪50年代甚至更早。在过去的70年间,我国建设的小型潮汐电站已有100多座，但由于维护潮汐发电站的成本较高（图6-3），以及潮汐能的发电量受到潮汐变化的限制，可能无法满足高能需求的地区等多种因素影响，目前只有浙江江厦潮汐试验电站和浙江海山潮汐电站仍在运行。

图6-2　洋流涡轮机

图6-3　潮汐试验电站构想图

（2）海水温差发电、盐差能发电。

海洋是世界上最大的太阳能收集器、储存器。由于海水深度的差异，不同深度的海水获取太阳能的程度有很大差别，进而导致不同深度的海水温度不同。根据科学研究，低于海平面200米的区域，阳光几乎无法到达。随着水的深度增加，温度也会逐渐降低，这种情况在我国北方海域和东海黑潮流经区域尤其明显，北方海域夏季表层海水温度可达30℃，东海黑潮流经的海面表层水温常年保持在25℃左右，但在40～50米深处的水温通常比表层水温低20℃左右。这种温差蕴含着巨大的热力位能，可以被用来进行海洋热能转换，从而产生电力。

海水温差发电主要遵循热量交换的原理。热交换器中有一种沸点很低的工作流体，当交换器抽取表层温度较高的海水时，原本储存在交换器中的工作流体就会汽化。这时，在蒸气动力的作用下，发电机就会产生电力。然后，汽化的工作流体在另一个交换器中利用温度较低的深层海水降温，从而回归液态，完成一次循环。

盐差能发电是利用海水中的盐分浓度不同所产生的渗透压差异来产生电力的一种技术，把化学能转化为电能。

盐差能的开发技术研究比其他几种海洋能研究时间更短，由于其装置成本高目前世界上还只处于原理探讨和实验室研究阶段。这种盐差能以化学能的形式存在于淡水和海水或者两种不同浓度海水之间，最典型的就是河海交界处。

我国的温差能发电和盐差能发电也都处于研究试验阶段。

（3）波浪能发电。

波浪运动具有巨大的能量。只要有效地利用这些能量，人们就能够将其转换成电能。目前，波浪能源的主要利用方式是海浪发电。值得一提的是，虽然海浪能源在很多海域很丰富，但是其利用难度很大。以现在的技术，只有在近海区，海浪能才会被有效利用。

波浪能是一种从风能转化而来的可再生能源，在风力作用下，海面出现水面波动，将能量传递给海水，并储存为海水动能和势能。波浪能发电技术即利用波浪上下运动的势能，以及往复运动的冲击力驱动发电机发电。比起潮汐能和潮流能，波浪能的捕捉效率和稳定性相对更低。

中国、英国、美国、澳大利亚、新西兰等国在波浪能研发上的大力投入让波浪能发展迅速，但因技术种类分散，波浪能利用整体仍处于工程样机测试阶段，距离商业化应用还有较大进程。据统计，全世界有上万座小型海浪能发电装置。这些采集海浪能源的装置大致分为两种：一种是采集系统，一种是转换系统。大部分海浪发电装置主要采用的是采集系统中的震荡水柱技术。

目前，全球范围内研发、海试和商业化进展较快的波浪能发电装置包括英国绿色能源公司的 Oyster 装置、美国海洋电力公司的 PowerBuoy 装置、丹麦的 Wave Dragon 装置等，它们均已实现长时间海试，并开始并网发电。

在我国，浙江、广东、福建等省附近海域的波浪能资源较为富集，但单位面积内的波浪能蕴含量较低。我国沿岸单位面积波浪能蕴含量较高的地区也仅为世界平均水平的 1/10，这也导致我国波浪能装置的单机装机容量不易扩大，成本难以降低。

（4）海上风力发电。

海上风力发电是以海上产生的海风为发电动力，通过风力发电机的运作，经过一系列的机械运转使其转变成电能（图6-4）。海上风力发电具有三个主要的特点。一是距离用电负荷比较近，二是风机容量较大，三是风能资源更加丰富。与陆上风力发电相比，海上风力发电具有明显的优势，海上风能资源更加充足，风速更强，并且海上风力发电厂建在海上，不占据大量的土地，不打扰居民的正常生活。

图6-4　海上风力发电

根据彭博新能源最新发布的2021年全球海上风电报告显示，2021年全球新增海上风电装机容量约13.4吉瓦，最大的贡献来自我国，占世界总海上风力发电量的四分之三强，约10.8吉瓦。

（5）潮流能。

潮流能发电和潮汐能发电均依赖于赖于太阳和月亮的引潮力，潮汐能发电主要利用水位差能量，而潮流能主要借助的是水流本身的动能。海中的潮流就像空气中的风，潮流能的发电装置也与风力发电机更为类似。

从2003年英国在德文郡林恩茅斯外海安装首台300千瓦潮流能发电机组至今，国际潮流能技术已基本成熟。2015年，英国、瑞士等国联合启动目前全球最大的潮流能发电项目MEYGEN的建设。一年后，该项目一期装机容量已达398兆瓦，近百倍于我国和江厦潮汐试验电站。该项目取得了巨大的成功，极大推进了潮流能发电的商业化进程，拓宽了全球潮流能发电市场，为其发展提供了更多创新思路（图6-5）。

图 6-5　全球首个深远海风光同场漂浮式光伏实证项目成功发电

在我国，国家电力投资集团公司山东半岛南 3 号海上风电场深远海漂浮式光伏 500 千瓦实证项目于 2022 年 10 月 31 日成功发出第一度电，成为全球首个深远海风光同场漂浮式光伏实证项目。

海洋的馈赠改变了人类的生活，海洋的合理利用会让我们的生活变得越来越美好！

2. 为何说"水是生命之源"呢？

水是生命之源，水可以分为天然水和人工制水两类。其中天然水主要指自然界中存在的水资源，如河流、湖泊、海洋、地下水等；而人工制水则是指通过化学反应或其他技术手段使氢氧原子结合得到水。水是由氢、氧两种元素按 2∶1 比例结合而成的无机物，化学式为 H_2O。在常温常压下，水是一种透明、无色、无味的液体。水是组成生物体的基本物质之一，许多生命体中含有 70%～80% 的水。地球上生态系统和生物群落也依赖水才能维持各类平衡。水在生命演化中发挥了至关重要的作用，从生命的起源到进化和繁衍，水都是不可或缺的物质。古代人们对水也有一定的认识，与当时的文化哲学等方面有一定的联系。东汉著名医学家张仲景说："水为何物？命脉也！"我国古代认为水是五行之一，西方古代的四元素说认为水是自然界基本构成元素之一。

（1）人体需要。

水是人体构造的主要成分。几乎我们身体的任何一部分都充满着水，水是保持每个细胞外形及构成每一种体液所需的物质。人体内含水量与年龄和性别有关，成年男子含水量约为体重的 60%，女子为 50%～55%，新生儿可达 80% 左右。水在体内主要分布于细胞内和细胞外。细胞内水含量为水体总量的 2/3，细胞外约为 1/3。各组织器官的含水量相差很大，以血液中最多，脂肪组织中较少，甚至连骨骼中都有 22% 的水分。人体的各种生理功能都要在水的参与下才能完成和实现。

（2）水的现状。

地球的储水量丰富，有 14.5 亿立方千米，分布也非常广泛，但其中大约有 97.5% 的水是咸水，只有 2.5% 是淡水。这些淡水资源中，约有 68.7% 的淡水以极地冰雪或高山积雪形式存在，30.1% 的淡水埋藏在地下水脉中，仅有 1.2% 的淡水存在于人类生活可见的河流、湖泊和大气等地方。令人担忧的是，淡水资源本来就缺乏，如今其污染状况却日益严重。工农业产生的大量废弃物、生活污水和垃圾等这些污染物对淡水造成了极大的污染。根据联合国环境署（UNEP）的报告，全球每年有超过 2 万亿立方米的废水排放到江河湖海等水域中，这些污水直接或间接地影响着淡水资源的供给和质量。

遗憾的是，全球淡水污染问题还在不断加剧。据统计，全球 30% 国家和地区都存在饮用水短缺的问题，涉及超过 20 亿人口，特别是一些经济发展水平较低的国家和地区。非洲是当今世界上饮用水短缺最严重的地区之一，大约有超过 3 亿人无法获得安全的饮用水。我国有 1/5 的全球人口数，却仅依靠 1/30 的世界淡水资源进行生产和生活，属于缺水国家。另外，由于地域分布不均、供需矛盾加剧等问题导致一些地区出现了严重的缺水情况。全国超过 300 个城市面临缺水问题，近三成人口在饮用不合格或污染的水源，其中高达 7000 万人在饮用含氟超标的水源。由于缺水问题，每年造成的经济损失超过 100 亿元，而水污染造成的经济损失更是高达 400 亿元以上。

全球水资源短缺已成为当前世界面临的重大课题。最近召开的联合国人类环境和世界水会议指出：下一个资源危机将是水，这是在石油危机之后人类所面临的新挑战。因此，各国政府需要采取行动来保护水资源和更科学有效地利用水资源。从环境角度来看，政府需要建立水资源管理体系，制订水资源保护计划，通过拦水和调水措施，改变水资源的时空分布，充分利用可获得的水资源，以确保水资源的可持续利用。在工业方面，应推广节水技术，加强废水处理，控制污染物的排放；在农业方面，应采用先进的喷灌和滴灌的等节水灌溉方式。

（3）节约用水　从我做起。

不久以前，人类还沉迷于淡水是自然界取之不尽的无偿恩赐的神话，然而，工业化的蓬勃发展与人口的急剧增加无情地粉碎了这个神话。一切社会和经济活动都极大地依赖淡水的供应量和质量，但人们并未普遍认识到水资源开发对提高经济生产力、改善社会福利所起的作用；随着人口增长和经济发展，许多国家陷入缺水的困境，经济发展随之受到限制；推动水的保护和持续性需要通过开展广泛的宣传教育活动，增强公众对开发和保护水资源的意识。通过宣传教育、奖惩制度等形式，引导公众养成节约用水的习惯。保护水资源需要政府和全社会共同努力。水是人类赖以生存的基础资源，它不仅关系到我们的生活质量，更直接影响到我们的生存和发展能力。因此，我们必须认识到水资源短缺和污染等问题的严重性，保护水资源，呵护健康未来。

　　节约用水，今天你行动了吗？节约用水，不只是今天！我们必须增强水的危机意识，珍惜水，节约水，保护水资源。

3. 人类为什么不可以直接饮用海水？

　　人类不可以直接饮用海水，并不是因为它"又苦又涩"，要解释这一点，需要先了解人体一个重要器官的功能。这个器官是肾脏，它负责过滤血液，并将废物和多余的水分排出体外。人们每天需要喝水来维持身体的正常运行，但这些摄入体内的水大都是通过肾脏和皮肤排出体外。然而，肾脏有一定的排泄极限，只能排出浓度不高于2%的盐分。而海水的含盐量高达3.5%。如果人们饮用了100克海水，人们为了排出多余的盐分，还需要额外补充75克的淡水，才能将海水稀释到2%以下才能排泄。另外，喝下海水后，由于海水比人体细胞内的盐分浓度要高出很多，身体需要通过渗透压的差异，抽取细胞内的水分来平衡盐分的浓度差异，从而使细胞内外的盐分达到平衡状态。但当摄入海水时，由于海水中盐分过高，反而会使人体更快地失去水分，引起严重的脱水症状，如口渴、头晕、恶心等。所以直接饮用海水，而没有大量饮用淡水来将海水稀释并排出的话，人体无法有效地排出其中的多余盐分，反而会引起身体脱水和其他严重健康问题。这就是为什么那些在海上遇难的人们饮用大量海水后，会导致身体严重脱水，并可能最终导致死亡。

　　此外，由于海水中有各种细菌，并没有经过杀毒，所以不能直接饮用。如果不小心喝了海水，应该尽快补充足够的淡水，并让身体得到充分休息。同时，避免饮用或进食其他含咖啡因、酒精、糖和盐等刺激性物质。如果在野外等待救援的过程中，可以通过收集雨水、采集露水等方式获取淡水，或使用蒸馏各种方法对海水进行处理，去除其中的盐分和杂质，变成适合饮用的淡水。同时，应该注意保暖，避免曝晒和过度运动，以减轻身体消耗和加重脱水症状。

面对大量海水却不能饮用，无怪乎远洋船员们评价海水为"上帝的恶作剧"。

4. "远水"能解"近渴"吗？

据科学家估计，南极冰川及其下方淡水湖的淡水的总容量约为100万立方千米，相当于地球上目前可用淡水资源的200倍。那么我们能开发使用这些淡水吗？

首先，南极在那么偏远的地区，运输成本是一大问题。先不考虑南极洲周围没有大型港口和其他运输设施，单从运输路程考虑，将淡水从南极运输到其他地区，需要耗费大量能源。例如，从南极用货轮运100吨的冰山到北京，南极到北京约16400千米，按每吨货物百公里消耗燃油6升，每升燃油6元，仅运输中燃料费用为100吨 ×6升/吨/百公里 ×6元/升 ×16400公里 =590400元！

此外，南极冰川淡水库是具有非常特殊的自然环境，其地理位置偏远，气候恶劣，温度极低并且长时间处于黑暗状态，使得在该地区探测和研究难度较大。因此，研究人员需要克服很多技术和环境上的挑战。同时，在开发利用过程中，还需要注重生态环境保护和资源可持续利用等问题。

"远水"救不了"近渴"！面对淡水短缺问题，要依靠政策力量，更需要我们大家节约用水、保护好身边的水资源！

5. 什么是"人工海水"？

你参观过水族馆吗？水族馆中生活在海洋里的鲨鱼、海豚、水母等海洋生物为什么能像在海洋中一样自由自在生活？一些餐厅的水族箱、养殖场中的虾、贝、螃蟹等，为什么能够健康地生长和繁殖？运输活鱼、活虾的水是从大海运送到各地的吗？这些水是从哪来的？自从1876年，人们成功揭开了海水的化学成分之谜后，就开始针对不同需求，进行人工海水制备的研究。如今，人们已经掌握了配制人工海水的基本方法和技术，通过这些技术，解决了许多水族馆和养殖场等需要大量海水饲养海洋生物的问题，同时解决了获取天然海水困难、成本高昂、质量不稳定等问题。

那么，人工海水如何配制？人们可以根据海水的比例来配制人工海水。海水中除了纯净水，还有盐类、有机物、溶解的气体和微量元素。盐类主要是氯化钠，其他盐类还有硫酸盐，碳酸盐，钾、钙、镁盐等。海洋中的生物体或动植物的遗体、粪便等有机物质，它们会被分解并释放出营养物质。海水中溶解有氧气、二氧化碳，还含有许多微量元素，如铁、锌、铜、锰、钼、硒等。这些气体和元素对于海洋生态系统的平衡和生物体的正常生长均起着至关重要的作用。

人工海水是在纯净水中添加适当的盐类和微量元素以及其他必要的物质来达到与自然海水相似的配方。当然，人工配制的海水无法完全模拟真正的海水，只能是接近或类似于海水的程度。具体的配比会因应用场景和所需目的而有所不同。例如 Mocledon 人工海水配方，可以用于鱼缸、珊瑚水族箱等海水观赏鱼饲养。具体配方为见表6-1。

表6-1　1升人工海水中所含物质

名称	化学式	水（克/升）
氯化钠	$NaCl$	26.726
氯化镁	$MgCl_2$	2.260
硫酸镁	$MgSO_4$	3.248
氯化钙	$CaCl_2$	1.153
碳酸氢钠	$NaHCO_3$	0.198
氯化钾	KCl	0.721
溴化钠	$NaBr$	0.058
硼酸	H_3BO_3	0.058
硅酸钠	Na_2SiO_3	0.0024
四聚硅酸二钠	$Na_2Si_4O_9$	0.0015
磷酸	H_3PO_4	0.002
六氯化二铝	Al_2Cl_6	0.013
氨	NH_3	0.002

这种人工海水的味道，同真海水相比恐怕就已经难分真假了，热爱科学的你，不妨尝试配制一下吧。

6. 浒苔能不能变废为宝？

浒苔属于绿藻纲石莼科植物，也叫碱藻、苔条、苔菜等，属绿藻纲，石莼科植物。其体型扁平，形似薄荷叶或手掌叶，常生长在温带和热带的沿海浅水区域，通常附着于岩石、沙滩或潮间带。浒苔的颜色鲜绿，由单层细胞组成，排列方式不同，有时呈现管状或带状结构。不同品种中细胞排列方式和细胞形态都略有不同，有的株高可达1米。

浒苔在各沿海国家近海广泛分布，在我国主要分布于辽宁、山东、江苏和福建等省近海、浙江奉化沿海和浙江象山港等。

近年来，全球气候变化和水体富营养化等因素导致海洋中大型藻类频繁暴发，包括浒苔和绿潮等。这些藻类大量繁殖后漂移至岸边，聚集在一起形成堵塞物，对航运业造成严重困扰。此外，这些藻类会随着时间的推移堆积并腐烂，释放出恶臭气味，大量消耗水中的氧气，破坏海洋生态系统。这一聚集状况也给沿海渔业和旅游业发展带来了巨大威胁。从2008年6月中旬开始，大量浒苔从黄海中部海域被水流带到了青岛附近的海域，导致青岛沿海及其附近地区遭遇了一场规模罕见的浒苔自然灾害，这种现象在历史上并不常见。

有什么好方法可以避免这样的自然灾害频繁发生吗？浒苔是什么时候污染的？难道我们不能将其变废为宝，为我们的生活和其他物种带来财富吗？

值得庆幸的是，我们的科学家正积极寻找相应的处理方法。

2010年6月，复旦大学环境科学与工程系的陈建民教授和张士成副教授课题组宣布，他们成功地将海洋水体富营养化导致的"绿潮"——海藻浒苔转化为了生物质油。这一成果有望将原本被视为污染"元凶"的浒苔转化为制造新能源的绝佳原材料。

此外，浒苔还可以加工成各种食品，例如江浙地区流行的苔条，或作为动物饲料的原料。近几年，海大生物集团采用浒苔作为原料，做成绿藻粉，作为饲料添加剂。在浒苔中提取的绿藻多糖和寡糖，可以显著提高养殖鱼虾的产品品质和免疫力。青岛优度生物工程有限公司从浒苔中提取的特殊物质——浒苔寡糖为原料，成功研制出浒苔凝胶，通过检测研究，他们发现浒苔里面浒苔多糖的成分占

到了30%以上。浒苔多糖具有很好的消炎功效、抗衰老功效以及保湿功效。浒苔多糖性凝胶敷到脸上时，会被皮肤更好地吸收，从而给皮肤及时地补水，还有淡斑、淡纹的效果。此外，李硕等人在研究中提到浒苔多糖有解毒烟碱的作用，浒苔多糖对吸烟者有好处。浒苔含碘较多，对于甲状腺肿大等病症也有良好的治疗效果。

可见，如果利用好浒苔的这些功能可以更好地服务于人类。我们要落实国家建设"绿色可持续的海洋生态环境"重要目标，一方面要加强海洋基础研究，以促进可持续发展；另一方面也要提高全民对海洋保护的意识，保护海洋环境和生态。让"水清、滩净、岸美"的景观永驻，推进海洋生态环境持续向好。

7. 为何要开发深层海水？

所谓深层海洋水指位于海洋表面以下1000米以及更深处的水体，通常被认为是海洋中最稳定和最静态的区域。地球表面积的70.8%被海洋覆盖着，而海洋的平均深度约为4000米。其中超过95%的海水属于深层海水，只有极少数的海水处于浅层海域。海洋是地球最大的矿场，矿物质主要来源是陆地岩层受到雨水冲刷而融入海中，或是海底火山直接将矿物质喷散至海水中。经过数千年的沉淀，在阳光无法到达的低温高压的环境下，矿物缓慢地循环流动于全世界，经由大洋性深层海流循环，由涌升现象将深层海水体带至中表层海域。经过长时间的积累与表层海水污染的分离，使得深层水具有丰富矿物质及无污染病原等特性的优势。有人甚至将深层水称为"神水"。因此深层海水将会是未来世纪"生物营养元最后的神圣之地"。

深层海水深度较大，阳光无法穿透到很深的地方，因此其中的生物难以进行光合作用，使得异养作用成为其中生物活动的主要方式。受限于与表层海水的极少交换，深层海水的生物活动相对较为缓慢和稳定。总体来说，深层海水具有低温性、富营养性、微量元素丰富且恒定、洁净性等显著特点。

基于深层海水的特性，可将其应用于食品、农业、工业或空调的冷媒、医药、海洋养殖、电力能源等不同行业。以深层海水进行的海带养殖，能够使产出的海带蛋白质含量提高2.5倍以上，而其糖分水平仅为表层海水养殖的60%左右。且深层海水养殖具有更好的生态环境，较少受到病原菌和化学污染物等因素的影响，极大减少了鱼类疾病的发生。例如以深层海水进行比目鱼养殖，不仅可以降低药品、设施和防疫人工方面的投入，还能有效提高鱼卵孵化率和仔鱼存活率，减少养殖过程中对环境的负荷和损害。此外，深层海水的营养成分含量也更加丰富，能够促进鱼类的健康生长。

利用深层海水进行农业生产，如浇灌番茄、小松菜等作物，不仅可以增加产量，还能提高番茄、葡萄等果实颜色和成熟度。

深层海水中富含的矿物离子可明显提高牧草、大豆、胡萝卜、水稻等的营养价值。这些微量元素也为人类疾病的治疗提供了新的机会和挑战。多项科学研究表明，深层海水中的矿物质和微量元素具有抗氧化、抗炎、抗衰老等功能，这些天然活性成分可以应用于肥胖症、高血压、过敏性皮炎、胃溃疡及十二指肠溃疡、皮肤创伤等疾病的预防和治疗。

8. 海洋中是否存在淡水？

一般情况下，大家认为海洋中都是咸咸的海水，会有淡水存在吗？

要知道这个谜团的答案，就得往海洋底部寻找了哦！原来，雨水会慢慢地渗入地下，如果地下有向海洋倾斜的洞穴，雨水就会形成一个地下河流。这个地下河流就像是藏在海底下面的秘密河道，等到遇到出口，河水就会涌出来，就像泉水一样！而且，喷出的淡水还能在海流作用下，形成"淡水河"，十分神奇！如果你在海面上看到一个颜色与周围海水不同的圆形区域，那么恭喜你，你看到的就是海洋中的"淡水井"！因为这个区域的水温与周围海水不同，它是由淡水和海水混合形成的。

科学家们在全球已经发现了很多这种淡水喷泉，比如我国福建省古雷半岛东面500米的"玉带泉"，以及位于美国佛罗里达州和古巴之间直径为30米的淡水区。这些淡水喷泉不仅是自然界的奇观，还为我们提供了新鲜的淡水资源。海洋淡水井有可能成为未来一个重要的新增水资源。

9. 海洋中有石油吗？

令人惊奇的是，在海洋底部的地壳中竟然有着流动的石油和天然气。它们是怎么形成的呢？据科学家们多年的研究和实践发现，认为这些石油和天然气主要是由各种生物残体的腐泥演化而来。海洋中存在大量的浮游动物、浮游植物、底

栖生物等有机物，它们死亡后的遗体会沉入海底。当那里的地壳下沉或发生海底地形变化时，这些有机物就会沉入缺氧的海底环境中。通过长达数百万年甚至数千万年的地质作用，在一定的温度、压力和微生物的分解作用下，这些有机物逐渐转化为石油或天然气，并深藏在海底地壳之中。

10. 海底石油要怎么开采？

虽然海底含有丰富的石油资源，但要从海底开采出来并不容易，因为我们需要保护周围的环境。如果开采石油的方法不当，就会让海洋的生态系统遭受到伤害。据古籍记载，在陕西、甘肃、新疆、四川、台湾等省、自治区均发现过石油矿。《台湾府志》记载，在清朝时期，咸丰十年（1860年），在我国台湾新竹县发现了石油，一个名叫邱苟的人，每天挖坑3米，可以收集6千克左右的石油，用于点燃手提马灯。自明朝以后，石油开采技术逐渐传到了国外。明朝时期，科学家宋应星创作了《天工开物》一书，这是一部工艺百科全书，书中总结了长期流传下来的开采石油的工艺。我国早在公元1100年成功钻出了1000米深的井，这也表明，在那个时代，我国的石油钻探技术已经达到了相当高的水平。

当今，开采海底石油一般分为地质勘探、钻井、开采和加工储存四个阶段。第一步，科学家会使用声呐等工具来探测海底地形，以及通过分析海底岩层和水下地貌来确定是否存在石油储量。在可能存在石油的地点，用钻探设备进行初步勘探。若含有大量石油储量的地层，则通过分析样本确认石油的数量和质量。第二步，确定了某个地区拥有潜在的石油储量，需要进行钻井操作。在海底环境中进行钻井是非常困难和昂贵的，因此需要大型的钻探平台来完成钻井任务。钻井平台会将钻头打入地层，以获取石油样本并为开采作好准备。第三步，是开采过程，使用子海底泵车或钻井平台来采集石油，这些设备可以将石油从海底上抽出来，并通过管道输送到陆地上的储油罐中。第四步，把石油加工成各种不同的产品，例如汽油、柴油、润滑油和塑料等。处理完毕后，石油会被保存在储油罐中，直到被运送到加油站等地方供应给消费者。

但是，海底石油的储量毕竟有限，面对日益临近的能源危机，一旦海底石油开采完后，我们该怎么办呢？目前，各国科学家们非常重视研究新能源的开发使用，探寻从自然界中的树木、花草、煤炭、废液、动物粪便中提取出石油。你觉得哪种方法更可行呢？

11. 是否可以利用海水种植蔬菜呢？

海水蔬菜，指利用海水养殖或灌溉的蔬菜。可以在海水中养殖的蔬菜主要有盐水芹菜、盐莴笋、海水萝卜、盐水叶菜、海菠菜、海英菜、菠菜、茼蒿、芥菜、海芦笋、海韭菜、海茴香等。海水灌溉后的蔬菜，不仅口感独特，其营养价值会发生一些变化，研究表明，海水灌溉后的盐莴笋含碘量比普通莴笋高出 10 倍以上，而且富含钙、钾、铁等营养元素。这些矿物质元素和碘元素对于人体健康很有益处，如有助于骨骼生长、促进免疫系统功能、维持心脏健康等。

随着科学技术的发展，有关海水灌溉蔬菜的研究也越来越多。例如，在 2019 年，我国农业科学院海洋渔业研究所为了解决海水蔬菜种植中氮素肥料利用效率低、残留量高等问题，开展了一系列技术研究和实地试验。他们的目标是提高海水蔬菜的生产效益，同时减少农药和肥料对海洋环境的污染。

海水蔬菜是一种独特的农产品，最大的好处在于它不需要占用耕地。在原本就是寸草不生的盐碱地中养殖海水蔬菜，不仅能节省很多成本，更能节约大量耕地。尤其对于我国沿海地区大面积闲置的滩涂和盐碱地来说，这项技术发展具有重要意义。与普通蔬菜不同，海水蔬菜因具有抗盐聚盐的能力，能够改良盐碱滩涂，进而有效地改善生态环境。正因为如此，海水蔬菜的价值不仅在于其美味、营养和健康，还体现在其对环境和社会带来的积极影响。

据有关机构检测，海水蔬菜除了普通蔬菜含有的营养成分外，其所含的矿物质、微量元素、多糖、可溶性膳食纤维的含量远高于普通蔬菜。海水灌溉的蔬菜比传统地下水灌溉的蔬菜更富含矿物质。这是因为海水中含有丰富的矿物质，如钙、镁、钾等，当它们被带入土壤和植物体内时，就会使蔬菜中这些元素的含量增加。此外，海水灌溉的蔬菜中还含有一些独特的微量元素，如锶、硼和碘等。这些元素对人体健康也有一定的益处，例如，碘可以促进甲状腺素的合成，锶有助于骨骼强化。再者，海水蔬菜中富含的可溶性膳食纤维和多糖对于增强人体免疫力、降低血脂、降血压等方面都具有一定的功效。目前已经培育出的海水蔬菜品种中，多数可以生食并且在当地家庭餐桌上很受欢迎，它们口感好，适合大众的口味。随着人们对健康和营养需求的增加，抗盐耐海水蔬菜如海英菜、海蓬子等，受到更多青睐。这些蔬菜除了有独特的口感外，还具有营养丰富、储藏方便的优点，逐渐受到更多人的认可和推广。

　　通过对海水蔬菜进行细致的加工处理，可以制作各种具有高营养价值和功能性的产品。这些产品广泛分布于养殖业、食品和保健品和医药化工领域。因而，海水蔬菜在深加工和应用方面具有广阔的市场前景和潜力。

　　根据2019年中国农业机械化协会发布的《2019年中国海水养殖产业发展报告》，截至2018年底，我国海水灌溉蔬菜的种植面积已经达到了4000万亩，2018年全国海水蔬菜的总产量为3073.5万吨，同比上涨2.1%。海水灌溉蔬菜种植规模、产量和市场需求在稳步增长。利用海水灌溉种植蔬菜，可以合理利用水资源，开辟出海水直接利用的新途径。

参考文献

[1] 中国气象局. 世界水日：节约用水，不只是今天！[EB/OL]. (2013-03-22) [引用日期2022-12-28]. https://www.cma.gov.cn/kppd/kppdsytj/201303/t20130322_208480.html.

[2] 谢宇. 日益严峻的海洋环境 [M]. 北京：原子能出版社，2004.

[3] 海洋大学堂. 浒苔灾害后的变废为宝 [EB/OL]. (2011-05-26) [引用日期2022-12-28]. http://jwc.ouc.edu.cn/hydxt/2011/0526/c6843a33131/page.htm

[4] 李硕，葛宝义，黄俊，等. 对浒苔问题成因与应用价值的研究 [J]. 化工管理，2017,(10):83-84.

[5] 邱金泉，王建艳，王静，等. 深层海水的用途及开发利用现状 [J]. 海洋开发与管理，2017,34(7):93-97.

[6] LEE C L. The advantages of deep ocean water for the development of functional fermentation food[J]. Applied Microbiology and Biotechnology,2015,99(6):2523-2531.

[7] HA B G, PARK J E, SHIN E J, et al. Modulation of glucose metabolism by balanced deep-sea water ameliorates hyperglycemia and pancreatic function in streptozotocin-induced diabetic mice[J]. Plos One,2014,9(7):e102095.

[8] KATSUDA S, YASUKAWA T, NAKAGAWA K, et al. Deep-sea water improves cardiovascular hemodynamics in kurosawa and kusanagi-hypercholesterolemic (KHC) rabbits[J]. Biological and Pharmaceutical Bulletin,2008,31(1):38-44.

[9] BAK J P, KIM Y M, SON J et al. Application of concentrated deep sea water inhibits the development of atopic dermatitis-like skin lesions in NC/Nga mice[J].

BMC Complementary and Alternative Medicine,2012(12):108-117.

[10] YANG C C, YAO C A, LIN Y R. Deep sea water containing selenium provides intestinal protection against Duodenal Ulcers through the upregulation of Bcl-2 and Thioredoxin Reductase 1[J]. Plos One,2014,9(7):96006.

[11] 李为明，崔进，徐鹏远，等. 深层海水对小鼠创面愈合的促进作用 [J]. 重庆医学，2014,43(4):462-464.

[12] 郝未宁，章婕，闫平善，等. 问水 – 您身边的水知识 [M]. 北京：中国环境出版社，2017.

[13] 韩雪. 我们的家园·环保科普丛书：口渴的地球 [M]. 黑龙江：黑龙江少年儿童出版社，2015.

[14] 沈立荣，孔村光. 水资源保护 饮水安全与人类健康 [M]. 北京：中国轻工业出版社，2014.

第 7 讲

海洋轶事趣闻

1. "死海"不死是何故？

人们都知道，水能淹死人，海水更是如此。但是这世界上有一种特殊的水体，人们在其中可以不用担心淹溺，那就是著名的"死海"。

我们先来了解一下死海吧。死海（图 7-1）位于约旦河东岸和以色列西岸边境，是世界上海拔最低的湖泊，湖面海拔为 430.5 米。死海南北长 86 千米，东西宽 5～16 千米，湖最深处为 380.29 米，最深处湖床海拔为 -800.112 米。它也是地球上盐分含量第三位的水体，仅次于含盐量第一的埃塞俄比亚的嘎特嘞池和含盐量第二的南极洲唐胡安池。

死海的湖岸是地球上已露出陆地的最低点，因此被称作"世界肚脐"。远远望去，死海形似一条双尾鱼，在阳光的照射下，海面像一面古老的铜镜。

你知道吗？在死海里，无论你会不会游泳，都可以自由自在地漂浮在上面，感受充满乐趣的畅游经历！这是为什么呢？因为死海的盐分非常高。通常海水中的盐分含量只有 3.5%，但是在死海里，盐分含量却高达 27.2%！这种极高的盐分使得死海变得非常浓稠、沉重，让人们体验到前所未有的"水上漂"的感觉。此外，死海中极高的含盐量导致大多数生物在其中无法生存，沿岸的植物也非常稀少，周围环境十分荒凉、寂静，没有动物和植物，给人一种凄冷凛冽的感觉，因此便有了"死海"的名字。

图 7-1 死海

为何死海有如此高的盐分呢？这是由于它所处的地理位置和气候因素造成的。死海位于约旦河谷深处，地势低洼，周围山峰环绕，而且离大海较远，平均年降水量也很少，这些因素导致了水流进入死海的速度慢，而死海的水分却一直在不断蒸发，使得死海的盐分逐渐积累。此外，死海周围的地壳属于一个断裂带，当地经常会发生地震，这些地震会使地下的盐矿物质溶解到水中，从而增加了死海中盐分的浓度。还有一个重要的因素就是周围的泉水和河流，它们都含有很多盐分，在流入死海时会把盐分带入其中，加剧了死海的盐分浓度。于是，日积月累，死海就成了这样一个独特的高盐海了。

死海盐度大导致了它的密度非常高。通常情况下，海水的密度约为 1.025克 / 立方厘米，而死海的密度则在 1.24～1.25 克 / 立方厘米之间，比普通海水要高得多。这也就是为什么人们在死海中游泳或漂浮时会感到更轻，因为死海的浮力比较大，使人感觉像飘在空气中一样。此时，大约三分之一以上的身体部分都会露出水面，不用担心溺水的问题！

2. 为什么会有越来越多的"死海"？

这里所提到的"死海"不是特指约旦的"死海"，而是泛指海上"死亡区"。海上"死亡区"是指受到严重污染，导致水域中生命无法存活的区域。这些区域最早在 20 世纪 60 年代就得到了确认，并且其数量和面积逐年增大。目前全球海洋中已经确认存在近 150 个严重缺氧的海上"死亡区"。全球比较大的海洋死亡区域有墨西哥湾、我国大连湾、欧洲北海、波罗的海、红海等海域。其中最著名的是墨西哥湾，它是由密西西比河口的化肥和营养物质的过度流入所致，面积高达 2 万平方千米。这些死亡区通常由于富营养化现象引起，也称为水体缺氧。过量的营养物质（如氮和磷）进入水体后，会刺激藻类大量繁殖，形成所谓的赤潮。这些藻类堆积并分解时，消耗了大量的氧气，导致水体缺乏氧气，无法维持其他生物的生存需要。海上死亡区的主要特征是缺氧和酸化。缺氧限制了鱼类、贝类、甲壳类和其他海洋生物的生存能力，对整个生态系统产生了严重影响。酸化则对海洋生物的外壳和骨骼产生破坏性影响，威胁到珊瑚礁和其他有钙质结构的生物。

为了缓解这一情况，减少农业污染、人类排污及空气污染是非常有必要的，国际社会已经采取了一系列措施，包括加强环境监管、减少污染物排放、改善废水处理系统等。同时，建立合适的保护区、推动可持续渔业和海洋保护计划也是重要的举措。例如，欧洲境内的国家联合制订了莱茵河行动计划，通过减少农业

和工业污染、加强废水处理和推广环保技术等方式控制氮流入北海，以期减少北海死亡区的规模。同时，在沿海地区进行绿化，植树种草可以有效吸收多余的氮等营养物质，从而防止它们流入海洋导致富营养化。保护海洋环境并减少死亡区的进一步扩大是一个全球性挑战的难题，通过采取综合性的措施，我们有望恢复受到污染影响的水域的生命力，并确保海洋生态系统得到长期的保护和可持续发展。

3. 东海真的有"龙宫"吗？

我国古代传说东海中有一座神奇的龙宫，里面储藏着一个聚宝盆。这虽然是神话故事中的内容，然而，东海确实是一片珍宝聚集的区域，它位于我国东部沿海的东海，所在的沿岸地区包括江苏、浙江、广东、福建等省份，是我国经济最为发达、物产最为丰富的地区，随着东海航运贸易的迅速发展，沿海地区的港口逐渐成为连接我国和世界各国的重要节点。东海也被称为"黄金水道"的重要航运通道，是我国的经济发展重心之一。

东海是我国最重要的渔业资源之一，40多条大大小小的河流从祖国大陆源源不断地流入东海。这些河流带来了丰富的营养盐，促进了东海中大量浮游生物的繁殖和生长，使得东海成为海洋生物天然的"大食堂"和"大产房"。其中，舟山渔场是东海中最具代表性的一个渔场，也是我国最大的渔场之一。舟山渔场位于我国东海的中部，周围被多个大小不一的岛屿所环绕，这些岛屿形成了一个天然的保护区，使得舟山渔场的鱼产量特别高，尤其是大黄鱼、小黄鱼、带鱼和墨斗鱼等品种。据统计，每年舟山渔场的渔业产量可达到70万～80万吨之间，这其中的黄鱼和带鱼更是成为当地渔民的主要收入来源。在浙江、福建沿海海域，还生长着大量的海带、紫菜、裙带菜、石花菜和海螺等海产品。这些海产品不仅营养丰富，而且口感鲜美，深受广大消费者的青睐。

不仅如此，20世纪80年代末，经过多年的勘探和试采，舟山海域已经发现了多个石油沉积盆地和油气田。其中，浙江舟山湾油田、奉化湾油田等是目前开发较为成熟的油气田。可以说，东海下面隐藏着一个巨大的潜在"大宝库"！

4. 谁是最懒的海洋动物？

海洋中最"懒"的动物，非藤壶莫属了。

藤壶俗称"触"或"马牙"等，是一类古老而独特的海洋无脊椎动物，属于节肢动物，它们具有石灰质的外壳。这些藤壶常常形成密集的群落，给海边岩石带来了独特的生态景观（图 7-2）。藤壶是雌雄同体生物，可以完成自我受精的繁殖过程。藤壶经历变态发育，从幼体发育为藤壶成体。不同地区的藤壶的繁殖季节有所不同，在地中海地区，藤壶的繁殖季节通常在春季和夏季，而在美国加利福尼亚沿岸地区，藤壶的繁殖季节通常在秋季和冬季。藤壶通常需要固定在岩石或其他稳定基质上，以保持身体的稳定，所以离海岸较远的地区，藤壶并不常见。

藤壶最大的特点是数量惊人，聚集起来密密麻麻，有密集恐惧症的人恐怕是难以承受的，无论是死是活，均成簇成簇地分布排列。藤壶的一生经历四个阶段：浮游、无节幼体、腺介幼体和成虫。

藤壶"一生"最大的目标就是寻找一个合适的"房子"，一旦选择好，几乎一辈子不会再挪窝，是名副其实的"死宅"。刚出生，藤壶是自由的，随波逐流，吃着海水中的浮游生物，慢慢长大，边流浪边寻找心仪的"房子"。它们对房子是有严格要求的，是死是活，是乌龟（图 7-3）还是鲸，是什么种类的鲸（图 7-4），是鲸的什么部位，都有自己的标准。藤壶偏爱鲸、海龟等速度相对慢一点的生物，像鲨鱼一类的，并不是藤壶最喜欢的"寄居宿主"。"选房"是一辈子的大事，因此藤壶也会"试住"一段时间，若"试住"结果不满意，会再次打包行李离开，只要还没有长出钙质外壳，就还有机会换地方。总之，直到藤壶找到自己满意为止，绝对不将就。当藤壶准备进行蜕膜时，它会开始产生一层新的外壳或外表。同时，旧的外部结构也会逐渐松动。然后，藤壶会分泌一种黏性的物质，称为"黏合物"，来连接旧外壳和新外壳。藤壶是动物一辈子挥之不去的伤疤，一辈子不挪窝，即使死亡掉落，附着的伤疤也会一直在。

藤壶对沿海的生活生产会产生一些危害，藤壶会附着在渔网、渔具或其他捕鱼设备上（图 7-5）、海底电缆等处，造成不良的影响，增加了渔民在收集和处理渔获时的工作量；它们可能会腐蚀公共设备，增加维护和清理的困难度，也可能导致设备损坏。藤壶对人类而言是一种"污损生物"，每年全球消除藤壶的费用就高达百亿美元。

从唯物辩证主义来看："任何事物都有两面性"，藤壶自然也不例外。一方面它是海洋生物的"恶魔"，在藤壶其他种类中，鹅颈藤壶的近亲——桶冠藤壶和隐鲸藤壶便是最大的麻烦制造者。另一方面它却是珍馐美味，生活中经常被吃货们大快朵颐的藤壶便是众多种类中的一种——鹅颈藤壶。这种藤壶往往生长在海岸线的礁石上，别看形状怪异，肉质却非常鲜美，味道类似于常吃的贝类，但藤壶采摘比较困难。

图 7-2　藤壶

图 7-3　藤壶附着的海龟

图 7-4　藤壶附着的鲸

图 7-5　藤壶附着在船只底部

5. 海参为什么有神奇本领?

　　海参属于刺胞动物门中的棘皮动物亚门，它们是无脊椎动物，通常具有柔软的身体和触手，以及用于移动和进食的管状脚 (图 7-6)。海参的种类繁多，全球约有数千个已知的海参物种。我国是海参资源非常丰富的国家之一，目前已经记录了超过 200 种海参物种。海参的资源分布相当广泛，可以在全球各大洋的海域找到，其中海参种类和资源最多的是印度洋和西太平洋海区。

图 7-6　自然环境下生长的海参

　　我国是海参资源非常丰富的国家之一，分布在温带区和热带区。温带区主要集中在黄渤海域以及东海沿岸地区，渤海湾是我国海参中最为知名的刺参的重要分布区域。热带区主要集中在南海和海南岛周边的海域，包括两广 (广东、广西) 等地，主要产出梅花参等。此外，西沙群岛、南沙群岛和海南岛也是我国热带海参的主要产地之一。

　　在亚洲，海参特别受人们欢迎，被视为一种珍贵的食材，位列山珍海味的"八珍"，是我国传统的滋补佳肴之一。海参具有丰富的营养价值，富含蛋白质、碳水化合物、胶原蛋白、微量元素和维生素等 40 多种营养成分。它们还含有某些特殊的生物活性物质，如硫酸软骨素、海参多糖、多肽和多酚类化合物等，对皮肤健康、免疫功能和关节健康有益。近年来，随着海参养殖技术的提高，许多家庭都能品尝到海参佳肴。

　　海参有很多神奇的本领，让我们一起来了解一下吧!

(1) 变色。可以通过改变体色来融入周围的环境，以避免天敌的伤害，同样也有利于自己捕猎食物。

(2) 乘凉。刺参是冷血动物，其体温会受到周围水温的影响。当水温升高时，刺参可能会感到不适，因此它们会寻找和迁移到更凉爽的环境，例如深海区域或岩礁的阴影下乘凉。

(3) 天气预测。当风暴来临前，海参会寻找更安全的避难所，例如岩石缝隙、岩洞或其他隐蔽的区域，以减少风暴带来的冲击和不利影响。渔民通过观察海参的行为来预测风暴的到来。

(4) 分身。当海参的身体受到威胁或被捕食者抓住时，它们可以自主断裂，以逃脱捕食者的攻击，经过3~8个月，每段海参又会长出失去的那部分身体。海参这种惊人的再生能力，激发了医学和生物工程学家的研究兴趣。

(5) 排脏逃生。当海参感到危险或受到攻击时，警觉的海参可以迅速收缩肌肉，将内脏器官如消化道、呼吸道和生殖器官等从肛门排出。这些内脏器官通常具有刺激性味道或毒素，可以威慑捕食者或转移捕食者的注意力。没有内脏的海参依然能够存活，它们会在50天左右重新长出内脏！

(6) 自溶。离开海水并暴露在空气中时，海参可能会发生自溶现象，将自己融化掉，化作水状。此外，当海参接触到油时，可能会发生自溶的现象。这是因为海参皮肤表面含有一种称为纤维素酶的酶类物质，它可以分解纤维素。油或过高的温度会使纤维素酶活性增强，从而引起海参自溶。

6. 你知道漆黑海底的"提灯女神"吗？

这里的提灯女神可不是那位著名的护理学家——佛罗伦萨·南丁格尔，而是一种生活在深海里总是举着小灯笼的鮟鱇（音同安康）鱼。

鮟鱇鱼（图7-7），俗称蛤巴鱼、蛤蟆鱼、海蛤蟆、琵琶鱼等，一般生活在海平面以下500~5000米的海底深处。属硬骨鱼类，鮟鱇目、鮟鱇科，为近海底层肉食性鱼类。广泛分布于印度洋、太平洋和大西洋，也见于北冰洋，我国沿海均有产。鮟鱇鱼头部上方有个肉状突出，形似小灯笼，是由鮟鱇鱼的第一背鳍逐渐向上延伸形成的。那么，你一定很好奇：为什么鮟鱇鱼能够发光呢？原来，这与它们身上的一种特殊细胞——腺细胞有关，这种细胞被称为"发光细胞"。这些发光细胞能够分泌光素，光素在光素酶的催化下缓慢氧化而产生光亮。鮟鱇鱼利用发光吸引小虾、小鱼等猎物过来，然后迅速捕食。当面临危险时，它们会迅速释放大量的发光物质，制造出明亮的闪光，以吓跑潜在的捕食者。

鮟鱇鱼，别看名字好听，它可是一种长得很难看的鱼。据说，鮟鱇鱼因外貌奇丑被列为世界四大最恶心的鱼之一（与狼牙虾虎鱼、水滴鱼和清道夫鱼齐名）。圆胖的脑袋，扁平的身体，大而圆的眼睛，嘴巴较大，而且长着两排坚硬的牙齿，可以说相貌丑陋！这种鱼发出的声音好像老爷爷在咳嗽一样，所以也被渔民称为"老头鱼"。它全身唯一的亮点就要算头上的那盏小灯笼了。

还有一个有趣的事：鮟鱇鱼的爱情故事堪称传奇，打从一出生，雄鮟鱇鱼就开始寻找终身伴侣，一旦找到雌鮟鱇鱼，就咬破雌鱼的皮肤把自己安插在她身上，雌鱼如慈母袒护孩子般让其依附在头部和鳃盖下，唇齿相依。雄鮟鱇一生完全依附雌鮟鱇鱼维持生命的循环，雌雄一体。它们关系亲密令人咋舌，甚是奇异。

图 7-7　鮟鱇鱼

7. 你了解海龟吗?

海龟，作为最古老而美丽的大型海洋爬行动物，在地球上已经存在了 2 亿多年。在东南亚的一些文化和宗教习俗中，海龟被视为神灵或具有神圣意义的生物。它们常常供奉在庙宇里，成为人们祈求平安、健康和长寿的对象。许多寺庙还会供养海龟，等待信众放生，以行善积德，并希望获得神灵的保佑。海龟作为一个象征性的动物，承载着丰富的民俗文化价值。

全世界海龟一共只有 7 种，均被列入《世界自然保护联盟》红色濒危物种名录，都受濒危野生动植物种国际贸易公约（the Convention on International Trade in Endangered Species of Wild Fauna and Flora，CITES）附录 I 保护。我国海域分布有 5 种，分别是：棱皮龟（图 7-8）、太平洋丽龟（图 7-9）、红蠵龟（图 7-10）、绿海龟（图 7-11）和玳瑁（图 7-12）。肯氏丽龟（又名大西洋龟，图 7-13）和平背龟（图 7-14）两种海龟暂未在我国海域发现。

图 7-8　棱皮龟科的棱皮龟

图 7-9　海龟科的太平洋丽龟

图 7-10　海龟科的红蠵龟

图 7-11　海龟科的绿海龟

图 7-12　海龟科的玳瑁

图 7-13　海龟科的肯氏丽龟（大西洋龟）

图 7-14　海龟科的平背龟

与人类不同，海龟的性别不是由染色体决定的，一般由沙滩的温度决定。温度如何影响我们的海龟宝宝呢？生物学家解释，如果卵在 20～27℃下孵化，幼海龟通常是雄性；如果卵在 30～35℃孵化，大多数是雌性。因此，按照正常的过程，内卵温度会保持在较高的状态，外卵会处于较低的温度状态，所以在海龟繁殖的沙坑里，内卵会变成雌龟，外卵会变成雄龟。

5 月 23 日"世界爱龟日"是所有龟类的节日，不论是陆龟、海龟还是水龟，该日子旨在呼吁人们保护各种龟类及其在全球范围内消失的栖息地。

2021 年 2 月，我国新调整的《国家重点保护野生动物名录》正式公布，其中龟鳖目列入 6 科 20 余种，主要变化体现在海龟科和棱皮龟科物种全部升级为一级保护动物，闭壳龟属和草龟、花龟、黄喉拟水龟等种类的野生种群升为二级保护动物，由此可见我国越来越重视龟鳖目物种的保护。

那么我们如何参与龟类的保护呢？首先，不要私自购买、饲养或食用国家重点保护以及 CITES 附录 I 和 II 的物种，包括所有种类的陆龟、闭壳龟、海龟等。其次不要购买龟类制品，比如玳瑁壳饰品等。最后，我们要爱护好生态环境，减少温室气体排放，不随意乱扔垃圾，不随意放生入侵物种红耳龟（巴西龟，图 7-15）和拟鳄龟（小鳄龟，图 7-16），以免加剧入侵物种占据本土龟类的生存空间。

图7-15　红耳龟（巴西龟，入侵物种）

图7-16　拟鳄龟（小鳄龟，入侵物种）

海龟在人类和生物界中扮演着重要的角色，不仅对于维持海洋生态平衡至关重要，也是监测海洋生态环境的重要指示物种之一。如绿海龟作为植食性动物，在其生活的海域中，海草生长得十分茂盛。这种环境条件对其他海洋生物的生存非常有利，以至于该地区的生物多样性较高。

海龟是恐龙时代的"活化石"，具有重要的经济、科研、观赏、文化和生态价值。它们从险象环生的陆地，走向漂泊不定的海洋，除了极地海域，各个大洋里都有它们的身影。但是海龟鲜为人知的脆弱一面，需要人类好好保护。

8.你了解海龟的全球定位系统吗?

海龟是一种非常古老的甲壳类动物，它行动缓慢，却能定期作长途航行迁徙，准确地往返于觅食栖息地和繁殖场。例如，希腊海龟拥有出色的导航本能，它们在繁殖完成后能够利用这种"全球定位系统"游到巴西等距离繁殖地1600多千米远的海域寻找食物。当它们再次产卵时，同样能够依靠这个导航本能再次返回。科学家们惊奇地发现，希腊海龟游过的水域中，地磁场密度和倾斜面会随着方向的变化而改变，形成了一个类似于经纬线的"网格"结构。每个"网格"都具有特定的磁场密度和倾角组合，使得这些海域中的任何一点都可以被唯一确定。海龟通过这两个参数就可以构建一张类似于"磁场地图"的导航图。通过对这些细微变化的感知，希腊海龟可以准确地判断自身所处位置，并在这个"网格"中自由穿梭。科学家研究表明，海龟、鲸等动物体内具有一种特殊的组织结构，称为磁铁石晶粒，位于它们的颅内。这些磁性晶粒能够帮助它们与地球的磁场保持对齐，并将方向信息传递到大脑中。科学家形象地把海龟的这种本领比喻成人类使用的全球定位系统，与依靠卫星发回信号的人类有所不同，海龟似乎是靠感觉到地球的磁场来作远洋航行。

美国北卡罗来纳大学的生物学家肯尼斯和凯瑟琳对刚孵化出的海龟进行了反复实验。肯尼斯研究的海龟孵化于佛罗里达的海滩，然后远航穿行北美和非洲之间的海洋，当它们要产卵的时候，总是回到它们出生的海滩。这项研究发现表明，海龟确实具备检测和感知不同强度磁场的能力，并且能够准确地分辨地球表面磁力线倾斜的角度。检测数据显示出海龟所具有的"全球定位"器官可靠而先进。

从事动物航行行为研究的专家——纽约州立大学生物学家阿贝尔认为，人们早就知道许多动物能够利用磁场和光线辨别方向，但能够在"地球"上找到自己的位置，这可是一项极复杂的工作。阿贝尔说："肯尼斯的研究，确实为动物利用磁场之谜第一次提供了科学的证据。"

9. 海洋的水都是蓝色的吗？

你听说过黄海、黑海、红海和白海吗？

一般情况下大海是蓝色的，然而在某些特殊的海域中，由于水的深度、悬浮物质、浮游生物以及海底地质和气候等条件的差异，海水的颜色会明显有所不同。就像我国的黄海，为什么是黄色的？因为黄河水流入黄海，使得黄海的水呈现出黄色。那红海的海水为什么是红色的呢？这主要是因为红海中存在大量的红藻类生物，使得海水看上去是红色的。黑海的海水呈现黑色是由于该地海底沉积物丰富，其中包括大量的污泥。当海风和潮水作用下，掀起的浪花带有这些混浊的沉积物，因而呈现出黑色。白海位于北冰洋的边缘，周围几乎全被冰雪所覆盖，使得海面看上去一片洁白，所以将其命名为白海。

10. 海鸟可以直接喝海水吗？

当阳光洒满大海，微风轻拂海面时，可以看到一群群海鸟在天空中展翅高飞。海鸟们盘旋、飞翔，时而俯冲下去捕鱼，时而高高地升上云端；它们的身姿优雅而灵活，锋利的喙像箭一样准确地抓住鱼儿；它们渴了，轻啄几口清澈的海水，品尝那咸甜交融的海洋味道。

海水那么咸，人类不可以直接饮用，那海鸟喝了会不会因为脱水死亡呢？答案是不会的，因为海鸟具有特殊的腺体，称为"腺胃"，这个器官位于海鸟的食道和胃之间，可以帮助它们淡化海水，排出多余的盐分。有人曾经做过实验，将134毫升海水注入一只重1420克的海鸥体内。令人惊奇的是，在短短3个小时内，海鸥就成功排出了多余的盐分。海鸥排泄的分泌液中，有56.3毫升来自于排盐腺的分泌，其余则通过正常的排泄渠道排出。虽然排盐腺分泌的液体少，但它却能排出比正常渠道高出10多倍的盐分，从而有效地帮助海鸥保持体内盐分平衡。这种特殊机制使海鸟得以在咸咸的海洋环境中生存和繁衍。这让我们不禁感叹海鸟的生物适应能力，它们真是大自然的奇妙创造生物！

11. 海水可以用来洗衣物吗？

你可能见过用河水或井水洗衣服吧？那你应该没有见过用海水洗衣服吧！

极少见到有人用海水洗衣服吧！为什么呢？这是因为海水含有较高的盐分和矿物质，会使衣物变得坚硬和粗糙，而且还可能导致衣物褪色。此外，海水的盐分会使肥皂的主要成分——羧酸中的钠盐 R-COONa "失活"，而洗衣粉也不能在海水中溶解，因此，在海水中使用肥皂或洗衣粉洗衣服无异于"瞎子点灯白费蜡"。

如果想用海水洗衣服，能不能实现呢？科学家们研发出一种合成海水洗涤剂，它能够满足海水洗衣的要求。在海水中，这种洗涤剂具有出色的去污能力，且不会损伤衣物，也不会导致衣物褪色。此外，还可以根据需要添加果香料或草香料，且适用于不同用途的洗涤剂，如洗餐具和水果，甚至可用于沐浴。然而，这种洗涤剂仍有一个缺点：不能使海水脱盐。因此，在洗净污垢后，仍需要用少量淡水进行最后的漂洗，以去除衣物上的盐分。

12. 海水会"粘"住船吗？

海水是流动的，你听说过海水"粘"住船这样的怪事吗？据说在100多年前，在太平洋西北洋面上，一艘渔船的船速突然降低，仿佛被什么东西吸住了一样。船员们对这怪异的情况感到惊讶和恐慌，纷纷猜测可能是海怪。船长下令收回撒下的渔网，但渔网却被卷成了一条长长的线。船长只能下令弃网，但船只在海水中仍无法移动，陷入了困境。船员们陷入恐慌之中，只有听天由命了。就在他们绝望之际，有人发现船开始缓缓移动，从缓慢到逐渐加快，最终恢复了正常，摆脱了危险的境地。

　　无独有偶，在 1893 年 8 月 29 日，著名挪威探险家南森正在前往北极的途中，在俄罗斯喀拉海岸的泰梅尔半岛沿岸航行时，船突然停了下来。从未经历过此事的船员恐慌极了：大家都觉得自己可能会在这里丧命了。作为一位经验丰富的探险家，南森却没有表现出任何惊慌的迹象。他仔细观察着海面，周围风平浪静，船既没有搁浅，也没有触礁，那究竟是怎么了？南森心想，也许是遇到了传说中的"死水"。他果断通知船员们：这不是水怪在捣乱，而是碰到了"死水"。果然，在不久之后，船在海风的推动下慢慢开始移动。一场惊慌就这样结束了。海水确实可以"粘"住船，可这到底是怎么回事呢？

　　经历了这场有惊无险的航行后，南森主动向海洋学家埃克曼请教，并与他共同研究了"死水"对船只产生黏附效应的奥秘。原来，"死水"是一种特殊水流状况，海水的密度受到温度和盐度的影响，温度高的海水密度小，温度低的海水密度大，盐度高的海水密度较高，盐度低的海水密度较低。由于海水在近岸与深海、表层与深层、不同洋域之间相互交换，并且受月亮、太阳引潮力、风和海流等因素的影响，经常出现上下水层海水密度不同的情况。密度较小的海水会在密度较大的海水上方聚集，导致海水分层。这种上下层之间形成的屏障称为"密度跃层"或"液体海水"。这一"密度跃层"有时可以厚达几米。

　　海水"粘"船的效应就发生在"密度跃层"上。当船只在这个跃层上航行时，搅动的螺旋桨会引起海水产生一种内波，其运动方向与船只行驶的方向相反，就像逆风行驶一样。当船速较慢且内波的作用较强时，船只会遭遇到海水的"粘附"，使得船只前进变得异常困难。之后，船却能够移动，是因为受到外部风力、潮流等因素的作用。关于"密度跃层"和内波的相关理论问题，需要通过专业的海洋知识学习才能更加深入地了解。

13. 海水可以治疗疾病吗？

　　海水在一定情况下可以被用于治疗某些疾病，这就是所谓的海洋疗法或海水疗法。经过研究，医学专家们发现海水中含有多种矿物质和微量元素，如盐、镁、钙、碘等，具有抗菌、抗炎、刺激免疫系统和促进伤口愈合等作用。这使得海水在治疗皮肤病、呼吸道疾病、关节炎等方面具有一定的疗效。举例来说，地

中海的海水富含镁元素，镁具有消炎和镇痛的作用。因此，风湿性病人每天泡在地中海海水中 2 个小时，坚持 3 周即可改善病症；我国北海的海水则可以活跃人体的植物神经系统，促进新陈代谢，对于身体疲倦的人来说，在北海中泡浸 2 个小时便能恢复体力；据说加勒比海的海水可以治疗椎间盘突出，而地中海的海水可以促进骨骼愈合等。你知道海水还可以治疗哪些疾病呢？

14. 你知道"人间仙境"的传说吗？

蓬莱位于山东半岛北端，地处北纬 37°25′～37°49′56″，东经 120°34′44″～121°09′，濒临黄海，拥有美丽的海滩和风景秀丽的山岳，被誉为我国四大仙山之一。

蓬莱有着悠久的历史，可以追溯到新石器时代。在沿海地区，我们发现很多新石器时代的遗址，这些遗址证明了古人们傍海而居、日常渔猎的活动。蓬莱北部海域偶尔会出现"海市蜃楼"，因此，这片土地被誉为"人间仙境"。在临海的丹崖山上，有一些历史文化古迹，如蓬莱阁、天后宫和龙王宫，这些地方是先民们上香祈福的场所。而在丹崖山的东侧，保存着国内最完整的古代水军基地——蓬莱水城，这是渔船进出海的安全港口。长时间与自然环境和海洋进行斗争的先民们总结并传承了大量与海洋生活相关的规约和习俗，比如鲸类、海龟对于蓬莱的渔民来讲都有着特殊的意义。

鲸类在蓬莱又被称为"老人家"或者"赶鱼郎"，是海洋生物中象征海神的代表之一。鲸类在鱼汛期间追逐着游动的鱼群以寻找食物，渔民们紧随其后撒网捕捞，必然能够收获丰盛，就像是得到了财神的庇佑一样，这与民间信仰中财神赵公明相吻合，因此，鲸被亲切地称为"老赵"。古人对于"老赵"，并没有设立专门的庙宇。如果你经常在岸上看到鲸游弋于海中，称为"过龙兵"，被认为是吉利的象征，人们常常会烧香烧纸向其祝拜；如果在海中看到鲸，船长会先向水中撒米，然后带领船员一起烧香烧纸，口称"老人家"，并跪拜表示敬意。

蓬莱沿海的渔民对海龟也充满崇敬，将其视为长寿的象征，尊称之为"老爷子"或者"老帅"。海龟因其富有灵性而引发人们的崇拜，民间流传着"千年王八万年龟"的说法。当捕到海龟时，人们发现海龟的双眼仿佛在"哭泣"，似乎在乞求饶命，实际上这是由于环境空气过于干燥或存在大量粉尘刺激乌龟泪腺所致。渔民们相信海龟具有上千年的寿命和不衰老之体，已经成"精"，若杀死海龟，将面临其愤怒的谴责和恶果的报应。所以，一旦误捕到海龟，渔民会立即虔诚地将其放回大海，并说吉祥话以请求宽恕。

无论是鲸还是海龟，我们都要保护它们，我们要敬畏自然，而不能肆意破坏自然。

15. 海洋里匠心独具的工程师是谁?

海獭是一种生活在海洋和沿海地区的哺乳动物，属于食肉目海獭科。海獭通常体型较小，成年雄性海獭体长约为 1.47 米，重达 45 千克左右，而雌性则稍小，体长约为 1.39 米，重约 33 千克。它们的头部和足相对较小，身体覆盖着厚密的毛发，尾巴占据了其体长的四分之一以上 (图 7-17)。

图 7-17　海獭

海獭不是纯肉食动物，它们的饮食相对多样化。虽然它们以鱼类为主要食物来源，尤其是鲍鱼、牡蛎、蛤和章鱼等，但它们也会食用一些海藻和其他水生植物。海獭喜欢群居，白天常常有几十甚至上百只的小团体在海中嬉闹和觅食。而到了晚上，它们有时会选择在岩石上休息，但更多的时间则是躺在漂浮在海面上的海藻上，享受着轻柔的海浪摇曳。当海面刮起大风暴时，海獭会紧密地聚集在岸边或其他避风的地方，寻找安全的避风处。与其他海洋生物不同的是，海獭通常不会进行大范围的迁徙，更倾向于过定居的生活。

海獭是非常聪明的动物，它们像一个技术高超的工程师一样，会用心构建美丽的巢穴。当海獭上岸时，它们会搬运一块块石头来建造巢穴。虽然它们的手很小，但它们非常擅长使用工具。当海獭捕食硬壳动物如海胆和贻贝时，它们首先

潜入水中,把抓住的动物挟于松弛的皮囊下面,再捡起一块拳头大小的石块。然后,它们游到海面上,将胸腹当作"餐桌",把石头当作"餐具",用前肢将捕获的动物撞击在石头上,直到动物的壳破裂,露出肉来才开始享受。吃饱后,它们会认真地清洁"餐桌",并将"餐具"收好,保存在胸部,以便日后使用。

二百多年前,人们发现海獭皮特别珍贵。曾经有人在一次航海探险中,花120元从澳大利亚购买了一张海獭皮,但是当他把它带到我国广东时,竟以高达一万元的价格出售!这使得海獭一下子成为了"金海獭"。为了它那稀有而珍贵的毛皮,人们曾经大量捕杀海獭,这导致海獭的数量急剧减少,它们变得非常稀缺。幸运的是,随后人们开始采取保护措施,努力保护海獭的生存环境。通过这些努力,海獭得以继续繁殖,并且数量逐渐增长。我们要保护我们的动物,别为人类的贪婪和私欲蒙蔽双眼。

16. 你知道谁是海洋中的游泳冠军吗?

剑鱼是鱼纲剑鱼科,因其上颌的形状上下扁平,中间厚两边薄,如同一柄锋利的宝剑而得名(图7-18)。但又因其速度快,如同离弦之箭故又称箭鱼、剑旗鱼等。一般身长3米,最长可达5米,最大重量可达900千克,雌性通常比雄性更大,体短壮,尾柄短细,平扁;尾鳍深分叉而有力,尾柄末端上下具深凹;体背及体侧呈黑褐色,体腹侧呈淡褐色。属于大洋性中上层暖水性洄游鱼种,会季节性洄游,夏季向偏冷海域进行索饵洄游,秋季向偏暖海域进行产卵和越冬洄游,一般生活于18~22℃的暖水海域。剑鱼的食物包括远洋鱼类,如金枪鱼、鲯鳅、飞鱼、鱿鱼,其他头足类动物和甲壳类动物。剑鱼广泛分布于世界各热带及亚热带海域,有时也出现于冷水海域。2021年,剑鱼被列入《世界自然保护联盟濒危物种红色名录》,评定为近危级别。

剑鱼是一种分布在热带和温暖海域的大洋性上层鱼类,在我国主要出现在东海南部外海。作为水中生物,不同种类的动物因其特征和生活方式的差异,而拥有不同的游泳速度。在1967年,苏联《自然》杂志刊载了一份"海中动物的速度比较表",其中鲸类:鳁鲸55千米/时,长须鲸50千米/时,虎鲸65千米/时,抹香鲸22千米/时;鳍脚类动物:海狗40千米/时,海象18~20千米/时;鱼类:剑鱼130千米/时,旗鱼120千米/时,飞鱼65千米/时,鲨鱼40千米/时;头足类:枪乌贼41千米/时,金乌贼26千米/时,短蛸15千米/时。根据这份统计表可以知晓，剑鱼的游泳速度是最快的。剑鱼追捕群聚的鱼群时，利用其锋利无比的"利剑"闪电般穿梭其中。一旦被剑鱼撞击到，目标猎物要么受伤，要么丧命，最终沦为剑鱼的美味。

图 7-18　剑鱼

剑鱼为什么能游得这么快？原来它具有十分典型的流线型身体结构。剑鱼的体表光滑无阻力，上颌长而尖锐，尾部肌肉发达且强大，能够产生巨大的推动力。当剑鱼迅速向前游动时，其长矛般的上颌可以劈水前进。剑鱼以每小时 130千米的极速前进，其坚硬的上颌足以穿透非常厚实的船底！有这么一个故事，"第二次世界大战"期间，英国油轮"巴尔巴拉"号正在大西洋上航行。船员们突然发现远处出现了一条细长的黑影，迅速向油船扑来。刹那间，一声震耳欲聋的撞击声响起；随之而来的是海水从一个巨大的裂缝中涌入船舱的场景。油轮被袭击了吗？不是，它遭遇了剑鱼的攻击。这只剑鱼利用其突出的锐利上颌，穿透了船舷，宛如一柄剑刺入船体。当剑鱼拔出这把"长剑"后，又接连刺穿了两个位置。最终，剑鱼再也无力将自己的"长剑"拔出，它顺从地成了俘虏。这个故事听起来确实有些传奇。然而，剑鱼对船只的攻击并不少见。在英国的一个博物馆中，陈列着一些奇特的展品。其中之一是一艘捕鲸船，其木板厚度达到 34 厘米，嵌了一根长约 30 厘米、圆周 12.7 厘米的剑鱼的"剑"。此外，还有一块木板，厚度约 55.8 厘米，被剑鱼穿透，留下了一个明显的孔洞。

剑鱼迅猛游动的身姿为飞机设计师提供了真实而生动的灵感。受到剑鱼外形的启发，设计师们在飞机前部安装了一根长长的"针"，这根"针"能够突破高速

飞行中产生的 "音障"。正是由于这项创新，制造出超音速飞机。高速飞机的出现不仅是工程技术的巨大突破，也彰显着仿生学在航空领域的巨大成功，因此，我们应该向大自然其他生物虚心学习。

17. 你知道谁是海洋中的跳高冠军吗?

你见过鱼跃出水面的壮观景象吗？鱼为什么可以跃出水面，在空中 "跳高" 呢？一些鱼类拥有强健的肌肉，通过这些肌肉可以收缩和伸展，产生弹力。鱼利用这种力量将自己推离水面。同时，尾鳍提供了向后推进的力量，背鳍则帮助鱼类保持平衡和稳定，帮助鱼类完成华丽的跳跃飞翔动作。

鱼为什么要跳出水面呢？鱼类喜欢追逐小虫子或者其他小动物，它们为了抓住水面上飞舞的小动物时就会跃出水面；当它们感觉到危险时也会迅速跃出水面以逃离追赶；有时候，鱼儿跃出水面只是为了玩耍和锻炼身体，如鲤鱼、飞鱼在黄昏或月光下的跳跃。此外，当鱼类进入生殖季节时，它们常常会聚集成群；或在繁殖期间，由于情绪的兴奋而相互追逐时，也经常发生跳跃现象。

然而，在整个鱼类中，只有鲯鳅鱼能够真正地跳高，一跃而起，这种鱼跳跃能力高达六米，因此被赋予了 "跳高冠军" 的称号 (图 7-19)。目前，鱼类学家已探知的鲯鳅属鱼类仅有两种，根据它们的体形大小称为大鲯鳅和小鲯鳅。虽然鲯鳅鱼的种类不多，但它们广泛分布于世界各大洋中。鲯鳅鱼主要以飞鱼为食，然而，飞鱼天生擅长飞行技巧，它们能在黑夜中见到灯火时就像 "飞蛾扑火" 一样，向着火光飞去。通常能离水在空中滑翔三百多米，而鲯鳅鱼要追捕它，必须具有

图 7-19　鲯鳅鱼

比飞鱼更高强的飞行跳跃本领，于是鲯鳅鱼练就了"跳高"绝技，虽然飞鱼能够在空中腾空飞行，但无论飞鱼飞得多远，都无法逃出鲯鳅鱼的"手掌心"，成了鲯鳅鱼的美味佳肴，由此可见鲯鳅鱼"跳高"的本领实在高。你是不是很羡慕鲯鳅跳高的高超本领呢？我们一起科学训练吧！

18. 海洋最古老的物种是谁呢？

灰鲸，又称东太平洋灰鲸，是一种每年来往摄食区和繁殖区的鲸。它们的体长约 16 米，体重约 36 吨，一般可活到五六十岁。灰鲸曾一度被称为"魔鬼鱼"，当它们被追猎时会奋力搏斗。

灰鲸是"埃什里希特乌斯"属中唯一的物种，亦是灰鲸科中唯一的物种。这种动物是最古老的物种之一，在地球上已有约 3000 万年的历史。在很久之前它们一度是巨牙鲨的捕食对象（巨牙鲨现已灭绝）。

目前，灰鲸在太平洋有两族群：其中一个不多于 300 头灰鲸的小族群的迁徙路线没有人知道，但一般推测是在鄂霍次克海和韩国之间；而另一大族群（东太平洋族群）的迁徙路线则是在阿拉斯加和下加利福尼亚州之间。而北大西洋从前亦曾有第三个族群，不过在 300 年前已因被大量猎杀而灭绝。

在秋天，灰鲸在东太平洋或加州开始它们为期 2～3 个月、长达 8000～11000 千米，沿着美国和墨西哥西岸往南的迁徙旅程。它们以小组的方式迁徙，目的地是下加利福尼亚州和南加利福尼亚湾的海岸，这里是它们繁殖的地方。通常情况下，3 只或更多的灰鲸会一起来到这里进行繁殖。灰鲸怀孕期大约为 1 年，怀孕的母鲸会返回繁殖地，然后产下一只小灰鲸。小灰鲸在出生时，尾巴会先脱离母体，身长约 4 米。位于深水的繁殖区可以保护新生的小灰鲸免受鲨鱼的袭击。

数周后，它们开始返程。它们归程速度可达 10 千米 / 小时，来回总共要跨越 16000～22000 千米的距离，这是目前所知的哺乳动物中年度迁徙距离最长的里程。赏鲸的旅游项目给生态旅游和水生动物爱好者提供了在灰鲸迁徙时观赏的好机会。

灰鲸广泛分布于北太平洋、北大西洋、北美洲沿海、鄂霍次克海、白令海、日本海。在我国的黄海、东海、南海等温带海域有发现。2009 年灰鲸被列入《濒危野生动植物种国际贸易公约》。

19. 你知道谁是海洋中的单项游泳健将吗？

北极熊，头部较小，耳小而圆，颈细长，足宽大，肢掌多毛，是仅次于阿拉斯加棕熊的陆生最大食肉动物之一（一说大于阿拉斯加棕熊），体重平均750千克，平均体长2.7米，据说最大的北极熊直立身高3.6米，重900千克，用后腿直立时，可平视大象。北极熊栖居于北极附近海岸或岛屿地带，通常随着浮冰漂流。北极熊繁殖期3～5月，孕期约8个多月，每产1～4仔，4～5岁性成熟，寿命25～30年。北京动物园1953年开始饲养展出，1962年繁殖成功。被列入濒危野生动植物种国际贸易公约。

北极熊是水陆两栖动物，当然会游泳。北极熊全身披着厚厚的白色略带淡黄的长毛，它的长毛中空不仅起着极好的保温隔热作用，而且增加了它在水中的浮力。它的体形呈流线型，熊掌宽大宛如前后双桨，前腿奋力前划，后腿在前划的过程中还可起到掌舵的作用。因此，它在寒冷的北冰洋水中可以畅游数十千米，是长距离游泳健将。北极熊曾被误认为是海洋动物，被叫做"海熊"。遗憾的是，北极熊仅是长距离单项游泳健将。

北极熊是一种食肉动物，属于熊科动物，主要以海豹为食，特别喜欢捕食环斑海豹，同时也会捕食髯海豹、鞍纹海豹和冠海豹。除了这些，北极熊还会捕捉海象、白鲸、海鸟、鱼类和小型哺乳动物。有时候，它们也会吃一些腐肉，进行清理消化。北极熊是目前所知唯一一种会主动攻击人类的熊种，并且多数攻击事件发生在夜间。与其他熊科动物不同的是，它们不会将未吃完的食物储藏起来以备后用，这倒是便宜了懒惰的同类或北极狐。它们一旦享用完美食，就会离开，要知道对于北极熊而言，高热量的脂肪比肉更为重要，因为它们需要保持身体的保暖脂肪层，并储存能量以备食物短缺时使用。北极熊并非完全不吃素食，在夏季它们偶尔会摄入一些浆果或者植物的根茎。在春末夏初时，它们还会前往海滩地带寻找被浪潮冲上岸的海草，从中摄取矿物质和维生素。在它们的生活中，约66.6%的时间都处于静止状态，比如睡觉、躺着休息或等待猎物。剩下约29.1%时间用于在爬行或游泳，1.2%的时间用于捕猎猎物，剩下的时间主要用于享受美味佳肴。北极熊通常会采用两种捕猎方式，其中最常见的是"守株待兔"。它们事先在冰面上寻找海豹的呼吸孔，并耐心地等待数小时。一旦海豹露出头部，北极熊就会突然袭击，并用锋利的爪子将海豹从呼吸孔中拖拽出来。北极熊真是即耐心又狡猾的动物！若海豹在岸上，它们会隐藏在海豹视线范围之外，悄悄接近，突袭海豹。另一种方式是直接潜入冰面下，靠近海豹的位置才开始攻击，这样就能够切断海豹的逃跑路线。在享用丰盛的食物之后，北极熊会仔细清理毛发，将食物残渣和血迹清洁干净，是一种爱干净、讲卫生的可爱动物。

有时候辛苦捕到的猎物会引来同类的窥伺，一般来说，如果不幸面对那些体形庞大的家伙，个头小些的北极熊会更倾向于溜之大吉，不过一个正在哺育幼子的母亲为了保护幼崽（图 7-20），或是捍卫一家来之不易的口粮，有时也会和前来冒犯的大公熊拼上一拼。

图 7-20　北极熊

20. 史前最强大的海洋生物是谁?

滑齿龙是一种生活在海洋中的肉食性爬行动物（图 7-21），属于蛇颈龙目里短颈部的上龙亚目，最大估计长 25 米，重 150 吨。生存时代为 1.6 亿～1.25 亿年前。滑齿龙这个名称起源于拉丁语，它的字面意思是"平滑侧边牙齿"。它们出现在侏罗纪中晚期，身体粗壮，在四片大小相当的桨状鳍的驱动下自由游弋。滑齿龙拥有一口长颚，里面布满长而锐利的牙齿。它们的特殊的鼻腔结构使得它们能够在水中嗅到气味，因此滑齿龙可以远距离察觉到猎物的存在。除了要上浮呼吸外，滑齿龙一生都在水中度过。此外，它们也是卵胎生动物，喜欢在浅海域产崽。

滑齿龙的牙齿表明它们是肉食性动物，关于滑齿龙的捕食方式，可以从它们的眼睛位置和游泳速度来推测。古生物学家茱蒂·玛莎在研究了许多海洋爬行动物的游泳情况和方式，像滑齿龙这种使用四只鳍状肢进行游泳的生物，其速度肯定不如大眼鱼龙那么快。对于速度较慢的生物而言，它们通常会采用突袭的方式捕食。这从滑齿龙的眼睛位于头顶位置就可以推断出来，这种生物一般会从下方突然袭击猎物。

图 7-21　滑齿龙

21. 海洋中有冰山吗？

大家对冰山一般都是只见其冰山一角，但你可曾想过，在海洋深处，还有一种神秘的存在——水面下的冰山。水下冰山与陆地上的冰山不同，它们是由冰川从陆地上滑入海洋而形成的。当巨大的冰块进入海洋后，由于浮力与水的相互作用，只有冰山的一小部分会露出水面，而绝大部分则潜没在水下，露出水面的部分大约占据其总体积的六分之一。即使是中小型冰山，其重量也可高达数亿至数十亿吨。当一座小冰山融化为水时，其水量足以灌溉一片 1.6 万平方千米的土地，堪比一座巨大的淡水库。

南极冰山的储量非常庞大，据科学家估计，南极冰山的总体积约为 25.4 万立方千米，约有 22 万座庞大的冰山。其中最大的冰山当属"B15"冰山，它的长度约为 335 千米，宽度达到 97 千米，总面积超过 3.1 万平方千米，这相当于我国第三大岛崇明岛面积的 3 倍。

22. 鲍鱼是鱼吗？

提起鲍鱼，你一定不会感到陌生。鲍鱼价格比较高、营养却十分丰富，是人们非常喜爱的海洋食物，素有"海味之冠"之美称和海产"八珍"之一。鲍鱼是上等的美味佳肴，其肉质柔嫩细滑、滋味极其鲜美，即使海洋中美味众多，也少有可以同鲍鱼相媲美。那么，鲍鱼究竟是不是鱼呢？

鲍鱼古称鳆，又名"镜面鱼""九孔螺""明目鱼""将军帽"。名为鱼，实则不是鱼。它是属于腹足纲鲍科的单壳海生贝类，属海洋软体动物。形体长 10～30 厘米不等。鲍鱼形状扁平略呈椭圆形，鲍鱼外壳壳质地坚硬，通常具有纹理和褶皱，背侧有一排贯穿成孔的突起，表面呈深绿褐色（图 7-22），所以又叫"九孔螺"。鲍鱼壳的内侧是平滑而闪亮的，紫、绿、白等色交相辉映，散发出独特的珍珠光泽。鲍鱼的软体部分有一个宽大扁平的肉足，呈扁椭圆形，颜色为黄白色。大型鲍鱼的软体部分有时候可以达到茶碗大小，而小型鲍鱼则类似铜钱大小。

鲍鱼通过扁平肉足的蠕动运动来移动，粗大的肉足能够附着在岩石上，并产生推动力，使鲍鱼能够在海底或礁棚上爬行。肉足附着非常牢固，壳长 15 厘米的鲍鱼肉足吸附力可高达 200 千克。即使狂风巨浪，它也能"稳如泰山"，不轻易被掀起。要捕捉鲍鱼，只有趁其不备，迅速用工具掀翻或铲下。否则，即使粉碎了它的壳，也难以将其取下。鲍鱼生活在清澈的海水中，喜欢岩礁海域，水流湍急，以海藻和浮游生物为食。

鲍鱼肉中含有鲜灵素 I 和鲍灵素 II，有较强的抑制癌细胞的作用。鲍壳是著名的中药材——石决明，古书上又称它"千里光"，有降压抗菌、抗氧化、防治

图 7-22　鲍鱼

白内障、治疗角膜炎、清热平肝明目、滋阴潜阳的功效。当然，鲍壳还能作为装饰品和贝雕工艺的原料。鲍鱼浑身都是宝！

现在你知道了鲍鱼不是鱼，而是贝类了吧。

23. 海马是马吗?

海马的外表酷似在草原上奔腾的骏马，所以人们亲切地将这种鱼类称为海马，但是海马不是马。那么，海马是一种什么样的动物?

海马属于硬骨鱼纲中的辐鳍亚纲，科名为海马科，它们与其他鱼类有一些显著的差异，使其成为一个独特的科。海马身体呈细长而柔软的形状，通常有10～12厘米长，但也有些品种可以达到30厘米以上(图7-23)。它们的头部呈马形，与身体呈直角，嘴巴位于头的前端，并且能够伸缩自如，头每侧有2个鼻孔。海马的眼睛很大，并且能够独立转动。它们的颈部非常灵活，可以360度旋转。

图7-23　海马

海马是一种非常特殊的鱼类，具有马、虾和象三种动物的特征，因此被称为最不像鱼的鱼。它们有着马形的头部、蜻蜓般弯曲的眼睛，类似虾的身体形状，象鼻一样的尾巴，皇冠式的角棱，身披甲胄，而且它们不是水平游泳，而是垂直游泳，并直立在水中。最令人惊讶的是，海马是一种雄性"生宝宝"的动物！

　　海马分布在大西洋、欧洲、太平洋、澳大利亚。海马属于《濒危野生动植物种国际贸易公约（CITES）》所列濒危物种，在我国属于国家二级保护动物。但是海马富含氨基酸及蛋白质、脂肪酸、甾体和无机元素，具有强身健体、润肺止咳、安神定志、补肾壮阳等药用功能，因而在日常生活中海马又是一种经济价值较高的名贵药材，其所带来的经济效益不断刺激不法分子铤而走险，致使非法捕捞和贩卖屡禁不止。现在，每年约有 1.5 亿只海马被捕杀，这也意味着如果非法行为不停止，海马可能会从海洋世界中消失。因此，我们一定要好好保护我们可爱的海马。

24. 海马是游泳速度最慢的海洋生物吗？

　　我们已经知道单项游泳健将是北极熊，那你可知道游泳速度最慢的海洋生物又是谁呢？你可能猜不到哦，是海马（图 7-23）。

　　大多数的海洋生物都十分擅长游泳，水中就是它们最适宜的环境，通过身体的摆动，实现在水中自由自在的穿梭。虽然海马的生存环境也是水域，但是海马却不十分擅长游泳，甚至它被称为是海洋生物中行动最为迟缓的鱼类。这是因为海马全身完全由膜骨片包裹，有薄而柔软的尖刺突起的背鳍，短小的臀鳍，发达的胸鳍，没有腹鳍和尾鳍。它的鳍用肉眼不太容易看出来，但用高倍速摄影机可观察到一根根活动的棘条，前进要依靠背鳍和胸鳍的摆动来完成，这种摆动的频率比较高，这些棘条能在一秒钟内来回活动七十多次，但每分钟只能移动 1～3 米。海马因此成为世界上游得最慢的海洋动物。

　　海马游泳的姿势独特而优雅，它们头部高昂，身体轻微倾斜，近乎垂直地立在水中。这种游泳方式自然会很慢，因此海马通常喜欢生活在珊瑚礁的缓流中。

25. 妈妈还是爸爸？

　　不论是人类还是动物世界，一般都是由雌性负责生育后代。然而海马和海龙是生物界的一个异类，雌海马负责产卵，雄海马负责孵化。

　　怎么判断海马和海龙是雄性还是雌性呢？只要看他们腹部有没有孵化袋，雄

性海马或海龙有一个像袋鼠育儿袋一样的腹囊，而雌性没有。雌海马会将卵产在育儿囊里，雄性负责给这些卵子受精。雄海马会一直把受精卵放在育子囊里，直到它们发育成形，每年的 5 至 8 月是海马的繁殖期，卵经过 50～60 天孵化，幼鱼就会从海马爸爸的育儿袋中生出。海马爸爸分娩时也要借助尾巴将自己固定在海藻上，再收缩肌肉打开育儿囊，才把它们释放到海水里。

26. 海马怎么吃东西呢？

海马的嘴是吸管状的，翘翘的，很是可爱。那么，它们是怎么吃东西的呢？

事实上，海马属肉食性鱼类，以下颌须翻搅探测躲藏在沙泥中的小型底栖动物，并靠鳃盖和吸管状的嘴巴来吞食食物，它们喜欢吃浮游生物和甲壳类动物，还包括萤虾、糠虾和钩虾等。海马的食欲和消化与水温和水质息息相关。当海马觉得水温合适时，海马通常会大吃一顿，消化系统也会更有效地工作。当水环境不理想时，海马可能会不愿意进食，甚至出现绝食行为。海马在正常条件下吃得比较多，它们一次吃的食物量约占体重的 10%。吃得多让海马耐饥性很强，最多竟然可以 132 天不吃东西，这一点就连擅长忍饥挨饿的骆驼也自愧不如。

27. 海里的"龙"是谁？

在海洋中生活着一种奇特的动物，它就像我国神话传说中的龙一样，长长的身躯弯成几道，头高昂着，显得非常有气势。这种动物就是让人们倍感惊讶的海龙。

海龙又称杨枝鱼、管口鱼 (图 7-24)，属于鱼类中的海龙科，属于硬骨鱼类。据统计，海龙科约有 150 多种，在我国，已知的海龙有 25 种，主产于广东和辽宁等地，海龙跟海马是亲戚。它的视力很好，以微小的小虾及海虱为生，由于它没有牙齿，它的嘴就像一个吸管，把食物整个吸进它的肚子里。

海龙全身呈长形而略扁，中部略粗，尾端渐细而略弯曲，长 20～40 厘米，中部直径 2～2.5 厘米，头部具管状长嘴，嘴的上下两侧具细齿，有两只深陷的眼睛。表面黄白色或灰棕色，黄白色者则背棱两侧有两条灰棕色带。中部以上有 5 条突起的纵棱，中部以下则有 4 条纵棱，具圆形突起的花纹，并有细横棱。

海龙与其他鱼类一样，是卵生动物。不同的是，海龙的孕育过程是由雄性海龙完成。雌性母海龙在雄性海龙的尾部产卵后，就离去。这些卵在雄性海龙的尾部孵化，大约需要五个星期的时间。

　　一旦孵化，小海龙就具备了视觉能力和游泳能力。与此同时，它们必须自己寻找食物并独立生活，小海龙要经过两年的生长才能成年。

　　通常情况下，雄性海龙会将尾部放下，张开袋口，让小海龙一个接一个地从袋中出来。如果外界有风吹动草木或发出声音，小海龙便会迅速钻进袋内，袋口会自动关闭以确保它们的安全。这展现了海龙"父亲"所承担的艰辛和伟大的爱。

　　海龙富含蛋白质、脂肪酸、矿物质等丰富的营养成分。尖海龙还含有胆甾醇、4- 胆甾烯 -3- 酮（图 7-25）。医学研究表明，海龙能使人体兴奋，并且具有很好的补肾壮阳的功效。

图 7-24　海龙

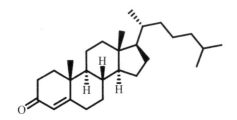

图 7-25　4- 胆甾烯 -3- 酮结构式

28. 海里的"星星"是什么？

　　天上有星星，海里也有"星星"，海星是一枚会呼吸的"星星"，这枚"星星"

长什么样呢？当潮水退去，人们常常会在海滩上拾到手掌大小的五角形动物。没错，它们就是海星。

海星属于棘皮动物，身体扁平，大多数有多个臂脚，通常是五个，呈现出辐射状的对称结构（图7-26、7-27），体盘和腕之间的分界并不明显。海星口部通常朝下，反口则朝上。它们的体表有许多棘和叉棘，这些结构是骨骼的突出引起的，用来保护海星的身体。此外，海星的身体上还有一些膜状的泡状突起，它们从骨板之间突出。这些突起由外皮覆盖，并且内部被体腔上皮衬里。这些突起形成的腔室与次生体腔相连，称为皮鳃。皮鳃起到呼吸作用，并使得代谢产物能够通过扩散的方式排泄出去。海星的个体发育过程中经历了羽腕幼虫和短腕幼虫阶段。成年海星的辐径在1～65厘米，大多数约为20～30厘米。海星的腕是中空的，并且覆盖着短棘和叉棘。在腕的下方沟内，有排列成行的管足，其中一些末端还带有吸盘。这些管足使得海星能够在任何方向上爬行，甚至能够爬上陡峭的表面。海星的内骨骼由石灰骨板组成，提供了身体的支撑和保护。它们通过皮肤进行呼吸作用。大多数海星是雌雄异体，但也有少数海星是雌雄同体。此外，一些海星还可以通过无性分裂的方式进行繁殖。

海星现存种类1600种，化石种类300种，广泛分布于砂质海底、软泥海底、珊瑚礁及各种深度的海洋中。

海星看起来就像是从天上掉进海里的星星，长相极具欺骗性，人们很容易因为它的温文尔雅的外表和斑斓的色彩就忽略掉它捕食时贪婪残暴的样子。海星的消化系统很奇怪，它的身体里长了两个胃，这让其拥有了惊人的消化能力。它将自己其中一个胃释放到体外，包裹住用嘴吞不下去的食物，进行消化。低等海星

图7-26　海星（五角）

图 7-27　海星（多角）

会沿着腕沟进入口部的方式摄食食物颗粒，而高等海星则具有特殊的胃，可以翻转将食物放置在身体外进行消化，或者直接将食物吞下。有的食物没有完全消化也没有关系，它身体内的另一个胃可以继续完成消化任务。这种特殊的身体构造让它成为名副其实的"大胃王"。海星还有一个秘密，就是它的进食和排泄都是通过嘴巴来完成的，这听起来似乎让人难以接受。事实上，海星是没有什么粪便的，它们释放到体外的胃已经将食物消化得差不多了，它吐出来的不过是一些无法消化的硬物。因此除了少部分的种类之外，大部分的海星背部中央小小的肛门都已经退化了。

贝类、海胆、螃蟹和海葵都是海星的捕食对象。海星这种海洋生物十分特殊，海星虽然没有眼睛，但是每一个腕足都有一个红色的眼点，可以感觉光线；另外，海星的身体表面布满监视器——棘皮上的微小晶体可以像眼睛一样获取周围信息，可以帮助海星及时掌握周边的状况，做出应对的策略。同时，它是没有脑袋的，只有从身体中间伸出的 5 条腕。然而，它的腕也不一定是固定的 5 条，有的品种只有 4 条腕，还有的品种能长 50 条腕。当海星在遇到危险或被石块压住时，会自动切断腕部，赶紧逃命。因为海星的再生能力很强，用不了多久，那条被切断的腕就会重新长出来。

29. 海里的"胆"是谁?

海胆是棘皮动物门海胆纲动物，是一类生活在海洋浅水区的无脊椎动物（图 7-28)，身体体呈球形、盘形或心形，无腕足。看着这个小家伙是不是觉得非常眼熟? 它长得是不是很像陆地上蜷起身子的刺猬呢? 因此，海胆还有一个别名"海刺猬"。它的内骨骼互相咬合，形成一个坚固的壳，多数种类口内具有复杂的咀嚼器，可咀嚼食物。消化管呈长管状，盘曲于体内，以藻类、水螅、蠕虫为食。多雌雄异体，个体发育中经海胆幼虫（长腕），后变态成幼海胆，经1～2年才达性成熟。海胆一般都是深色的，如绿色、橄榄色、棕色、紫色及黑色。

海胆是地球上最长寿的海洋生物之一，同时也是海洋里的古老生物。它们与海星和海参等为近亲关系，据考证，它在地球上已经存在数亿年了。

简而言之，海星与海参、海胆等都属于棘皮动物。它们通常有五个腕，也可能有四个或六个，体型扁平，大部分呈现星型。它们的身体由许多钙质骨板和结缔组织连接而成，并且体表上会有突出的棘、瘤或疣等附属物。

图 7-28　绚丽多姿的海胆

30. 海胆有多大"胆"？

海胆因种类的不同，其刺的长短、尖钝、结构也不一样。海胆虽然是多刺的棘皮动物，一些种类的海胆棘刺末端还长有毒囊，这些都能最大限度地保护海胆躲避敌人的袭击。别以为海胆称呼中有个"胆"字，就一定有多大胆。其实海胆天性胆小，一旦遇到敌人就会试图逃跑，不过它们的移动速度相对较慢。所以大多数海胆偏爱栖息在岩石、珊瑚礁和坚硬的海底环境，主要依靠管足和刺的运动来移动，运动常与取食相关，具有避光和昼伏夜出的特性。

虽然海胆有很高的食用和药用价值，然而并不是所有的海胆都可以吃，有不少种类的海胆是有毒的。海胆是海洋中的危险分子，虽然它们外表较为美丽，可是它们却是残忍的家伙。别看海胆身上这些棘非常小，它们可是非常厉害的呢！如果人类被海胆刺到，毒液会注入皮肤，细小的刺可能会折断在皮肉中，导致红肿和疼痛，甚至可能引起中毒症状，如心跳加快和全身痉挛等。像毒性非常大的喇叭海胆，其具有三对毒腺以及腺分泌物挤压的肌肉，很多的海洋动物都因无法抵御海胆的毒素攻击而丧命。如果我们遇到了这种海洋生物，还是远远躲开为妙！

31. 海兔子和兔子一样萌吗？

陆地上活泼可爱的小兔子人见人爱，但是海里的兔子是不是一样可爱呢？

海兔实际上是海蛞蝓的别名，又称海麒麟，是螺类的一种，海兔科海洋腹足纲厚鳃亚纲，其头上的两对触角突出如兔耳（图7-29）。海蛞蝓属浅海生活的贝类。它是软体动物家族中的一个特殊的成员，它们的贝壳已经退化为内壳，背面有透明的、薄薄的壳皮，壳皮一般呈白色，有珍珠光泽。海蛞蝓的体形呈卵圆形，体长20～30厘米，而大型的海兔可以达到40厘米。它们的头部有一对小眼睛和

图7-29　海蛞蝓（海兔）

两对触角。其中，位于前方的一对触角较短，具有触觉功能，称为前触角；而位于后方的一对触角较细长，主要嗅味道，具有嗅觉功能，被称为嗅角或背触角。当这两对触角竖起时，就像兔子的耳朵一样。而静止时，它们身体卷曲的形态也像一只可爱的小兔子。

海蛞蝓是雌雄同体的生物，栖息海底。海蛞蝓分布于世界暖海区域，我国暖海区也出产这种动物。

海蛞蝓是科学家发现的第一种可进行光合作用的动物。因此，有人又将海蛞蝓称为海中的"光合动物"，它通过摄食海藻，并把海藻里面的叶绿素储存在体内进行光合作用。

海蛞蝓家族中的小绵羊海蛞蝓和绿叶海蛞蝓可以通过利用海藻体内的叶绿素进行光合作用。小绵羊海蛞蝓又称叶羊，但它并不是一出生就能拥有这项技能的。它们从卵里孵出来时是透明的，此时它们还没有进食海藻。它们能将所食海藻中的叶绿体整合到自己的皮肤中进行光合作用，通过不断补足海藻，它们便可以吸收其中的叶绿素并为己所用，产生合成光合作用所需的全部蛋白质转化到自己体内。绿叶海蛞蝓的外形就像一片绿色的菜叶，别看它现在是全身呈现绿色，头戴"小绿帽"，它在幼年时期，可全身都是呈现红褐色的。它最大的特性就是"宅"，但是它的天敌们可不答应呢。为了能做个快乐的肥宅，海蛞蝓真是煞费苦心了。想尽了各种办法都没有特别合适的，直到有只绿叶海蛞蝓贪吃误食了藻类，结果消化不良，没有排泄出去。却因祸得福，躲过了天敌的捕食。与不挑食的叶羊相比，绿叶海蛞蝓十分挑剔，只吃滨海无隔藻，但同时它能仅凭幼年吃的藻类存活九至十个月而不吃其他任何东西补充养分，这是叶羊所可望而不可即，一只绿叶海蛞蝓的寿命也只不过一年上下。这也是为什么说它只要进食一次，就能续命一生。绿叶海蛞蝓似乎更高级，因为它能直接窃取合成叶绿素所必需的基因，也能提供光合作用所需蛋白质。我们知道储存再多的能量也会有枯竭的一天。怎么能做到进食一次，就能维持一生呢？科学家研究发现，绿叶海蛞蝓体内的叶绿体是好像是取之不尽用之不竭的。绿叶海蛞蝓可以维持叶绿体长期稳定，完全摆脱饮食进入"辟谷"状态。

海蛞蝓与海螺原本是同一家族，但它们的贝壳已经退化成薄而透明的角质层，使得整个身躯裸露在外，其腹足扩张形成两侧的足，使其能够进行游泳，而且在静止时，腹足能向上翻，覆盖住身体。海蛞蝓通常生活在海域中水流清澈、海藻繁茂的地方，食用海藻。它们的体表黏稠平滑，有漂亮的花纹和斑点。海蛞蝓的体色通常与周围的海藻相似，还能随着环境的变化而变化，这种拟态保护作用帮助它们更好地融入环境中，避免自己受到伤害，也有利于自己捕获食物。

海蛞蝓不仅是名贵的海味珍品，它还有非常高的营养价值和医疗功效，它可以起到清热解毒、滋阴润肺的效果。最近，科学家发现海蛞蝓体内含有一种有机化合物，该化合物具有延长癌症患者寿命的潜力，并有望成为一种有效的抗癌剂。

32. 海绵是动物还是植物？

电视中的海绵宝宝非常可爱。那么，在实际生活中海绵也是这样可爱的吗？它们究竟是动物还是植物呢？

海绵大多数生活在热带、亚热带海洋里，从沿岸浅海到7000米深海都有，仅有少数种类生活在淡水中，常常依附在岩石、贝类、水藻等物体上。过去人们一直认为海绵是植物，直到19世纪，动物学家才确认它属于动物，而且是一种不会动的动物。

距今6亿年前的元古宙晚期、古生代早期，海绵就已经生活在海洋里了，比我们最熟悉的恐龙还要早约4亿年。海绵是最简单的多细胞动物，没有组织器官，没手也没脚，所以不能主动取东西吃，也不能走南闯北，只能待在原来的地方，一动也不能动。

真正的海绵可不像海绵宝宝那样活泼可爱。海绵是一种较为低等的雌雄同体动物，是地球上结构最简单的多细胞动物之一，它们没有头部、尾部或四肢，更不用提神经系统和器官。在它们的体壁上有非常多的小孔，可以打开和关闭自己的水孔，与竹荪相似，因此人们也称它们为"多孔动物"（图7-30）。海绵主要是

图 7-30　大海中生活的玻璃海棉

由大量的胶原蛋白和微小的无机颗粒(如碳酸钙、碳酸硅)组成的。真实的海绵并不是四四方方的,而是有多种多样的形态,单体一般作角锥形、盘形、高脚杯状。

33. 海绵宝宝带给我们什么启示?

海绵的多孔性和高吸附量给我们人类带来了启示,市面上天然海绵与化工海绵并存,利用仿生合成的化工海绵只要几块钱,天然的海绵往往要好几十元。由于天然的海绵产量很低、价格昂贵,天然海绵多数用于做高档洗澡用浴绵。我们平时使用的海绵产品,几乎全部都是使用发泡塑料聚合物为原料的一种化工多孔弹性材料,与天然海绵没有关系。我们日常生活中使用到的化工海绵有鞋底、拖拉机坦克履带衬底、坐垫、沙发、床垫、洗浴棉球等,洗澡洗碗用到的化工海绵,就是仿照海绵吸水量大、具有清洁物品的功能和良好弹性的特点而制造出来的。

生活中常见的化工海绵是由木纤维素纤维或发泡塑料聚合物加工而成的。除了聚合物材料和纤维,化工海绵的主要原料还有包括聚醚、聚酯、聚乙烯醇等。这些材料使海绵具有良好的吸水和耐磨等性能。化工海绵的种类很多,如发泡棉、橡胶棉、定型棉等等。海绵宝宝带给我们的启示为人类生活添加色彩,生活中是不是还有其他动物的特质可以为人类发明提供参考的呢?

34. "海底鸳鸯"与"蓝血活化石"是谁呢?

在茫茫的大海之中,生活着各种各样的动物,它们一起构织了一个多姿多彩的海洋世界。在这片神秘国境中,有一种十分奇特的海洋生物,就是鲎(图7-31)。

相信同学们很少听到甚至没有听过鲎这种海洋生物吧。虽然我们对它知道的很少,可是它却有很好的名声呢,被人们称为"海底鸳鸯"。一旦雌鲎和雄鲎结为夫妻,便会如影随形,谁也不会离开谁,哪怕是在危险的情况下,雌鲎和雄鲎也会形影不离呢!一般情况下,雌鲎的体形较雄鲎大,瘦小的雄鲎会趴在壮硕的雌鲎身上,由雌鲎驮着行走。所以你提起一只鲎,就会一起一对鲎。看来,鲎夫妻还真是患难与共呢!"海底鸳鸯"的美称当之无愧!

鲎是国家二级保护动物,属于鲎科肢口纲剑尾目的海生节肢动物,鲎形似蟹,身体呈青褐色或暗褐色,包被硬质甲壳,有四只眼睛,其中两只位于头胸甲两侧的是复眼,另外两只位于头胸甲前,主要用于感知光线,帮助鲎在水中活动和捕食。

鲎又名"马蹄蟹""蟹兜""夫妻鱼",世界上现存的鲎分为4种,分别是生活在美洲东海岸的美洲鲎,生活在亚洲东南岸和东岸的中华鲎、南方鲎及圆尾鲎。其中中华鲎和圆尾鲎在我国东南部沿海分布广泛。中华鲎从幼年需要经历18次蜕壳才能成年,这一成长过程需要至少13年的时间。

鲎的祖先最早在4.5亿年前古生代的泥盆纪就已出现,直到2亿年前不再进化一直保持其原始而古老的面貌,因此鲎也被称为"活化石"。最早的鲎化石可以追溯到约4.5亿年前的古生代奥陶纪,与之形态相似的鲎化石可以追溯到1.5亿年前。鲎与三叶虫(目前只见化石)一样古老,鲎与蝎子、蜘蛛和三叶虫有亲缘关系,同样是研究动物进化史的珍贵材料。2023年3月,陕西首次发现2亿年前鲎遗迹化石。

鲎的血液中含有铜离子,所以它的血液是蓝色的。这种蓝色血液的提取物——鲎试剂,可以准确、快速地检测细菌,以此判断人体内部组织是否因细菌感染而致病;可广泛用于注射液、放射性药品、疫苗及其他生物制品、各种液体、食品和奶制品等的内毒素检测和定量分析。此外,科学家也使用鲎血研究癌症。

值得一提的是,鲎血液具有一些药用功能,具有抗凝血、调节免疫、抗氧化活性等功能,此外,鲎血液中富含一些生长因子,可以促进伤口愈合和组细胞修复。如果作为原材料的中国鲎枯竭将直接导致鲎试剂产业的停滞不前,也将会影响到我国注射液和疫苗等药品的生产和研发。

图 7-31   一至三龄鲎苗

北部湾是我国最大的中国鲎栖息地，广西生物多样性研究和保护协会近30年的跟踪数据分析表明，中国鲎在广西北部湾海域的种群数量下降了90%以上。鲎熬过了恐龙灭绝，曾躲过五次生物大灭绝，却在近年以如此快的速度灭亡衰减，不能不令我们思考人类发展导致海洋污染对海洋生物造成多大影响，期待我们共同保护鲎，让我们的"海底鸳鸯""蓝血活化石""鲎"会有期！

35. 会发电的鱼有哪些?

电是我们日常生活中不可或缺的能源，我们使用的手机、计算机、电视、电冰箱、空调等电器都是离不开电的。由此可见，电力对我们是多么的重要。有意思的是，在海洋中也有很多的鱼能够发电，听上去是不是很有趣呢?

其实，海洋中的动物发电主要还是为了保护自己和捕食猎物用的。据科学家们统计，世界上有多达500多种鱼类可以发电，其中有250余种鱼具有特殊的发电器官，能够发射出较为强大的电流，比如电鲇（350伏）、电鳐（50~80伏）、瞻星鱼、长吻鱼、电鳗（886伏）等。

电鲇（图7-32）原产地非洲刚果河，生性凶猛，怕光，夜间活动频繁。体长一般50~60厘米。有记录的最大体长122厘米，最大体重20千克，最大年龄10年。

图7-32　电鲶

电鲇体呈圆筒形，尖头小眼，嘴部有三对须。身体呈粉红或灰褐色，体表常布有深色的斑点或斑块。裸露无鳞，无背鳍。特化的肌肉具有发电能力，受到刺激时，可瞬间发出 200～450 伏的电力。饲养水温 22～28℃，弱酸性软水，以鱼肉或小活鱼为食，在水族箱的环境中不易繁殖。

电鲇的放电电压最高可达 400～450 伏，一条体长约 50 厘米的电鲇的放电电压就能达到 350 伏。但它的发电器官并不是由肌肉转变而来，而是由真皮腺演化形成的。电鲇的发电器官很特别，它是由体内约 500 万块电板组成的。单个电板产生的电压很微弱，但由于电板很多，并联产生的电压就很大了。这些电板分布在身体的皮肤和肌肉之间，其中头部是正极，尾部是负极，电流从头部流向尾部。当电鲇在移动时，只要它的身体的任何部分接触到敌人或其他物体，就会立即产生强大的电流，将对方击倒。它所施放的强大电流甚至能击毙体形比自身更大的水生动物，由此得名"水中高压电"。

36. "活的发电机" 指的是谁？

在大海中，有一种叫电鳗的鱼类，它可是非常厉害的呢，可以放出电流，被称作"活的发电机"（图 7-33）。

图 7-33　电鳗

那么，电鳗的这种本领是怎么来的呢？

电鳗的放电能力来自它特化的肌肉组织所构成的放电体。电鳗的肌肉组织几乎都能放电，占其身长的 80% 以上，有数以千计的放电体。在电鳗尾巴两侧，有一组由 6000～10000 片规则排列的肌肉薄片。这些薄片之间由结缔组织隔开，

形成了类似于小型叠层电池的结构。此外，还有许多神经直接连接到中枢神经系统。

一定有同学产生疑问："这么薄的肌肉片能有多大作用呢？"不要小瞧它们，事实上，这些肌肉薄片可以看作是一个个小型电池，尽管每个肌肉片只能产生150毫伏的电压，但是当有成千上万个小电池同时工作时，就可以产生较高的总电压。当这些电流流向电鳗的头部感受器时，会在电鳗身体周围形成一个弱电场。怎么样，电鳗的这个本领很厉害吧？

电鳗虽然有强大的放电本领，不过这也成为了它们的弱点。电鳗连续放电只能维持非常短暂的时间，放电能力也会随着疲劳或衰老的程度而减退，需要一段时间才能恢复过来。也正因为如此，渔民们会将一群牛马赶下水去，让电鳗不停地放电，最后就会筋疲力尽。之后，渔民就可以轻而易举地捕获它们了。

37. 电鳐为什么会放电？

电鳐是软骨鱼纲电鳐目鱼类的统称，电鳐（图7-34）虽然也是发电能手之一，但它们可是懒家伙呢，总是懒洋洋的样子，不喜欢游动，大部分时间是将身体埋于海底的泥沙中消磨时光。为了生存下去，它们就学会了发电的本领。这样一来，它们就可以在不用游动、不耗费体力的情况下去捕食猎物了。

图7-34　电鳐

电鳐具有扁平的背腹，头和胸部融合在一起。尾部形状粗壮，类似团扇。最大的电鳐个体可长达2米。电鳐生活在海底，它们的背侧前方中间长着一对小眼。在头胸部的腹面两侧分别有一个呈蜂窝状的发电器，这些发电器排列成六角柱体，称为"电板柱"。电鳐身上大约有2000个电板柱，约200万块电板，电板之间填充胶质物质，起到良好的绝缘效果。发电器最主要的枢纽是器官的神经部分，电鳐用强电场来感应周围的猎物，并将其麻痹或杀死。电鳐通常以小型鱼类和无脊椎动物为食，通过释放电流来轻松捕获它们。

目前已发现许多种类的电鳐，它们的发电能力各不相同。例如，非洲电鳐每次能够产生约220伏的电压，而中等大小的电鳐则能够产生70~80伏的电压。与此相比，体型较小的南美电鳐每次只能产生37伏的电压。

38. 为什么说水母是世界上最大的动物？

你知道谁是世界上最大的动物吗？有的人会说是大象，也有的人会说："当然是鲸啦！"可是，这些答案可不是最准确的哦！

如果单纯按照体重来计算的话，鲸是世界上最大的动物毫无争议。但是如果按照长度来计算的话，那么世界上最大的动物可就要数水母喽！

水母是一种非常漂亮的水生动物，外形像透明伞，伞边有一些须状的触手。北极霞水母是大西洋中的一种巨型霞水母（图7-35），它们的伞盖直径可达2.5米。这种霞水母的伞盖下缘上有8组触手，每组大约有150根左右，总共有多达1200条触手。触手的伸长能力非常惊人，每根触手伸长到40多米，并且能在瞬间收缩到原长度的十分之一。同时，这些触手上覆盖着刺细胞，可以释放出毒素。所有的触手完全展开时，仿佛一个无法逃脱的天罗地网，其覆盖范围可达500平方米。任何动物一旦陷入其中，都将毫无逃脱之机。我国沿海已发现白色霞水母、发状霞水母、棕色霞水母和紫色霞水母4种。

水母虽然长得十分漂亮，其实十分凶猛。因为水母没有呼吸器官与循环系统，只有那些伞状体的下面细长的触手，在触手的上面布满了刺细胞，每一个息肉都能够分泌出酵素，猎物被刺螫以后，会迅速麻痹而死，并且体内的

图 7-35　巨型霞水母

蛋白质会迅速被分解。在炎热的夏天里，当我们在海边弄潮游泳时，如果不小心触碰到了水母也会痛上几天才会消肿，所以大家尽量不要去主动接触水母，尤其是在那些有相关安全警示的海岸。

毒性最强的十大水母品种有：发状霞水母、北极霞水母、僧帽水母、伊鲁坎吉水母、曳手水母、澳大利亚箱形水母、钩手水母、沙海蜇、花笠水母、海荨麻水母，若遇到上述水母品种请大家一定要远离哦！

39. 谁同水母"与狼共舞"呢？

水母这么恐怖，那会有生物与之共生存吗？

令人惊奇的是，水母也有它独特的共生伙伴，叫双鳍鲳（图7-36），它与水母之间形成了一种共生现象，它们的关系类似于犀牛和为其清除寄生虫的小鸟之间的关系。双鳍鲳属于双鳍鲳科、双鳍鲳属的鱼类，俗名圆鲳，身长最多只有7厘米，这使得它们能够轻松地在水母的触须间穿梭游动，毫无畏惧。当周围出现大型鱼类时，双鳍鲳会迅速游向巨大水母伞下的触手区域，将其当作一个安全的"避难所"，这样就可以躲避敌害的攻击。有时，双鳍鲳甚至会引诱大型鱼类进入水母的捕食范围，这样一来，双鳍鲳还能够享用到水母留下的残渣碎片。

双鳍鲳为什么不会被水母触手上刺细胞刺到呢？原因是它们游动得非常敏捷，可以灵活地躲避毒丝的攻击。但是，偶尔也有被刺中而导致死亡的情况。水母和双鳍鲳的共生是互利合作的关系，水母"保护"了双鳍鲳，而双鳍鲳又吞掉了水母身上栖息的小生物，这种互惠互利的事情在自然界时有发生。

图7-36　与水母共生的双鳍鲳

海洋之大，无奇不有，海洋中还有很多未被探索的奥秘等待我们去发现。敬畏自然，是我们应该做的。

40. 水母的天敌是谁？

再强大的生物，也有天敌。水母的体内含有丰富的脂肪酸，这些脂肪酸可以让捕食者通过捕食水母，来实现很多重要的生理活动，比如使得自身神经活动更流畅，同时也可以起到抗敏消炎和提高自身免疫能力的效果。

所以，水母在海洋中自然也就成了捕食者们争相食用的最佳营养品。当然不是所有的海洋生物都可以捕食水母。非草食性的海龟（棱皮龟和玳瑁等）便是水母的天敌，它们没有牙齿，却有鹰一样锐利的嘴。海龟是从水母的头部"开刀"，巧妙地避开了含有剧毒的触角，这样就不会被刺到了。而且，海龟的皮肤特别厚，不容易被水母的刺细胞穿透。此外，海龟自身的解毒能力也特别强。综合以上种种，海龟简直就是水母的克星！

41. 有没有会发光的水母呢？

你可能在水族馆见过各种散发着异样光芒的水母，别上当，那些可能是灯光效果！不过，在水族馆之外，还真有水母自带光环。今天介绍的就是其中最著名的、"拿过"诺贝尔奖的——维多利亚多管发光水母。

维多利亚多管发光水母又名水晶水母、水晶果冻水母（图 7-37），主要分布

图 7-37　维多利亚多管发光水母

在太平洋西岸，其身体几乎完全透明，以捕食软体生物、一些甲壳类的浮游动物以及凝胶状生物为生。

不发光的时候，维多利亚多管发光水母看上去比较普通。它们的直径能达到10厘米左右，全身光滑透明，活生生就是一个透明的、剪掉了"脚"的香菇。这个香菇模样的部分是水母的伞状体；维多利亚多管发光水母的口缘，有多达100多条向伞状体边沿辐射延伸的辐管，"多管"之名就来源于此。

很多发光生物最常用的发光原理是荧光素—荧光素酶系统，发出的光大多是蓝色的。而维多利亚多管发光水母的特别之处，是它们发绿光。其实，维多利亚多管发光水母也有个发蓝光的过程，这是由其体内的发光蛋白"水母素"发出来。1962年，日本科学家下村修（Osamu Shimomura）和美国科学家弗兰克·约翰逊（Frank Harris Johnson）发现并纯化了水母素。水母素的发光条件很复杂，水母发光蛋白对 Ca^{2+} 结合的发光机制如图 7-38 所示。

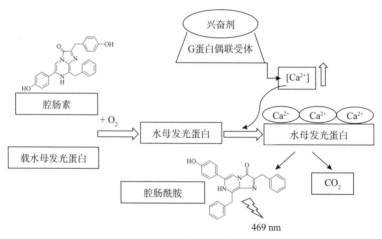

图 7-38　水母发光蛋白对 Ca^{2+} 结合的发光机制

很多动物一般只会发蓝色荧光，很少发绿色荧光，但维多利亚多管发光水母不同。水母素所发出的蓝色荧光，会被发光器中的绿色荧光蛋白（Green Fluorescent Protein, GFP）吸收，并由后者发出绿色的荧光。这两种物质的区别是：绿色荧光蛋白只有在受到蓝光或紫外光刺激时才会发出绿色荧光；而水母素需要在钙离子作用下才能发出蓝色光。当多管发光水母受到刺激时，它会先通过水母素发出蓝光，接着通过绿色荧光蛋白发出绿色荧光（图 7-39）。

多管发光水母的发光过程还需要冷光蛋白质水母素的辅助，而且冷光蛋白质水母素可以与钙离子进行交互作用。生物学家注意到了这个特殊性质，把 GFP

用于细胞标记，人们终于能够观察到细胞分化的过程。美国华裔科学家钱永健
（Roger Y. Tsien）更把 GFP 改造得能够发出所有彩虹颜色，使科学家们能够在
同一时间追踪不同组织细胞的发生发育过程。美国科学家马丁·查尔菲（Marty
Chalfie）于 1994 年成功地将 GFP 的基因植入秀丽线虫体内，并使其在线虫体内
得以表达。2008 年 10 月 8 日，日本科学家下村修、美国科学家马丁·查尔菲和
钱永健因为发现和改造绿色荧光蛋白而获得了当年的诺贝尔化学奖。

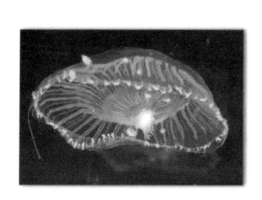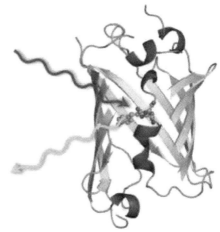

图 7-39　发出绿色荧光的维多利亚多管发光水母和绿色荧光蛋白

42. 水母对我们有什么启示呢？

　　如果你曾经在大型超市或电玩城玩过抓娃娃游戏，你就会知道使用机械抓夹
抓住物体是一件多么困难的事情。想象一下，如果你要抓的不是毛茸茸的玩具，
而是一块脆弱的濒临灭绝的珊瑚或沉船上的无价文物，那么这个游戏该会有多么
地令人紧张刺激。

　　不过，哈佛大学研究团队根据水母触须原理设计的新型机械手（图 7-40）解
决了此问题。根据此项研究，该团队在《美国国家科学院院刊》（PNAS）上发表
了题为"主动纠缠实现了随机的、拓扑的抓取方式"的论文。

　　在实际应用中，为避免损坏脆弱的物体，未来开发的抓手有望抓取农业生产
和配送中新鲜软水果和蔬菜、医疗环境中的脆弱人体组织，甚至可抓取玻璃器皿
等不规则形状的物体，期待仿生大自然能造福全人类！

图 7-40　由 12 根细丝组成的软体机械抓手抓取不同物质

43. 海蛇与陆地眼镜蛇的毒性谁更强？

7 万亿年前地壳板块运动造成海洋和陆地分离，两栖类动物部分进化成了蛇，其中一部分留恋海洋舍不得离开，便成为现在我们所谈论的剧毒海蛇。

海蛇也是蛇目眼镜蛇科海蛇属，它们数千年前应该与眼镜蛇是一个家族的，同一科都是剧毒蛇。

海蛇（图 7-41）是游行蛇类的统称，较为出名的就是青环海蛇、贝尔彻海蛇、长吻海蛇、环纹海蛇、扁尾海蛇等。其中，青环海蛇号称是"海里最强毒王"，躯干是圆筒形，背上有黑色环带，腹部黄色或者橄榄色。值得一提的是，它的毒液会损害人类的随意肌，而不是神经系统。因此倘若是不小心被咬了很难察觉得到，30～180 分钟都没有什么反应，很容易被忽略。但是这并不代表它没有威胁，钩嘴海蛇的毒性是氰化钠毒性的 80 倍，两滴就会危及性命。

图 7-41　海蛇

此外，贝尔彻海蛇的半数致死量为0.155毫克/千克，而杜氏剑尾海蛇的半数致死量为0.044毫克/千克。但是长吻海蛇的毒性也不容小觑，从毒性上看，长吻海蛇的毒性是埃及眼镜蛇毒性的十倍，半数致死量达到了0.18毫克/千克，单次排毒量平均在150毫克，按照这个数据看，理论上长吻海蛇一口就能杀死约830千克左右的生命体（相当于一头亚成年的大象），更不用说是人类了。因此，海蛇的毒液属于最强的动物毒，被海蛇咬伤之后人会觉得肌肉无力、酸痛，心脏和肾脏也会逐渐地衰竭。一旦发现被咬一定要立即就医，注射抗毒血清，保护我们的生命安全。

海蛇是《中国生物多样性红色名录》中的易危动物，也属于国家三有保护动物（指国家级保护的具有益处、有重要经济价值或有科学研究价值的陆生野生动物），严禁私自捕杀，千万别去尝试哦。

44. 海象真的很笨拙吗？

在北极地区的海洋里，除了鲸，海象是最大的哺乳动物了。它们身躯庞大，憨态可掬。当你看到海象身体臃肿的样子时，你一定会嘲笑它们笨笨的，可事实并不是这样的，它们行动起来远比看上去敏捷得多。

可以毫不夸张地说，海象（图7-42）可是运动高手呢！它们可以不停地游泳，能够飞快地向前滑行。除此之外，海象还是出色的潜水员，它们能够在水中潜泳约20分钟，并且能够潜入约500米的深度。一些海象甚至可以下潜到1500米深的水域。军用潜艇是人类潜水的重要工具，可同海象比起来，就显得笨拙多了。

图7-42　海象

您瞧，海象与大象一样，它们的牙都比较长，无论是雄性还是雌性海象的嘴角都会伸出两根非常有特点的长牙，长牙可达80多厘米，重达4千克左右。有许多人对海象的两根大长牙非常感兴趣，认为它们是海象的武器，可以与敌人战斗，还能捅破冰层。不仅如此，海象还可以利用两根长牙攀登山崖。其实，海象的长牙最重要的作用是挖掘海底寻找食物，也因为如此，海象也被形象地称为"水下耕耘者"。

因此，海象并不笨拙，还是聪明能干的动物。

45. 海狮是海中的狮子吗？

狮子是草原上的王者，很多动物见到它们都会望风而逃。然而，你知道吗？在神秘的海洋世界中生活着一种叫"海狮"的动物，它是海中的狮子吗？

其实，海狮是鳍足目海狮科动物的统称，共有十几种。它们的吼叫声非常像狮子的叫声，加上雄性海狮脖子上长长的鬃毛和魁梧的体魄，海狮可是像极了狮子！这就难怪人们称其为海狮了！

海狮体形较小，体长一般不超过2米（图7-43）。北海狮为海狮科体型最大的一种。雄性体长310～350厘米，体重1000千克以上。性情温和，多集群活动，寿命可达20年以上。

海狮以北太平洋和南极海域为主要分布区，主要以鱼和墨鱼等底栖鱼类和头足类为食。它们对海洋的适应程度比较低，因此，它们必须要在陆地上进行繁殖。值得一提的是，海狮们可是很恋家的哦！当海狮长大以后，它们一定会回到自己的出生地去进行繁殖，每一代都是这样的。

图7-43　海狮

46. 斑海豹为什么又被称作海狗？

海豹是对鳍足亚目种海豹科动物的统称。海豹是海洋哺乳动物(胎生)。它们的身体为流线型，四肢演化为鳍状，使其适应游泳。海豹有一层厚厚的皮下脂肪，既能保暖又能提供食物储备，还能产生浮力。海豹身体均呈纺锤形，适于游泳，头部圆圆的，貌似家犬，全身被毛，前肢短于后肢。

海豹种族可分为斑海豹、髯海豹、灰海豹、环斑海豹、环海豹、鞍纹海豹、僧海豹、威德尔海豹、罗斯海豹、冠海豹、象海豹、食蟹海豹等。斑海豹(图7-44)是我国众多鳍足类动物中数量最多的一种，主要分布在渤海及其周边地区。仔细观察斑海豹的话，你会发现它们的头部形状与我们人类亲密的伙伴——狗非常相似，所以，许多地区将斑海豹称为海狗。

斑海豹是潜水高手，最深可潜至300米，持续时间长达23分钟，这可是陆上狗狗们无法达到的壮举！

图 7-44　斑海豹

47. 海牛和牛一样勤劳吗？

你听说过海牛吗？海牛是牛吗？会不会和牛一样勤劳呢？其实，海牛不是真正的牛，但是海牛与陆生牛一样都是哺乳动物。

海牛体长 1.5～4 米，体重 300～400 千克，有的更大，外观颇像纺锤，形状

略像鲸，头小而头骨厚（图 7-45）。面部酷似人脸的样子，眼睛小视觉不佳，眼后有小耳孔，皮厚，灰黑色，皮肤有很深的皱纹。海牛口腔内有牙齿，其中雄性海牛的门齿会突出口外，臼齿则呈圆筒状，没有釉质。毛发短而稀，前肢像鳍，后肢已退化，没指甲，尾鳍为圆形。

事实上，海牛是海豹、海狮和海豚的近亲，属水生哺乳动物。与大多数海洋哺乳动物不同，海牛没有锋利的牙齿或爪子，而是有一张柔软的嘴，专门用来吃海草和其他水生植物。

海牛是一种长相奇特的动物，它们那胖胖的身体以及丑陋的外表难以引人注目，但是它们并不是一无是处。海牛食量巨大，每天摄食的水草重量相当于其体重的 5%～10%。据说海牛的肠子长达 30 米，这让它能够很好地消化更多的水草。海牛在吃草时非常有趣，它会像卷地毯一样一片片地吃过去。海牛吃掉这些海草对海洋环境的改善有很大的益处。因此，海牛虽然不能像牛一样拉磨，但是可以像牛一样吃草，被誉为海里的"除草机"！它可以轻松"吃掉"水草以免河道堵塞，所以海牛会和牛一样勤劳能干哦。

海牛在自然界中的生存面临着巨大的危险。偷猎者觊觎海牛的皮肤和骨骼而捕杀它们。此外，海牛的栖息地受到严重威胁，沿海开发和水污染极大地威胁着它们的生存空间。为了保护海牛及其栖息地，我国政府和环境保护组织采取了设立保护区、开展宣传教育、加强执法等一系列措施。所以，我们需要在保护海牛的同时，形成保护海洋生态环境的共识。

图 7-45　海牛

48. "动物气象员"和"海港清洁工"是谁呢?

自然界中，一些生物为了适应环境的变化而不断演化，经过长时间的进化，对某些气候变化表现出较为敏感的反应能力。

能预兆天气变化的动物称为"动物气象员"。比如蜘蛛、蚂蚁等可以预兆天气变化，常有俗语"蜘蛛结网，久雨必晴""蚂蚁成群，明天不晴""蚂蚁排成行，大雨茫茫；蚂蚁搬家，大雨哗哗；蚂蚁衔蛋跑，大雨就来到"，这些大都是陆地动物，那海洋之中可有类似的"动物气象员"呢?

人们将海鸥（图 7-46）称为海上的"天气预报员"，那么，海鸥真的能够预报天气吗? 事实的确如此，海上的天气瞬息万变，而海鸥能够感知天气实时的变化。天气晴朗时，海鸥会贴近海面低飞，而当天气变坏时，海鸥则会沿着海边不停徘徊；如果暴风雨即将来临时，海鸥们会成群结队地飞向海边，离开水面，集结在沙滩上或岩石缝中。船员们可以通过观察海鸥的飞行行为来预测天气的变化。

图 7-46　海鸥

那么，海鸥为什么可以预知天气的变化呢? 原来，它们有特殊的骨骼构造。海鸥的骨骼里没有骨髓，是空心管状的，其内部充满空气，这种空心骨骼不仅有助于飞行，而且类似于一个气压表，可以及时感知天气的变化。此外，海鸥翅膀上的空心羽管也像许多小型气压表，有助于敏锐地感知气压的变化。因此，海鸥被称为是海上的"天气预报员"。

此外，在饮食方面，海鸥除了捕食一些鱼虾外，它们还非常喜欢吃油轮上抛弃的剩饭，这极大地降低了这些废弃物对海洋的污染。也正因为如此，海鸥也被

人们称为"海港清洁工"。

综上所述，海鸥是名副其实的海上"动物气象员"和"海港清洁工"。

49. 南北极都有可爱的企鹅吗?

企鹅(图7-47)是鸟纲企鹅科所有物种的通称。被誉为"海洋之舟"的企鹅是最古老的游禽，它们很可能在地球穿上冰甲之前，就已经在南极定居下来。世界上有18种企鹅种类，其中大部分分布和生活在南半球。和南极一样，北极也是一个冰天雪地的白色世界。它们的自然条件类似，为什么企鹅偏偏生活在南极，而北极却没有呢?

其实在很久很久以前，北极地区也是有企鹅的，它们被尊称为"大企鹅"。和南极企鹅相似，它们的背部羽毛也是黑色的，腹部是白色的。它们一摇一晃奔走，非常滑稽有趣，但是当它们在水中时却表现得非常灵活。

图7-47 企鹅

企鹅没有什么防身武器，这让它们无法与生活在北极地区的哺乳动物们相竞争。海豹是企鹅的主要天敌，当企鹅下水寻找食物时，这些家伙就会迅速游过来捕捉。这些海豹往往只捕捉那些身体虚弱或生病的企鹅。据统计，一只海豹每天可以吃多达15只企鹅。此外，加上人类的杀戮，"大企鹅"的数量越来越少，最终灭绝了。因此，我们一定要保护好南极企鹅，千万别重蹈北极企鹅的覆辙，否则在不久的将来，也许人们就再也无法看到这些可爱的小家伙的踪影了!

50. 有没有会喷火的鱼呢?

喷火鱼 (图 7-48)，天竺鲷的一种，广泛分布在大西洋的热带海域和印度洋之中，体长 20 厘米左右，太平洋磷虾和细螯虾是其最主要的食物。但喷火鱼会喷火与它们爱吃的另一种食物有关。喷火鱼喜吞食介形虫，介形虫被吞食时，特殊腺体产生含有荧光素和荧光素酶的液体，两种液体混合，发出蓝色的冷光，喷火鱼为自保将介形虫吐出，形似"喷火"。在太平洋战争时期，日本海军曾经大量收集发光介形虫，用作夜间察看海图时的天然光源。

图 7-48　喷火鱼

对于介形虫们来说，发光能力首先是一种性命攸关的防御绝技。一旦在暗夜中察觉到了偷袭的天敌，介形虫们就会突然发出明亮的荧光，试图在对方眼花缭乱的时候趁机逃脱。如果被敌人吞下肚，介形虫就会立刻喷出大量荧光液体，把对方的身体照得像个透亮的蓝色小灯笼。为了不成为更强大捕食者的显眼目标，暗色天竺鲷只得立即把介形虫吐出来，这就是所谓的"喷火"。

这告诉我们，要求得生存，就不能太贪婪，要懂得放弃。

51. 你知道与海洋相关的战争故事吗?

"谁控制了海洋，谁就控制了世界。"这是句古罗马哲学家西塞罗的预言，在人类的两千年的发展史上得到反复的论证。特别是 15 世纪大航海时代，人们通过海洋真正把世界组成一个整体，世界历史才名副其实地成为世界历史，但同时，伴随着海洋产生的战争也开始日益频繁，也就有了下面列举的世界历史上几场著名的海战。

（1）萨拉米斯海战。公元前480年，波斯大王薛西斯率领数十万大军进攻希腊。两国在萨拉米斯海峡这里决一死战，希腊仅用300多艘战舰就击败了600艘波斯战舰。公元前479年，希腊军队击败波斯军队，薛西斯率波斯军队退出希腊。如果希腊被摧毁，希腊文化就会被摧毁。正是希腊文化的果实和影响创造了今天的整个西方世界。因此，萨拉米斯海战作为单次海战对世界的影响，足以排名世界第一。

（2）亚克兴海战。公元前31年，罗马共和国正处在从共和制转向君主制的节点上。为了争夺罗马王位，屋大维和安东尼双方各自召集了300艘战舰，最终屋大维战胜了安东尼联军。虽然这场战争看起来只是一场内战，但对世界历史的影响巨大。罗马是屋大维领地的首都，埃及是安东尼领地的首都。如果屋大维取胜，罗马将成为以罗马人民族性为核心的封闭帝国。如果安东尼获胜，罗马将成为继承亚历山大、继续向东扩张、追求民族融合的开放帝国。事实证明，罗马在屋大维的领导下，虽然赢得了长期的和平，但逐渐失去了活力和奋斗精神，最终被野蛮人入侵和消灭。

（3）白江口海战。公元663年，我国唐军（战船120艘）和日本倭军（有战船400余艘）在现在朝鲜白江口展开了激烈海战。唐将刘仁轨指挥船队分为左右两队阵型包围倭军。倭军的船只被围得只能相互碰撞，无法回旋，倭军们陷入了混乱。最后，倭军战舰全部被烧毁，数万日军被杀或溺死，粉碎了日本入侵朝鲜半岛的野心，日本在此战后一千年都不敢再向朝鲜用兵。

（4）露梁海战。白江口海战后的一千年左右（1598年），大势已去的入朝日军只能守住南海岸的几个港口要塞。日本岛津义弘带领舰队前去救援，却遭到明军将领邓子龙和朝鲜将军李舜臣的联合舰队攻击。中朝联合水师以800艘战船围困500艘日本战船阵势，让日军几乎全军覆没，伤亡惨重，数以万计日军阵亡。

（5）对马海战。如果要评选世界历史上最一边倒的大海战，对马海战绝对要名列前茅。1904年起，日本和沙俄就为中国东北的控制权展开了日俄战争。这时，日本正趁着甲午战争战胜国的"威风"，对抗虽有一定实力但已经腐朽破败的沙俄。沙俄海军调动了8艘战列舰远渡重洋，航行1.8万海里到日本海对马海峡时，被日本海军以精准的火力和大胆的战术机动彻底摧毁了，成为教科书式的弱击强的经典海战。对马海战失利的消息使俄国上下挨了当头棒喝，士气丧失。国内起义的势头开始浮出水面，军队无意战斗，导致沙皇不得不与被他看不起的日本媾和。对马海战后，日本成为"二战"前世界巨强之一。但沙俄却陷入了国际动荡和国内矛盾的漩涡，最终被彻底推翻。

（6）日德兰海战。日德兰海战是除莱特湾之外人类历史上规模最大的海战，也是史上最大的战列舰决战。英国调遣了 28 艘战列舰和 9 艘战列巡洋舰。德国派出 16 艘战列舰和 5 艘战列巡洋舰。然而，日德兰海战之所以成为历史上最重要的海战之一，并不是因为其规模，而是在这场战争中，英国人在失去了三艘战列巡洋舰的不利条件下还能成功地击败了德国大洋舰队。正是日德兰海战打破了德国人赢得第一次世界大战的最后希望。

（7）中途岛海战。1942 年 6 月，日本帝国正处于鼎盛时期。然而，在中途岛海战中，日本南云机动部队遭到美国太平洋舰队的伏击，损失了四艘航空母舰和一艘重型巡洋舰。这也是日本自 19 世纪末日本海军成立以来遭受的第一次失败。这次海战使日本完全丧失了能够与美国战平或者至少拖延战争进程的机会，推进了东亚人民的快速解放。

战争是摧毁人类文明的绊脚石，保护环境就是保护生产力，就是保护人类自己。愿世界永远和平安宁，愿山河无恙人间皆安，愿人与自然和谐相处。借用梁启超的《少年中国说》共勉：故今日之责任，不在他人，而全在我少年。少年智则国智，少年富则国富，少年强则国强，少年独立则国独立，少年自由则国自由，少年进步则国进步，少年胜于欧洲，则国胜于欧洲，少年雄于地球，则国雄于地球。明天的中国，希望寄予青少年，期待广大青年努力学习，早日加入海洋开发探究建设的队伍中来，不负时代，不负华年，以奋斗姿态激扬青春，抒写辉煌的人生！

参考文献

[1] 王迎春. 动物界的"导航高手"[J]. 农村青少年科学探究，2018(6):32.

[2] 夏中荣，古河祥，李丕鹏. 全球海龟资源和保护概况 [J]. 野生动物，2008,29 (6):312-316.

[3] 关庆利，谭丽菊，石晓勇. 海洋小百科全书 [M]. 广州：中山大学出版社，2012.

[4] 李林春. 海洋世界大百科 [M]. 北京：化学工业出版社，2021.

[5] 何跃. 海洋世界 [M]. 北京：化学工业出版，2015.

[6] 李军德，黄璐琦，李春义. 中国药用动物原色图典（上）[M]. 福州：福建科学技术出版社，2014.

[7] 王振雅. 濒危的中国鲎 [N]. 健康时报，2023-03-24(003).

[8] CHIDANANDA N K, MICKAEL M, ANDREA O, et al. Calcium imaging perspectives in plants[J]. International Journal of Molecular Sciences, 2014, 15(3): 3842-3859.

[9] BECKER K, TEEPLE C, CHARLES N, et al. Active entanglement enables stochastic, topological grasping[J]. Proceedings of the National Academy of Sciences, 2022, 119(42):2209819119.

[10] 徐继立. 神奇的"喷火鱼" [J]. 阅读，2017,474(38):40.

[11] 江俊涛. 基于贝叶斯状态空间剩余产量模型的印度洋剑鱼资源评估 [D]. 上海：上海海洋大学，2022.

[12] 陈赓. 几丁聚糖对黄鳝生长性能和非特异性免疫的影响 [D]. 荆州：长江大学，2021.

[13] 孙闻铎. 水中的放电高手 [J]. 小学时代，2008(1):14-16.

[14] 董婧，刘春洋，李文泉等. 白色霞水母的形态与结构 [J]. 水产科学，2005(2): 22-23.

[15] 功长. 鲎：比恐龙还老的海鱼 [J]. 海洋世界，2000(7):40.

[16] 谷玉芳，李本亭. 海兔的药用价值 [J]. 海洋世界，1996(8):26

[17] 毛江海. 海南旅游知识读本 [M]. 南京：东南大学出版社，2017.

[18] 祝枕漱. 海洋里的巨无霸 [M]. 北京：人民邮电出版社，2013.